セキュリティアプライアンスNo.1

FortiGate 完全攻略

著 椎屋 淳伸

技術評論社

●免責

　本書に記載された内容は、情報の提供のみを目的としています。したがって、本書を用いた運用は、必ずお客様自身の責任と判断によって行ってください。これらの情報の運用の結果について、著者、フォーティネット、および技術評論社はいかなる責任も負いません。

　本書記載の情報は、2015年2月15日現在のものを掲載していますので、ご利用時には変更されている場合もあります。

　本書はFortiGateの動作仕様を完全に説明するものではありません。フォーティネットの製品およびソフトウェア、サポートポリシーは将来本書の記述内容と変わることがあります。また、ソフトウェアやWebサイトでのサービスはバージョンアップされる場合があり、本書での説明とは機能内容や設定画面などが異なってしまうこともあり得ます。本書ご購入の前に、必ずバージョン番号などをご確認ください。加えて、Webサイトの変更やサービス内容の変更などにより、Webサイトを閲覧できなかったり、想定したサービスを受けられないことも考えられます。

　以上の注意事項をご承諾いただいた上で、本書をご利用願います。これらの注意事項をお読みいただかずに、お問い合わせいただいても、著者、フォーティネットおよび技術評論社は対処しかねます。あらかじめ、ご承知おきください。

●商標／登録商標

　本文中に記載されているフォーティネットの製品名称は、いずれも、Fortinet, Inc.とその子会社および関連会社の米国における登録商標および未登録商標です。フォーティネットの商標には、Fortinet、FortiGate、FortiGuard、FortiManager、FortiMail、FortiClient、FortiCare、FortiAnalyzer、FortiReporter、FortiOS、FortiASIC、FortiWiFi、FortiSwitch、FortiVoIP、FortiBIOS、FortiLog、FortiResponse、FortiCarrier、FortiScan、FortiAP、FortiDB、FortiVoice、FortiWebなどが含まれますが、これらに限定されるものではありません。本文中に記載されているその他の製品の名称は、一般に関係各社の商標または登録商標です。なお、本文中では、™、®などのマークを省略しています。

はじめに

　某国内大手企業の情報漏洩が明らかになって以来、サイバーセキュリティ関連の話題をさまざまな場所で目にするようになりました。ツールの利用でサイバー犯罪のハードルはどんどん低くなり脅威は増す一方です。2016年はマイナンバー制度が開始され、2020年には東京オリンピック開催とITインフラの大規模整備が実施されますが、その反面、サイバー犯罪の脅威にさらされる危険性も高くなることが予想されます。

　こういったサイバー犯罪の情勢に伴って、FortiGateも常に進化しています。フォーティネットに入社してから5年の間に筆者のFortiGateに対する印象も、高機能UTM／高パフォーマンスファイアウォールのみならず次世代ファイアウォールへと変わってきています。そしてサンドボックス連携による標的型攻撃対策も加わり、より多層的な防御システムとなりました。

　セキュリティ対策は守るべき情報資産の価値（漏洩による信用失墜などの損失も含め）を勘案し、防御システムへの投資額を決定するのが基本的なアプローチです。1台で多層防御できるFortiGateはコスト面でも優れているので、今後も導入が増えることと思います。

　FortiGateをこれから触る方やすでにFortiGateを運用している方、いずれにしても本書がFortiGateの効果的な使い方や設定方法を知る機会となれば幸いです。

本書を執筆／発行するにあたり多大なご協力をいただいた同僚や出版社の方々、それから家族に感謝をこめて。

2015年3月吉日
椎屋淳伸

本書を読む前に

フォーティネットについて

　米国フォーティネット（Fortinet, Inc.）はNetScreen社（Juniper社に買収）の創業者であり、CEOであったケン・ジー（Ken Xie）により2000年に設立されました。

　NetScreenはファイアウォール／VPNアプライアンスとして大きな成功を収めましたが、ケン・ジーは日々進化し高度化するサイバー攻撃に対して、ファイアウォールだけではネットワークを守れないという思いをかねてよりいだいており、まず専用チップ（ASIC）を開発しました。そしてASICを搭載した高速ネットワークアンチウィルス機器であるFortiGateを開発、世に送り出しました。

　その後、FortiGateはハードウェアアプライアンスという制約がありながら、アンチウィルスのみならず非常に高度な機能を数多く実装し、統合脅威管理システム（UTM）のデファクトスタンダードといわれるようになりました。パフォーマンスに優れ、多層防御を1台で実現できるコンセプトは数多くの顧客に受け入れられ、全世界で180万台以上の出荷実績を誇っています（2015年2月現在）。

本書の目的

　ネットワークセキュリティデバイス「FortiGate」は日本国内でも過去数年にわたり、UTM市場のシェアNo.1を継続しており、数多くの導入実績があります。本書では日々高度化／巧妙化するサイバー攻撃からいかにネットワークを保護するか、FortiGateの設定方法と活用方法を中心に解説します。

　想定している読者はFortiGateの導入に携わるネットワークインテグレータのエンジニア、FortiGateを導入し運用管理するネットワーク・セキュリティエンジニアです。

使用する機器

　本書では「FortiGate-300D」を利用して解説していきます。搭載しているOSは、執筆時点での最新である「FortiOS 5.0 MR2 Patch2（FOS 5.2.2）」です。

　FortiGate-300Dは1Uサイズのミッドレンジモデルの最新機種であり、FortiASIC-NP6を初めてミッドレンジで搭載した機種です。

CONTENTS

はじめに iii
本書を読む前に iv

Part1 FortiGateのアーキテクチャ 001

第1章 FortiGateの構成要素 002

1-1 FortiGateの機能 002
　ステートフル インスペクション ファイアウォール 002
　次世代ファイアウォール（アプリケーションコントロール）............... 002
　IPsec VPN 002
　SSL-VPN 002
　アンチウィルス 003
　侵入検知／防御（IDS ／ IPS）... 003
　DoS防御 003
　Webフィルタ 003
　アンチスパム 003
　無線LANコントローラ 003
　その他 004
　　情報漏えい防止（DLP）｜スレットウェイト（旧クライアントレピュテーション）｜脆弱性スキャン｜Webプロキシ｜サーバロードバランス｜WAN最適化

1-2 ライセンス 004
　サブスクリプション（年間購読ライセンス）..................................... 005
　VDOMライセンス 006
　FortiClientライセンス 006
　FortiCloudライセンス 007
　FortiToken Mobileライセンス 007

1-3 FortiGateのハードウェア 007
　FortiGateの名称 007
　アーキテクチャ 008
　ASIC 008
　　FortiASIC-CP（コンテントプロセッサ）｜FortiASIC-NP（ネットワークプロセッサ）｜SoC（System on a Chip）｜FortiASIC-SP（セキュリティプロセッサ）

v

ファストパスとスローパス ·································· 010
1-4 FortiOS ··· 012
1-5 FortiGuard ·· 013
1-6 標的型攻撃対策
　　標的型攻撃対策 ·· 016
　　　入口対策｜出口対策｜潜伏期間／感染拡大対策
　　(COLUMN) FortiSandbox ··· 020
1-7 FortiGate導入前の考慮事項 ································· 021
　　トランスペアレントモードかNAT／ルートモードか ·············· 021
　　利用するセキュリティ機能 ··· 022
　　サイジング ·· 022
　　仮想システム（VDOM） ·· 022
　　FortiOSのライフサイクル ·· 023
　　FortiGateのハードウェアサポート期間 ······························ 023
　　ロギング ··· 023
　　事前準備 ··· 023
　　　利用する物理ポートの数｜利用するIPアドレス体系｜管理者パスワード｜時刻同期｜
　　　インターネット接続

第2章 FortiGateの基本設定 ··· 026

2-1 GUIとCLI ·· 026
　　GUI ··· 026
　　CLIの特徴 ··· 027
　　　PCをFortiGateにシリアルコンソールケーブルを直結する｜WebUIのCLIコンソー
　　　ルを利用する｜専用アプリ「FortiExplorer」を使用する｜Telnet／SSHで接続する
　　CLIの使い方 ··· 029
　　　基本操作｜ホスト名の変更
2-2 システム設定 ··· 034
　　FortiGate300Dのポート割り当て ····································· 034
　　(COLUMN) スイッチポート ·· 036
　　初期設定 ··· 037
　　　起動とGUIアクセス｜バージョン確認とアップグレード｜ディスクの確認とフォー
　　　マット｜GUIの日本語化｜管理者パスワードの変更｜ホスト名の設定｜時刻の設定｜
　　　ルーティング
　　ネットワーク設定 ·· 042
　　(COLUMN) その他の設定項目 ··· 044

- **COLUMN** 作成可能なインターフェース ... 046
  - 登録（Registration）の確認 ... 050
- **2-3 各種サーバ機能** ... 054
  - DHCPサーバ ... 054
  - NTPサーバ ... 054
  - DNSサーバ ... 054

Part2 多層防御を実現するFortiOS設定 ... 055

第3章 ファイアウォール ... 056

- **3-1 ファイアウォールの基本** ... 056
  - ステートフルインスペクションと非対称ルーティング ... 056
    - ファイアウォールポリシーの鉄則｜暗黙のDeny
- **3-2 ファイアウォールポリシーの設定項目** ... 058
- **3-3 ファイアウォールポリシー設定** ... 060
  - アドレスオブジェクトの作成 ... 060
  - ファイアウォールポリシーの作成 ... 061
  - ファイアウォールポリシーの順番変更 ... 062
  - セクションビューとグローバルビュー ... 064
  - カラム表示 ... 064
- **COLUMN** 知っておくと便利なCLIのTips ... 064
- **3-4 NAT** ... 066
  - バーチャルIP（VIP） ... 066
    - VIPオブジェクトの作成｜ファイアウォールポリシーの設定
  - 送信元NAT ... 069
    - NAPTの例①：FortiGateのIPアドレスに変換｜NAPTの例②：VIPとの併用
  - IPプールNAT ... 070
  - セントラルNAT ... 070
- **3-5 オブジェクト** ... 072
  - アドレス ... 072
    - FQDN｜地域｜IP範囲｜サブネット
  - サービス ... 074
- **3-6 デバイスベースポリシー** ... 075
- **3-7 ユーザ認証** ... 076

　　　　ローカル＋ファイアウォール認証｜LDAP（AD）＋Webフィルタオーバーライド｜
　　　　シングルサインオン（FSSO；Fortinet Single Sign-on）
　　COLUMN　FortiOS 5.2でのファイアウォール認証 079
3-8　ファイアウォール高速化 085

第4章　VPN 086

4-1　IPsec VPN 086
　　拠点間VPN ネットワークトポロジ 086
　　　　前提となる設定｜本社側（FortiGate-300D）の設定｜設定確認｜拠点側（FortiGate-90D）の設定｜疎通確認
　　COLUMN　ルートベースとポリシーベース 096
　　ハブ＆スポーク 097
　　　　前提となる設定｜本社側（FortiGate-300D）の設定｜拠点A（FortiGate-90D）の設定｜拠点B（FortiGate-60D）の設定｜疎通確認
　　COLUMN　自動接続の設定 110
　　IPsecトラブルシューティング 111

4-2　SSL-VPN 112
　　トンネルモードの設定 113
　　　　ユーザとユーザグループの作成｜アドレスオブジェクトの作成｜ポータルの設定｜
　　　　SSL-VPN設定｜SSL-VPNクライアント側の操作と接続の確認
　　COLUMN　FortiClientとFortiClient SSL-VPN only 113

第5章　高度なセキュリティ 124

5-1　FortiGuardアップデートの必要性 124
5-2　アンチウィルス 128
　　アンチウィルスの方式〜フローベースかプロキシベースか 128
　　アンチウィルスの設定 129
　　　　共通オプションの［クライアントコンフォーティング］｜［オーバーサイズファイル／
　　　　Emailをブロック］
　　COLUMN　プロキシオプションのTips 131
　　ファイアウォールポリシーの設定 132
　　その他アンチウィルス関連 135
5-3　IPS 135
　　アタックシグネチャ 135

IPSの設定 ··· 135
　　　ファイアウォールポリシーの設定 ·· 138
　(COLUMN) IPSカスタムシグネチャ ·· 138

5-4 DoS防御 ··· 140
　　　レートベースシグネチャ ·· 141

5-5 アプリケーションコントロール（次世代ファイアウォール） ············ 142
　　　アプリケーション制御の設定 ··· 142
　　　ファイアウォールポリシーの設定 ·· 144
　(COLUMN) アプリケーションのカスタムシグネチャ ···························· 145

5-6 Webフィルタ ··· 145
　　　Webフィルタの設定 ··· 146
　　　ファイアウォールポリシーの設定 ·· 147
　(COLUMN) Webフィルタープロファイルの設定オプションTips ·············· 148
　(COLUMN) FortiGuardのカテゴリ ·· 149

5-7 アンチスパム（Emailフィルタ） ··· 150
　　　Emailフィルタの設定 ··· 150
　　　　FortiGuardスパムフィルタリング｜ブラック／ホワイトリスト
　　　ファイアウォールポリシーの設定 ·· 152

5-8 SSLインスペクション ·· 152
　　　SSLインスペクションの設定 ·· 156

第6章 高可用性（HA）·· 159

6-1 冗長方式 ·· 159
　　　FGCP（FortiGate Cluster Protocol）··· 159
　　　FGSP（FortiGate Session Life Support Protocol）······················· 159
　　　VRRP ·· 159
　　　FRUP（FortiGate Redundant UTM protocol）···························· 160

6-2 FGCPによる冗長化 ··· 160
　　　アクティブ／パッシブとアクティブ／アクティブ ·························· 160
　　　　バーチャルクラスタ｜フルメッシュHA
　(COLUMN) FGCPを利用した構成 ··· 162

6-3 クラスタの管理 ·· 163
　　　コンフィグ同期 ·· 163
　　　HA構成でのファームウェアのアップグレード ······························· 163
　　　スレーブのFortiGateの管理 ··· 163

6-4 FGCPによる機器冗長化（HA）の設定 164
プライマリ機器（FGT-A）の設定 164
HAの設定
セカンダリ（FGT-B）の設定 166
HAの設定｜結線
フェイルオーバーとセッション同期の確認 170
フェイルオーバー 172
マスタの選定 172
ageの差分確認 174
ageの強制リセット 175
HAオーバーライド 175
FortiGate HAの混乱ポイント｜仮想MACの確認｜FGCP
COLUMN HAのTips 177
COLUMN スレーブ機の監視をするには 179

第7章 仮想システム（VDOM） 181

7-1 VDOMの基本 181
VDOMの利点 181
マネージメントVDOM 181
管理者権限 181

7-2 VDOMの利用方法 182
VDOMの有効化 182
VDOMの作成 185
VDOM管理者の作成 187

7-3 VDOMの運用 191
リソースの配分 191
システム上限／VDOM上限 192
VDOMのバックアップ／リストア 193
VDOM間リンク（Inter-VDOMリンク） 193
各VDOMのログ 196

第8章 セキュア無線LAN 199

8-1 FortiAPの仕様 199
サポートされるAPの数 200

8-2 各種設定方法 …… 200
- ワイヤレスネットワークの構成 …… 200
- ワイヤレスLANコントローラ機能の使用国の設定（重要） …… 202
- ワイヤレスLANコントローラ機能の有効化 …… 202
- インターフェースでのCAPWAP許可 …… 202
- WiFiプロファイルの設定 …… 203
- FortiAPプロファイルの作成 …… 204
- FortiAPの接続 …… 204
- ファイアウォールポリシーの作成 …… 206

8-3 接続／疎通の確認 …… 207

第9章 ロギング …… 210

9-1 ログの取得方法 …… 210
- ファイアウォールポリシーのロギングオプション …… 211
- ロギングの有効／無効 …… 212
- 重要度に応じてログの記録をフィルタする …… 213

9-2 ログの閲覧方法 …… 215
- GUIでログを見るには …… 215
- ディスクロギングの注意点 …… 215
- GUI表示 …… 217
- GUIのカラム表示 …… 219
- フィルタ …… 220
- 生ログ（RawLog） …… 220
- テストログの送信 …… 221

Part3 運用上級者へのステップ …… 223

第10章 知って得する小技集 …… 224

10-1 パスワードリカバリ …… 224

10-2 セカンダリパーティション …… 225

10-3 パケットキャプチャのコンバートツール「fgt2eth」 …… 227

10-4 複数CPU（コア）の使用率の確認方法 …… 228

10-5 GUIからの設定入力がCLIにどのように反映しているか確認する …… 230

10-6　USB自動インストール　230
10-7　full-configurationオプション　231
10-8　オブジェクトがどこで使われているか確認する　232
10-9　各インターフェースのスピードおよびリンクアップ情報の一覧　232
10-10　管理者の排他ログイン　233
10-11　物理ポートとFortiASIC-NP　234
10-12　FortiOSのアップグレード　235
10-13　プロキシサーバ経由でのFortiGuardアップデート　235
10-14　コンフィグのリビジョン　236

第11章　トラブルシューティング　237

11-1　FortiGateの情報取得する（get sys statusコマンド）　237
11-2　他の機器との疎通確認する（execute pingコマンド）　238
11-3　FortiASIC-NPによるファストパス（オフロード）をオフにする　239
11-4　FortiGateのインターフェースに到達したパケットをキャプチャする　240
11-5　セッションテーブルを表示／削除する　243
　COLUMN　FortiASIC-NPの動作確認　245
11-6　パケットがFortiGateでどのように処理されているか確認する　247
11-7　CPU使用率、メモリ使用率を確認する　249
11-8　プロセスを終了させる　250
11-9　各コアのCPU使用率を表示させる　250
11-10　arpテーブルを確認する　251
11-11　arpキャッシュをクリアする　251
11-12　FortiGateのMACアドレスを確認する　252
11-13　ルーティングテーブルを確認する　252
　COLUMN　ターミナルソフトの利用　253

第12章　各種情報の入手　254

12-1　サイジングや機能確認　254
　　製品機能一覧／プロダクトマトリックス　254
　　データシート　255

Feature／Platform Matrix ··· 256
　　　Maximum Values ·· 257
　　　Supported RFC ·· 258
12-2　設置や設定に役立つ資料 ·· 259
　　　クイックスタートガイド ·· 259
　　　クックブック ·· 260
　　　ビデオライブラリ ·· 261
　　　FortiOS Handbook／マニュアル ·· 262
　　　リリースノート ··· 264
　　　CLIリファレンス ··· 266
　　　フォーティネットジャパンWebサイト−ダウンロードセンター ·· 267
12-3　設定がうまくいかない時、トラブルシューティング資料 ·· 268
　　　Knowledge Base ··· 268
　　　Diagnose Wiki ··· 269

　　　索引 ·· 270

Part1
FortiGateの
アーキテクチャ

　このPartでは、FortiGateの基本的な事項（機能、ライセンス、ハードウェア、OSなど）を説明し、FortiGateがインターフェースやルーティングなどネットワーク機器として稼働するための設定方法を解説します。設定にはGUI（Graphical User Interface）とCLI（Command Line Interface）による方法があります。

第1章
FortiGateの構成要素

第2章
FortiGateの基本設定

Part1：FortiGateのアーキテクチャ

第1章　FortiGateの構成要素

この章ではFortiGateの機能概要、ハードウェアの特徴、専用OSであるFortiOS、FortiGuard、FortiGateを用いたソリューション、導入前の考慮事項について解説します。

1-1　FortiGateの機能

　FortiGateは非常に高度かつ多機能なオールインワン ネットワークセキュリティ アプライアンスです。FortiGateは専用のファームウェア「FortiOS」で動作し、多層的な防御を単体で実施可能です。大きなものをざっと列挙すると、次のような機能を持っています。

■ステートフル インスペクション ファイアウォール

　ステートフルインスペクション、アプリケーションレベルゲートウェイなどの機能を持つファイアウォールで、強固で安全なネットワークを構築できます。専用ASIC搭載機器はショートパケットでも非常に高速なパフォーマンスを実現します。

■次世代ファイアウォール（アプリケーションコントロール）

　IPアドレスやポート番号だけでなく、アプリケーションを識別し、適切なセキュリティポリシーを実施できます。3,700以上のアプリケーションを識別可能（2015年2月現在）で個別の帯域制御も可能です。

■IPsec VPN

　IPsec VPN機能を利用すると一貫したセキュリティポリシーで、地理的に離れていてもネットワークを安全に拡張することができます。ゲートウェイ同士をVPN（Virtual Private Network）で接続し、ハブ&スポークやフルメッシュ構成をとることが可能です。FortiClient（PC／モバイル用のVPNクライアント）で、リモートアクセスVPNを構成することもできます。ステートフルインスペクションファイアウォール同様、専用ASICにより高速で処理されます。

■SSL-VPN

　インターネットに接続された遠隔地のPC／モバイル端末から、社内のサービスを安全に

利用できます。Webモードとトンネルモードにより広範なアプリケーションに対応します。

■アンチウィルス

統合脅威管理（UTM[注1]）という用語ができる前、FortiGateは高速ネットワークアンチウィルス機器と言われていました。初期から搭載されている機能で、FortiGateが誇るべき最重要機能の1つです。ウィルス定義ファイル（シグネチャ）はフォーティネットの研究チーム（FortiGuard Lab）により日々更新されています。

■侵入検知／防御（IDS／IPS）

ネットワークを介した攻撃を検知／防御する機能です。カスタムシグネチャを作成することも可能です。公開サーバに脆弱性が発見された場合など、対策を実施するまでの期間はバーチャルパッチとしてIPS機能も利用できます。アタックシグネチャはフォーティネットの研究チーム（FortiGuard Lab）により日々更新されています。

■DoS防御

FortiGateはしきい値を用いた簡易的なDoS[注4]防御機能を有しています。フォーティネットにはDoS／DDoS[注5]専用機器「FortiDDoS」という製品もあります。

■Webフィルタ

フォーティネットの研究チーム（FortiGuard Lab）は世界中のWebサーバを78のカテゴリに分類しています。FortiGateの管理者はそれぞれのカテゴリに対して許可／不許可を設定できるので運用の負担が少なくて済みます。明示的にURLを指定するホワイトリスト／ブラックリストの設定も可能です。

■アンチスパム

FortiGuard LabはスパムIPアドレスをデータベース化し、FortiGateに提供しています。また、スパムメールに記載されているURL／フィッシングサイトもデータベース化し、スパム判定方法の1つとして提供しています。FortiGateはこれらの機能を利用してスパムメールを選別します。メールアドレスやIPアドレスを指定するホワイトリスト／ブラックリストの設定も可能です。

■無線LANコントローラ

FortiGateはいわゆるシンAPであるFortiAPを統合管理する無線LANコントローラ機能

注1　Unified Threat Management
注2　Intrusion Detection System
注3　Intrusion Prevention System
注4　Denial of Services attack
注5　Distributed Denial of Service attack

を有しています。FortiAPを購入し、FortiGateと接続すれば利用可能で、ライセンスなど特に必要ありません。管理できるアクセスポイントの数はFortiGateのモデルにより異なります。

■ その他

情報漏えい防止（DLP[注6]）

機密文書やカード番号などの情報漏えいを防止できます。ウォーターマーク機能を利用すればファイルに電子透かしを入れられ、その透かしをもとにFortiGateが漏洩を止めることもできます。

スレットウェイト（旧クライアントレピュテーション）

ネットワーク内のクライアント端末の累積的なセキュリティ違反活動をランキング化し、マルウェアに感染している可能性のある注視すべき端末をあぶりだします。スレットは脅威、ウェイトは重みづけを意味します。

脆弱性スキャン

ネットワーク内のサーバなどに対し定期的に脆弱性スキャンをかけ、きちんとパッチが当たっているか、不要なポートが空いていないかなど検査し、セキュリティホールの放置を防ぎます。

Webプロキシ

FortiGateをWebプロキシサーバとして利用することで、クライアント端末が直接外部に接続することを防ぎます。

サーバロードバランス

簡易的なロードバランサ機能（L4/L7）を保有しています。

WAN最適化

ストレージを搭載している機種では帯域を効率良く高速に使用するためのWAN最適化機能が利用できます。

1-2 ライセンス

FortiGateのライセンス（図1-1）には次のものがあります。

注6　Data Loss Prevention／Data Leak Protection

○図1-1：FortiGate GUIでのライセンス情報

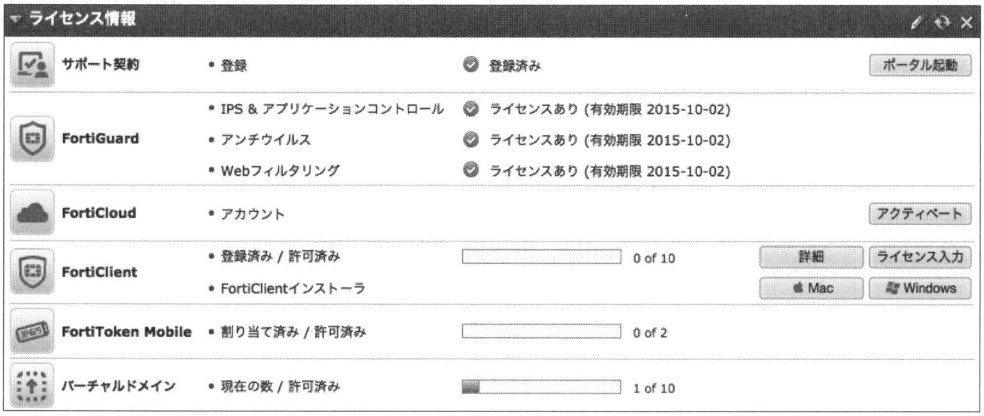

ライセンス情報			
サポート契約	・登録	✓ 登録済み	ポータル起動
FortiGuard	・IPS & アプリケーションコントロール ・アンチウイルス ・Webフィルタリング	✓ ライセンスあり (有効期限 2015-10-02) ✓ ライセンスあり (有効期限 2015-10-02) ✓ ライセンスあり (有効期限 2015-10-02)	
FortiCloud	・アカウント		アクティベート
FortiClient	・登録済み / 許可済み ・FortiClientインストーラ	0 of 10	詳細 ライセンス入力 Mac Windows
FortiToken Mobile	・割り当て済み / 許可済み	0 of 2	
バーチャルドメイン	・現在の数 / 許可済み	1 of 10	

■ サブスクリプション（年間購読ライセンス）

　アップデートが必要な機能のアップデート権のためのライセンスです。基本的に1年単位で購入し、毎年更新が必要です。1つのFortiGateに対して付与されるライセンスで、ボックス課金です。ユーザ数の多寡(たか)やVDOM（Virtual Domain）の数によるライセンス料金の増減はありません。

　具体的には次のような機能にサブスクリプションライセンスがあります。

- アンチウィルス
- IPS（およびアプリケーションコントロール）
- Webフィルタ
- アンチスパム

> ⚠ アンチウィルスとIPSはサブスクリプションが切れたとしても、古いシグネチャ（定義ファイル）のままで利用可能ですが、Webフィルタとアンチスパムは基本的に都度「FortiGuard」（P.13参照）に問い合わせる形式をとっているので、利用できなくなります。ライセンスを更新し忘れないようにしてください。
>
> 　これらライセンスは組み合わせて販売されており、メニューはFortiGateのモデルにより異なるので、詳しくはフォーティネット製品を取り扱っている販売代理店にお問い合わせください。
>
> - フォーティネットのパートナー
>   http://www.fortinet.co.jp/partners/

■ VDOMライセンス

　FortiGateはデフォルトで10個のVDOMをライセンス不要で（無償で）利用できます（FortiGate-30Dを除く）。VDOMとはVirtual Domainの略で、FortiGateの筐体内で動作する仮想システムです。FortiGateを仮想的にコピーして増やしたようなものと思ってください（第7章で詳説）。

　4桁番台（FortiGate-1000シリーズ以上）のFortiGateは有償のVDOMライセンスを追加投入することにより最大500VDOMまで仮想システムを利用することが可能になります。ミッドレンジもしくはデスクトップモデルの場合、追加のVDOMライセンスは投入できません（最大10VDOM）。

■ FortiClientライセンス

　FortiClientはWindows／MacOS／Android／iOS上で動くクライアント用アプリケーションです。アンチウィルス／アプリケーションコントロール（次世代ファイアウォール）／Webフィルタ／IPsecVPN／SSL-VPN／WAN最適化などの機能を持っています（プラットフォームにより機能は異なります）。

　このFortiClientをFortiGateから統合管理し、設定のプロビジョニングやアプリケーションコントロール、脆弱性スキャンさせたい場合はFortiClient用のライセンスが必要です。ライセンスは年度更新で、FortiGateに投入します。機器によりサポートされるFortiClientの数は異なります。

　なお、FortiGateから管理せず、例えば単にIPsec／SSL-VPN接続したい場合などはこの

○表1-1：ライセンスの有無によるFortiClientの機能の違い

機能	ライセンスなし	ライセンスあり
IPsec	○	○
SSL-VPN	○	○
2要素認証（FortiToken）	○	○
アンチウィルス	○	○
Webフィルタ	○	○
WAN最適化	○	○
アプリケーションコントロール	×	○
脆弱性スキャン	×	○
設定のプロビジョニング	×	○
ロギング（via FortiAnalyzer）	×	○
クライアント機能のカスタマイズ	×	○
リブランディング	×	○
オートVPN	×	○
シングルサインオン	×	○

ライセンスは必要ありません。

■ FortiCloudライセンス

　フォーティネットが提供するクラウドサービスのライセンスです。クラウド上にFortiGateのログを保存し、レポートや分析サービスを提供します。また、未知のマルウェアを検出するCloudSandbox機能も提供します（別途アンチウィルスライセンスが必要）。

　FortiGate 1台に付き200GBまでログの保存を可能にする年間購読ライセンスです。

■ FortiToken Mobileライセンス

　iOS／Android用にフォーティネットが提供するワンタイムパスワード生成ソフトウェア「FortiToken Mobile」を利用するためのライセンスです。各FortiGateモデルによりサポートされる最大数が異なります。

> 　本章で列挙したライセンスは2015年2月現在、FortiOS 5.2.2.時点のものです。各種ライセンスはFortiGateの保守契約が有効であることが前提です。詳しくはフォーティネット製品販売代理店にお問い合わせください。

1-3　FortiGateのハードウェア

■ FortiGateの名称

　FortiGateに厳密な命名規則はありませんが、おおむね次のように覚えておけば理解しやすいでしょう。

①製品名称

　自身がアクセスポイントとなるWiFi機能搭載モデルの場合は「FortiWiFi」という名称になります。

②モデル

　2桁の場合はデスクトップモデル、3桁の場合は1Uサイズのミッドレンジモデル、4桁の場合は2U以上のハイエンドモデルです。

③機種の目安

A～Dまでで、老番（最新は「D」）のほうが最近の機種という目安になります。ただし、欠番もあるので（例えば1000Aと1000Cはあるが、1000Bというモデルはなかった）、あくまでおおよその目安です。

■ アーキテクチャ

FortiGateはSoC[注7]搭載のデスクトップモデル機以外は、汎用CPUとASIC[注8]（FortiASIC-NP/CP）により構成されています。記憶領域としてはRAM（メモリ）のほかにファームウェアやコンフィグを保存するためのコンパクトフラッシュ、ログやキャッシュのためのSSDで構成されています（SSDは非搭載のモデルもあります）。CPUはミッドレンジ以上ではマルチコアのものが多くなっています。

CPUのコア数はどれくらいか？、RAMサイズは？、ASICは何をいくつ搭載しているのか？　など、適切にサイジングするためには各FortiGateのハードウェアの特徴を知ることが重要です。

本書ではFortiGate-300Dを例に説明していきます。FortiGate-300Dは図1-2のようにデュアルコアCPUを搭載し、RAMは8GBとなっています。ASICはCP8を2基、NP6を1基搭載しておりミッドレンジ製品としてはかなりハイパフォーマンスを期待できる構成です。

■ ASIC

FortiGateの大きな特徴の1つはASICを搭載している点です。ASICとは特定の用途向け

○図1-2：FortiGate-300Dの内部

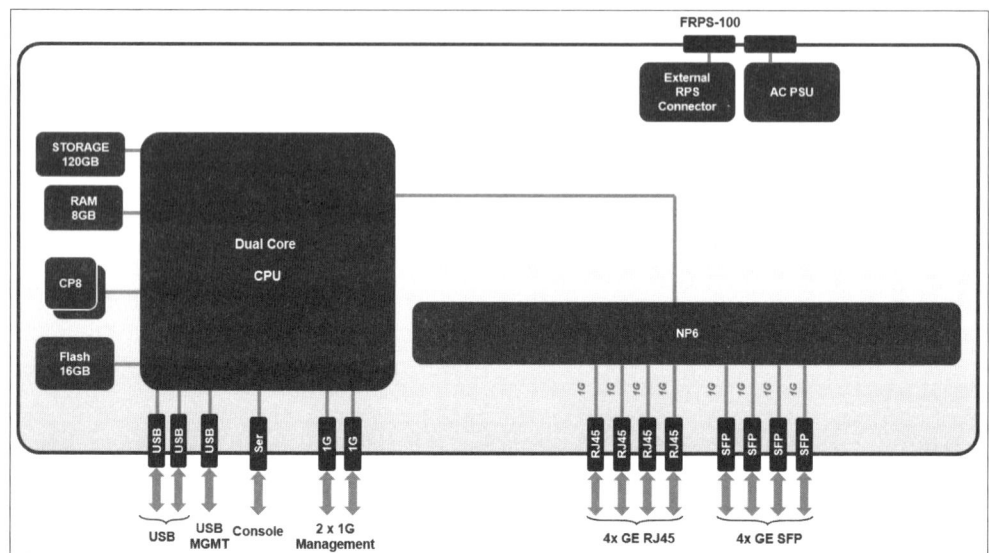

注7　System on a Chip
注8　Application Specific Integrated Circuit

に開発された専用プロセッサで、CPUの処理負荷を低減させ高パフォーマンスを得られるという特徴を持っています。フォーティネットではFortiASICという独自のチップを開発し、機器の用途やターゲットレンジに合わせて搭載しています。

FortiGateに搭載されているFortiASICにはいくつか種類があります。

FortiASIC-CP（コンテントプロセッサ）

基本的にすべてのFortiGate（仮想アプライアンスであるFortiGate-VMと日本未発売の一部製品を除く）に搭載され、アンチウィルスやIPS、SSLなどの処理を高速化する専用ASICです。2015年2月時点での最新バージョンは「CP8」です。

FortiASIC-NP（ネットワークプロセッサ）

ステートフルインスペクションファイアウォールとIPsec処理を高速化する専用ASICです。FortiGateは驚異的なショートパケットの転送能力で定評がありますが、これにはFortiASIC-NPが大きく貢献しています。

また、新規コネクション／秒（CPS）の処理最適化においても重要な役割を果たします。主にミッドレンジモデル以上に搭載されています。2015年2月時点での最新バージョンは「NP6」です。NP6では新たにIPv6とCAPWAPのオフロードをサポートしました。

SoC（System on a Chip）

FortiASIC-CPとFortiASIC-NPおよびCPU／メモリをワンチップ化したものです。デスクトップモデルに採用されています。2015年2月時点での最新バージョンは「SoC2」です。

FortiASIC-SP（セキュリティプロセッサ）

IPS／マルチキャスト／IPv6に特化したチップです。FortiGate-3950Bの一部モジュールやFortiGate-5000シリーズの一部ブレードで採用されています。2015年2月時点での最新バージョンは「SP3」です。

FortiGateをおおまかに理解するためには次のように覚えておくとよいでしょう。

- デスクトップモデルと呼ばれるSOHO／ブランチオフィス向けの小さなFortiGateのほとんどはSoCを搭載している
- 1U以上のモデルのほとんどはNPとCPの両方を搭載している

表1-2は各ASICのファイアウォール性能をまとめたものです。1つのFortiASICでの最大処理能力となります。複数搭載されているものはその個数分性能が出ると考えればおおよその目安になります。

もう少し具体的に、実際のモデルごとに見てみましょう。表1-3は2015年2月時点での主

Part1：FortiGateのアーキテクチャ

力のFortiGateを、搭載しているASICをもとに大まかな用途に分類してみます。

次のURLにアクセスすると現在販売されている主力のFortiGate一覧を見ることができます（定期的にアップデートされます）。

http://www.fortinet.co.jp/doc/fortinet-ProductMatrix.pdf

■ファストパスとスローパス

NPによるファイアウォールのオフロード（高速化）は、TCPの場合、次のようになります。
TCPの3wayハンドシェイクが終了するとFortiGateはステートフルインスペクションファイアウォールを実施するためのセッションテーブルを作成します。作成されるとそのテーブルはFortiASIC-NP（＝NP）上にコピーされ以降のパケット転送はNPでハンドリングします。CPUでの処理をスローパス（Slow Path）、NPでの処理をファストパス（Fast Path）と呼びます。ファストパスは特化したASICにより極めて高速に処理されます。

表1-4は2011年の1月に発表した、FortiGate-3950Bのテスト結果です。FortiGate-3950Bはモジュール搭載型の製品で、5つあるスロットすべてにNP4モジュールを挿入し、さらに

○表1-2：FortiASIC-NPのパフォーマンス

機能	SOC2	NP4 Lite	NP4	NP6	SP3
ファイアウォール（IPv4）	4Gbps	4Gbps	20Gbps	40Gbps	20Gbps
ファイアウォール（IPv6）	―	―	―	40Gbps	10Gbps
IPsec VPN	1Gbps	1Gbps	10Gbps	25Gbps	18Gbps

○表1-3：用途別のFortiGate

モデル	用途	説明
SoC搭載モデル	SOHO向け	FortiGate/WiFi-30D、FortiGate/FortiWiFi-60D、FortiGate/FortiWiFi-90Dなど
NP非搭載、CP8のみモデル	ブランチオフィス向け。UTMのパフォーマンスを重視	FortiGate-100D、FortiGate-140Dなど
NP4Lite+CP8	ブランチオフィス向け。UTMのパフォーマンスに加え、ファイアウォールもある程度パフォーマンスを必要とする場合	FortiGate-200D、FortiGate-240D、FortiGate-280D-PoEなど
NP4+CP8	中規模～大規模拠点向け。UTMおよびIPv4 Firewall高パフォーマンス	FortiGate-800C、FortiGate-1000C、FortiGate-3240C、FortiGate-3600C、FortiGate-3950Bなど
NP6+CP8	中規模～大規模拠点向け。最新のASICを搭載し、UTMおよびFirewall高パフォーマンス。IPv6のアクセラレーション	FortiGate-300D、FortiGate-500D、FortiGate-1000D、FortiGate-1500D、FortiGate-3700D

本体のNPと合わせて6つのNP4をフルに使って実測しました。10Gbpsのインターフェースを12本使用し、120Gbpsのトラフィックを入力した結果、64バイトのショートパケットで約115Gbps（114544Mbps）、実行帯域の実に約95％のスループットを得ることができました。

このようにFortiASIC-NPはまさに比類のない、強力なパケット転送能力を持っており現実にはほとんど問題なく実力を発揮します。

しかし、なんでもかんでも高速処理できるわけではありません。例えばUTMを実施するファイアウォールポリシーに合致するトラフィックに対してFortiASIC-NPのファストパス処理は実施されません（FortiASIC-CPによるオフロードは実施されます）。FortiASIC-NPのバージョンによっても扱えるパケットが異なります。表1-2にもあるようにNP4ではIPv6を扱うことはできません。

各FortiASICがオフロードする条件やフローは次のドキュメントをご覧ください。

http://docs.fortinet.com/d/fortigate-hardware-acceleration

○図1-3：製品機能一覧（Product Matrix）一部抜粋

FortiGate
統合ネットワークセキュリティ アプライアンス

	FortiGate-30D FortiWiFi-30D	FortiGate-40C FortiWiFi-40C	FortiGate-60C*3 FortiWiFi-60C*3	FortiGate-60D FortiWiFi-60D	FortiGate-90D FortiWiFi-90D	FortiGate-100D*2	FortiGate-200D	FortiGate-240D	FortiGate-280D-POE	FortiGate-300C	FortiGate-300D	FortiGate-500D
ファイアウォール スループット（1518 / 512 / 64 バイト UDPパケット）	800 / 800 / 800 Mbps	200 / 200 / 200 Mbps	1 / 1 / 1 Gbps	1.5 / 1.5 / 1.5 Gbps	3.5 / 3.5 / 3.5 Gbps	2,500 / 1,000 / 200 Mbps	3 / 3 / 3 Gbps	4 / 4 / 4 Gbps	4 / 4 / 4 Gbps	8 / 8 / 8 Gbps	8 / 8 / 8 Gbps	16 / 16 / 16 Gbps
ファイアウォール レイテンシ	8 μs	3 μs	4 μs	4 μs	4 μs	37 μs	2 μs	6 μs	2 μs	2 μs	3 μs	3 μs
ファイアウォール同時セッション	200,000	40,000	400,000	500,000	2 M	3 M	1.4 M	3.2 M	3.2 M	2 M	6 M	6 M
ファイアウォール新規セッション / 秒	3,500	2,000	3,000	4,000	4,000	22,000	77,000	77,000	77,000	50,000	200,000	280,000
ファイアウォール ポリシー	5,000	5,000	5,000	5,000	5,000	10,000	10,000	10,000	10,000	10,000	10,000	10,000
IPSec VPNスループット	350 Mbps	60 Mbps	70 Mbps	1 Gbps	1 Gbps	450 Mbps	1.3 Gbps	1.3 Gbps	1.3 Gbps	4.5 Gbps	7 Gbps	14 Gbps
ゲートウェイ間 IPSec VPNトンネル	20	20	50	200	200	2,000	2,000	2,000	2,000	2,000	2,000	2,000
クライアント-ゲートウェイ間 IPSec VPNトンネル	250	250	500	500	1,000	5,000	5,000	5,000	5,000	10,000	10,000	10,000
SSL VPNスループット	25 Mbps	17 Mbps	19 Mbps	30 Mbps	35 Mbps	300 Mbps	400 Mbps	400 Mbps	400 Mbps	200 Mbps	350 Mbps	400 Mbps
同時SSL VPNユーザー（推奨）	80	80	100	100	200	300	300	300	300	500	500	500
IPSスループット	150 Mbps	135 Mbps	135 Mbps	200 Mbps	275 Mbps	950 Mbps	1.7 Gbps	2.1 Gbps	2.1 Gbps	1.4 Gbps	2.8 Gbps	4.7 Gbps
アンチウイルス スループット（プロキシベース / フローベース）	30 / 40 Mbps	20 / 40 Mpbs	20 / 40 Mbps	35 / 50 Mbps	35 / 65 Mbps	300 / 650 Mbps	600 / 1,100 Mbps	600 / 1,100 Mbps	600 / 1,100 Mbps	200 / 550 Mbps	1.4 / 2.5 Gbps	1.7 / 3.4 Gbps
FortiAPサポート数（合計 / トンネルモード）	—	10 / 5	10 / 5	10 / 5	32 / 16	64 / 32	64 / 32	64 / 32	64 / 32	512 / 256	512 / 256	512 / 256
FortiTokenサポート数	20	100	100	100	100	1,000	1,000	1,000	1,000	1,000	1,000	1,000
FortiClientサポート数	10	10	200	200	200	2,000	2,000	2,000	2,000	2,000	600	2,000
仮想UTM（VDOM:標準 / 最大）	—	—	10 / 10	10 / 10	10 / 10	10 / 10	10 / 10	10 / 10	10 / 10	10 / 10	10 / 10	10 / 10

○表1-4：FortiGate-3950B実測値

パケットサイズ	入力帯域幅（Mb/秒）	出力帯域幅（Mb/秒）	入力パケット数（パケット/秒）	出力パケット数（パケット/秒）	遅延時間（μ秒）
64バイト	119999	114544	178568992	170452992	9.2
512バイト	119999	119103	28195100	27984800	18.7
1518バイト	119999	119688	9752800	9727540	21.3
IMIX※	119999	118859	37332300	35626600	9.3

※IMIXは、インターネット・ミックス（Internet Mix）の略語です。実運用環境では、さまざまなサイズのパケットが混在しているのが一般的です。このような実運用環境では、単一サイズのパケットだけの環境よりもはるかに高い処理能力が求められます。
http://www.fortinet.co.jp/press_releases/110118.html

Part1：FortiGateのアーキテクチャ

参考までにNP6のファストパス条件を抜粋しておきます。

```
NP6 processors can offload the following traffic and services:
•IPv4 and IPv6 traffic and NAT64 and NAT46 traffic (as well as IPv4 and
 IPv6 versions of the following traffic types where appropriate)
•TCP, UDP, ICMP and SCTP traffic
•IPsec VPN traffic, and offloading of IPsec encryption/decryption
 (including SHA2-256 and SHA2-512)
•Anomaly-based intrusion prevention, checksum offload and packet
 defragmentation
•SIT and IPv6 Tunnelling sessions
•Multicast traffic (including Multicast over IPsec)
•CAPWAP and wireless bridge traffic tunnel encapsulation to enable line
 rate wireless
forwarding from FortiAP devices
•Traffic shaPING and priority queuing for both shared and per IP traffic
 shaping. An NP6 processor has 16 million queues for traffic shaping and
 statistics counting.
•Syn proxying
•Inter-VDOM link traffic

Sessions that are offloaded must be fast path ready. For a session to be
fast path ready it must meet the following criteria:
•Layer 2 type/length must be 0x0800 for IPv4 or 0x86dd for IPv6 (IEEE
 802.1q VLAN
specification is supported)
•Link aggregation between any network interfaces sharing the same network
 processor(s) may be used (IEEE 802.3ad specification is supported)
•Layer 3 protocol can be IPv4 or IPv6
•Layer 4 protocol can be UDP, TCP, ICMP, or SCTP
•In most cases, Layer 3 / Layer 4 header or content modification sessions
 that require a session helper can be offloaded.
•Local host traffic (originated by the FortiGate unit) can be offloaded
•Application layer content modification is not supported (the firewall
 policy that accepts the session must not include virus scanning, web
 filtering, DLP, application control, IPS, email filtering, SSL/SSH
 inspection, VoIP or ICAP)
```

1-4 FortiOS

　FortiGateの専用ファームウェアはFortiOSといいます。拡張子が「.out」となっている30MB前後の単一ファイルとして提供されます。FortiGateのモデルごとに専用のFortiOSが存在するので、機器に合わせて販売代理店から入手してください。

　FortiOSの命名規則は次のようになっています。

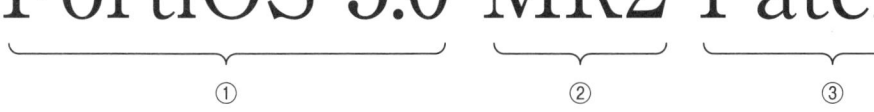

①メジャーバージョンの名称
②Maintenance Release
　MR単位でサポート期限が決まっています。そのMRがリリースされてから3年間がソフトウェアサポートの期限です。また、MR単位で新機能や仕様変更が入ります。事実上のメジャーバージョンと考えてください。FortiOS 5.0以降は偶数番号をリリースすることになっており、MR2の次はMR4が予定されています。MRのリリース間隔は決まっていませんが、1〜2年程度です。
③パッチバージョン
　執筆時点での最新ファームウェアはFortiOS 5.0 MR2 Patch2です。省略した書き方ではFortiOS 5.2.2とかFOS 5.2.2と表記されます。パッチバージョンの間隔も決まっていません。緊急に対策パッチを出さなければならない場合は数日後に新しいパッチが出る場合もあります。

　提供されるFortiOSのファイル名からはMRおよびパッチバージョンはわからないのでご注意ください。実際に提供されるファームウェアのファイル名はビルド番号で管理され次のような形式になっています。

FGT_300D-v5-build0642-FORTINET.out

　これはFortiOS 5.2.2のファームウェアです。FortiOS 5.2.2のビルド番号が642であるのに対し、FortiOS 5.2.1のビルド番号は618です。この間のビルドも実は存在しますが、一般には公開していません。FortiOS 5.2.2やFortiOS 5.2.1のように一般に公開されたものをGA（General Availability）と呼ぶことがあります。
　ファームウェアをインストールするとGUIおよびCLIでMRおよびパッチ番号がわかります（図1-4、1-5）。

1-5 FortiGuard

　FortiGuardとは、世界各地（2015年1月現在で6拠点）に点在するフォーティネットのセキュリティ研究機関「FortiGuard Lab」、および彼らが運営するWebサイトのことを指します。FortiGuardチームには200名を超えるセキュリティエンジニアが常駐し、24時間365日

Part1：FortiGateのアーキテクチャ

○図1-4：GUIからのファームウェアバージョン確認

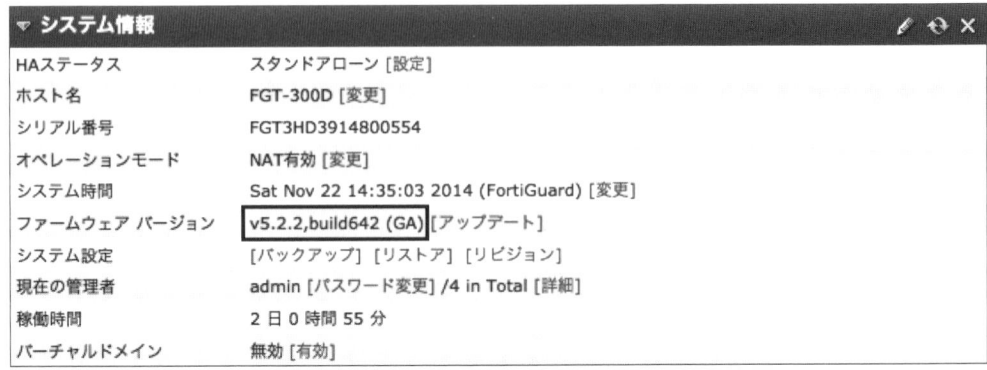

○図1-5：CLIからのファームウェアバージョン確認

体制で日々刻々と変化／進化する脅威を監視し研究しています。

　FortiGuardでは次のカテゴリに対する情報発信、シグネチャの作成／更新、評価データベースの更新などを行っています。

- アンチウィルス
- 侵入検知／防御（IDS／IPS）
- アプリケーションコントロール（次世代ファイアウォール）
- アンチスパム（Eメールフィルタリング）
- Webフィルタ
- IPレピュテーション（ボットネット）

- Webセキュリティ（WAF製品FortiWeb用）
- 脆弱性スキャン
- データベースセキュリティ（データベースセキュリティ製品FortiDB用）

また、さまざまなサードパーティー製ソフトウェア（MicrosoftやAdobeなど）の脆弱性を発見し、コンピュータ環境の安全利用に貢献する活動も継続しています。2013年は18件のクリティカルな脆弱性を発見し、報告しています（発見数はネットワークセキュリティベンダで最多となっています）。

FortiGard Lab（図1-6）はフォーティネットのセキュリティに対する取り組みの根幹です。

○図1-6：FortiGuard Labが運営するWebサイト「FortiGuard Center」
　　　　（http://www.fortiguard.com/）

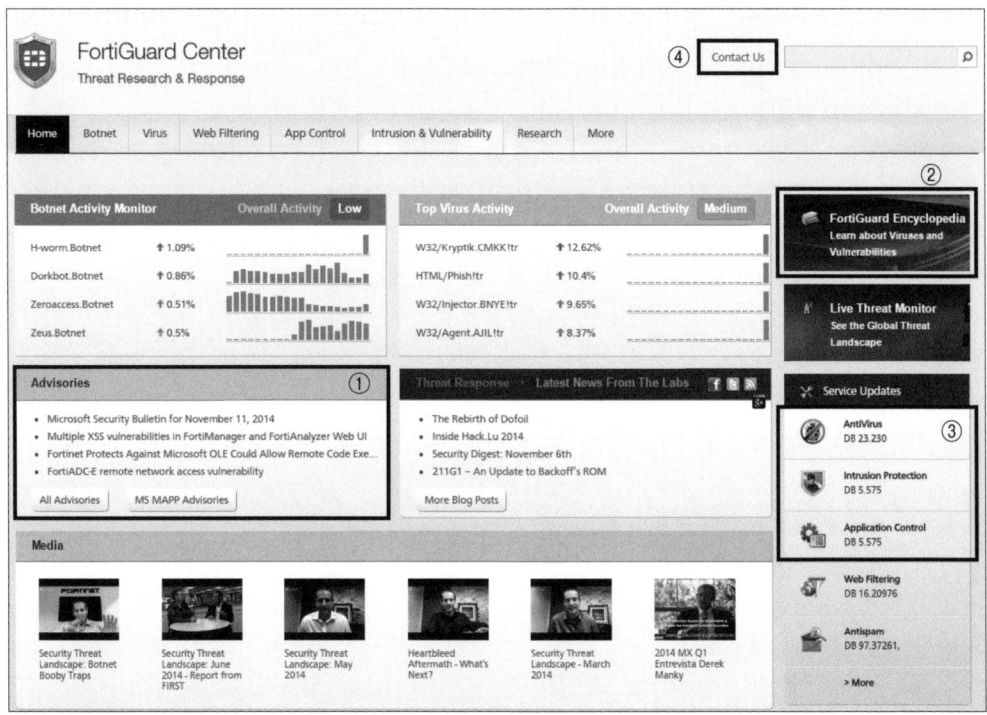

①Advisories
　脆弱性情報など自社／他社問わず掲載しています。
②FortiGuard Encyclopedia
　Encyclopedia、つまり百科事典です。FortiGateがウィルスや攻撃を検知した場合、その情報を詳しく知りたいときはここを確認してください。また、CVEなどパブリックな脆弱性データベースのIDを利用して検索できるので、FortiGateが対応しているマルウェアや攻撃を調べられます。
③Service Updates
　アンチウィルス／IPS／アプリケーションコントロールなどの最新のデータベース番号が掲載されています。FortiGateの定義ファイル（シグネチャ）が最新かどうか、この番号と突き合わせると一目瞭然です。
④Contact Us
　FortiGuard Labに直接リクエストできます。やり取りは英語になりますが、複雑なものではありませんし、何より対応が早いので利用をお勧めします。

これほど大規模なリソースを常時保持するのは非常に大きな投資であり、一朝一夕に真似のできることではありません。

表1-5にContact Usページのドロップダウンリストの中で有用な項目を挙げます。日本で購入したFortiGateは代理店を経由してポストサポートを提供しています。FortiGateに何か問題があったり質問をしたい場合、通常は購入元の代理店に問い合わせしますが、これらのフォームを利用すると直接FortiGuardからのサポートを受けられます。

1-6 標的型攻撃対策

FortiGateにはさまざまな機能が実装されており、用途も多岐にわたります。ここでは最近のセキュリティトピックに合せて、どのようにFortiGateを利用可能か見ていきます。

■ 標的型攻撃対策

「標的型攻撃」という言葉は本来広い意味を持つ言葉ですが、その分、受け取る人によって意味合いのズレが大きな言葉でもあると言えます。

標的型攻撃＝未知のマルウェアを使った攻撃という印象を受ける方も多いかもしれませんが、この言葉は攻撃手法を限定するものではなく、特定の個人や企業からの情報の入手やサービス不能を意図して攻撃を加えるという意味のものです。実際の攻撃手法としては既知のサイバーアタックやソーシャルエンジニアリングが多く利用されます。もちろんゼロデイの脆弱性を利用したり、未知のマルウェアも利用されますが、既存の対策をしっかりしていれば防御できたり、被害を最小化できる場合も多いということは認識しておくべきです。

標的型攻撃対策は一般に3つのカテゴリ（入口対策、出口対策、潜伏期間／感染拡大対策）に分けられ、いずれも必要です。それぞれ対策に必要な機能に専用アプライアンスを導入するのは、管理や費用の点において大きな負担です。その点、FortiGateあれば1台で複合的なセキュリティ検査を実施できます。

なお、FortiGateで監視／防御できるのはあくまでネットワークを介したアクティビティです。USBメモリを介した感染などは防御できません（感染を広げようとネットワークを利用する際は防御可能です）。

入口対策

入口対策とは外部ネットワークからの攻撃を監視／防御する対策です。標的型攻撃対策＝サンドボックス製品と考える方も多いかもしれません。フォーティネットでもFortiSandboxという製品がありFortiGateと連携可能です。しかし、Sandbox以外にもやっておかなければならないセキュリティ対策は多々あります。

入口対策としてFortiGateが実施できる機能には**表1-6**のようなものがあります。

○表1-5：Contact Usにあるリスト

カテゴリ	項目	補足
AntiSpam（アンチスパム）	Report an uncaught spam	FortiGateで検出できなかったスパムメールを報告するためのフォーム
	Report a falsely detected spam, false positive or undelivered email due to blacklisted IP	FortiGateが間違ってスパムと判定してしまったメールを報告するためのフォーム
	Report other issues related to Antispam	その他アンチスパムに関連する問題を報告するためのフォーム
AntiVirus / AntiSpyware（アンチスパム／アンチスパイウェア）	Report a suspicious file	マルウェアかもしれない怪しいファイルを報告するためのフォーム。事前にVirus Total（https://www.virustotal.com）でそのファイルを検査しておくことをお勧めします
	Request a review on falsely detected file or incorrectly categorized software	FortiGateが間違ってマルウェアと判定してしまったファイルやソフトウェアを報告するためのフォーム。事前にVirus Total（https://www.virustotal.com）で検査しておくことをお勧めします
	Request a virus description	FortiGuard Encyclopediaでのマルウェアの説明に対するリクエストフォーム
Application Control（アプリケーションコントロール）	Request a new or revision of coverage on an application	FortiGateのシグネチャにないアプリケーションのリクエストフォーム。あるいは新バージョンへの対応をリクエストやカスタムシグネチャの相談もできます
	Report other issues related to Application Control	その他アプリケーションコントロールに関する問題を報告するフォーム
Intrusion Prevention（IPS）	Report an exploit or vulnerability signature	エクスプロイトや脆弱性を報告するフォーム。カスタムシグネチャも作成してもらえます
	Request a review on a vulnerability signature	シグネチャを見直してもらうためのフォーム。主に誤検知（False Positive）の際に利用します
	Report other issues related to Intrusion Prevention	その他IPSに関する問題を報告するフォーム
Web Filtering（Webフィルタリング）	Report an unrated or mis-rated website for review	レーティングされていないもしくは間違ってレーティングされているWebサイトを報告するフォーム
	Request access to a blocked website	ブロックされたWebサイトを許可してもらうためのフォーム
	Report other issues related to Web Filtering	その他Webフィルタに関する問題を報告するフォーム
Others（その他）	Report a Product Vulnerability（PSIRT@fortinet.com）	フォーティネット製品自身に脆弱性を発見した際に報告するフォーム
	Report a FortiGuard Distribution Network（FDN）issue	シグネチャをFortiGateに配信するためのフォーティネットのサーバにアクセスできないなどの問題がある場合にはこのフォームを利用します

表1-6：入口対策としてFortiGateが実施できる機能

機能	説明
ステートフルインスペクションファイアウォール	IPアドレスのなりすまし防御、プロトコルシーケンス異常を検知／ブロック、ポリシーの異なるセグメントの分割
アンチウィルス	既知のマルウェアを検出するシグネチャマッチングのみならず、コードエミュレーション機能により未知の脅威を検知／ブロック。また、特許出願中のシグネチャ技術により1シグネチャで50,000のウィルスに対応可能で、亜種／ポリモーフィック／ゼロデイマルウェアにも柔軟に対応
IDS／IPS（バーチャルパッチ）	脆弱性を突いた攻撃を検知／ブロック。ゼロデイアタックへの緊急対策として有効
アンチスパム※	ヘッダのチェックやリンクの検証によりスパム判定
Webフィルタ	怪しいWebサイトへのアクセス拒否
サンドボックス	FortiSandboxとの連携

※FortiGateのアンチスパムは基本的にタグを付けて転送するものになります（第5章参照）。フォーティネットにはFortiMailというメール専用アンチスパム／アンチウィルスアプライアンスがあり、本格的なアンチスパムを実施したい場合はこちらの製品をお勧めします。

表1-7：出口対策としてFortiGateが実施できる機能

対策	説明
DLP（情報漏えい防止）	特定の文字列を含むもの、特定のファイルタイプ／ファイル名、電子透かしを施したものなどFortiGateをデータが通過しようとする際に止めることができます。デスクトップモデルではこの機能を利用できないものもあります
Webプロキシ	FortiGateはWebプロキシ機能（Explicit Proxy）を持っています。ディスク搭載機ではキャッシュも可能です。クライアント端末がプロキシ経由でインターネットアクセスするように構成すると、プロキシに対応していないボットのコールバックは成功しません
デバイスベースポリシー	FortiGateはネットワークノードをMACアドレスやフィンガープリントなどにより識別し、どういった端末なのか判断できます。Windows端末だけ通してそのほかのデバイスは通信を許さないといったポリシーを記述できます
アプリケーションコントロール	いわゆる次世代型ファイアウォール機能です。HTTP／HTTPSの通信と誤認させるような不正アプリの通信を検知しブロックできます
ボットネット検知＆ブロック	日々メンテナンスされるボットネットDBにより、ボットに感染した端末からのコールバック通信を検出し、ブロックします

○表1-8：潜伏期間／感染拡大対策としてFortiGateが実施できる機能

対策	説明
脆弱性スキャン	FortiGateには脆弱性スキャン機能が搭載されています。一定間隔でサーバなどに脆弱性スキャンを実施することで、脆弱性が放置されていないか定期的にチェック可能です
スレットウェイト（旧クライアントレピュテーション）	1Uのミッドレンジ以上でローカルストレージをもつ機種はスレットウェイト機能により端末の活動にスコアをつけ、怪しい端末をあぶりだすことができます。デスクトップモデルではFortiAnalyzer[※]との連携が必要になります。FortiAnalyzerと連携すると長期間にわたる分析が可能になるのでお勧めです。FortiGate単体では過去24時間の分析しかできません

※ FortiAnalyzerはロギング・レポーティングに特化したフォーティネットのアプライアンス製品です。

出口対策

攻撃者は常に防御側の裏を突こうとします。ゼロデイマルウェアの侵入を完全にブロックすることは技術的に簡単ではありません。そこで出口対策という考え方が生まれました。ある程度の感染は仕方がないとして、その後の情報漏えいを防ごうという考え方です。

FortiGateで実施可能な出口対策には**表1-7**のようなものがあります。

潜伏期間／感染拡大対策

標的型攻撃ではいったん対象のネットワークに侵入すると、その端末を踏み台にして、より権限の強いユーザの端末への感染を試みたり、サーバへの侵入を試みたりします。また、一定期間潜伏して活動するタイミングを待つようなマルウェアも存在します。

FortiGateで実施可能な潜伏期間／感染拡大対策には**表1-8**のようなものがあります。

FortiGateは1つひとつのUTM機能が優秀で、さまざまなシーンで活用できます。

次のフォーティネットジャパンのWebサイトに掲載されている導入事例を見るとデータセンタ、ISP、メディア、キャンパス、金融、公共、多店舗、MSSP、工場など活躍の場が広範囲であることがわかります。

http://www.fortinet.co.jp/solutions/cases.html

なお「フォーティネット倶楽部」に登録すると技術資料を含めさまざまな情報を入手できます。

http://www.fortinet.co.jp/leads/login.php

Part1：FortiGateのアーキテクチャ

> COLUMN

FortiSandbox

　未知のマルウェアを検出するセキュリティ製品としてサンドボックスが注目されていますが、フォーティネットでもFortiSandboxというアプライアンスを用意しています。
　FortiSandbox上ではバーチャルマシン（WindowsXP／Windows7）が動作しており、怪しげな実行ファイルを実際に動作させてみて挙動を確認し、マルウェアかどうか判定します。FortiSandboxはハードウェアアプライアンスモデルと、VMware ESXiで動作するVM版があります。VM版は最小2バーチャルマシンからで、ライセンスを追加してバーチャルマシンを増やしていくことができます。

http://www.fortinet.co.jp/doc/FortiSandbox_DS.pdf

　FortiSandboxはFortiGateやメールセキュリティアプライアンスFortiMailと組み合わせると効果的です。FortiSandboxでマルウェアと判定されると、FortiGuardでシグネチャが作成され、FortiGate／FortiMailに配信されるというアンチマルウェア

○図1-A：入口対策としてFortiGateが実施できる機能

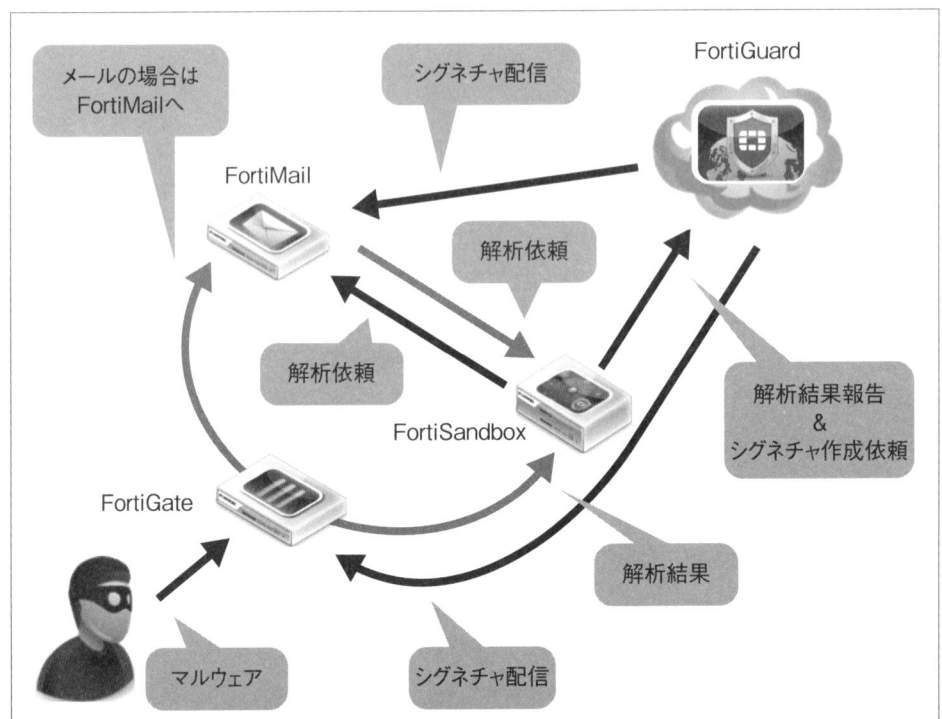

サイクルを構成できます。FortiGateとFortiSandboxの組み合わせでもメールプロトコルの解析は可能ですが、FortiMailを導入すると、メールをいったん保留しFortiSandboxの解析結果を待って配信／ブロックのアクションを実施できるという利点があります。

1-7 FortiGate導入前の考慮事項

　FortiGateの導入に際して決めておかなければならないことは少なくありません。
　新規に導入する場合は、数多くの機能の中で何を使うのか用途を明確にして、適切な機器を決める必要があるでしょう。他社の機器からの乗り換えの場合も既存の利用機能を棚おろしして、FortiGateにきちんと移行できるようにしなければなりません。無償で利用可能だからといって安易に利用機能を追加するのは避けるべきです。

■ トランスペアレントモードかNAT／ルートモードか

　FortiGateの導入形態は大きく分けて2つあります。
　各インターフェースがIPアドレスを持たず、L2デバイスのように既存のネットワークのIPアドレス体系を変更することなく導入できるトランスペアレントモード。あるいは一般的なファイアウォールの導入形態としてよくあるL3で動作するNAT／ルートモード。トランスペアレントモードでの導入事例も数多くありますが、考慮しなければならない制限事項が多いのも事実です。
　FortiGateの特性をよく知らない場合はNAT／ルートモードをお勧めします。端的に言ってトランスペアレントモードとはいえFortiGateはファイアウォールを基本とするセキュリティデバイスなのでスイッチと同様の動作は期待できないということを理解し、ハンドブック（マニュアル）などをよく読んだうえで導入してください。
　トランスペアレントモードのよくあるトラブルとしてはまずVDOMごとに作成できるインターフェースの上限がどのモデルも254までと少ないこと（VLANインターフェースを含みます）が挙げられます。要はVLANを数百程度設定する予定だったのにできないというトラブルです。VDOMを複数作成すればその分増やすことはできますが、ミッドレンジ以下の機種では最高10VDOMまでという制限がありますし、ハイエンドモデルでもVDOMライセンスの追加購入に理解を得られないことも往々にしてあります。NAT／ルートモードであればミッドレンジ以上のモデルで8192までサポートします。
　あるポートから送出した通信の戻りが別のポートから返ってくるような非対称ルーティングも頭が痛い問題です（この問題はNAT／ルートモードでも回避できません）。非対称ルーティングを許可するコマンドもありますが、セキュリティ上推奨できませんし、ファイアウォールはそのコマンドで解決できてもUTM機能は利用できません。それからVLANを設定してもデフォルトではブロードキャストをVLANをまたいで送信してしまうという点も

よくトラブルになります。こちらはCLIで"forward-domain"という設定を入れることで回避できます。詳しくはマニュアル（Handbook）や次のKnowledge Baseの記事をご覧ください。

http://kb.fortinet.com/kb/microsites/search.do?cmd=displayKC&docType=kc&externalId=FD3008

■ 利用するセキュリティ機能

　FortiGateは他に類を見ないほど機能の多いセキュリティアプライアンスです。ただ、多くの機能を利用すれば、その分CPUやメモリなどシステムリソースの利用も多くなるのは当然です。適切なポイントで適切な機能を利用するように設計してください。

　複合的なセキュリティ対策を実施するのであれば、それに見合った適切なモデルを選定してください。モデルによりCPUの処理能力／CPUコアの数／メモリ搭載量／SSDの搭載有無／NPやCPのバージョンや数などの違いがあり、モデル特有の得意不得意があるので事前に確認してください。

■ サイジング

　利用するセキュリティ機能が決まったら、必要なパフォーマンスを試算し、データシートを参照したり、データシートにない場合は代理店の意見を聞くなどしてモデルを選定してください。

　利用する期間も重要な考慮点です。新たな攻撃手法による脅威に対抗するためには新たな機能が必要になります。FortiGateはソフトウェアの更新や各検知エンジンの更新ごとに脅威に対抗すべく進化します。機能が追加されるとリソースはその分消費されるのでサイジングの際には余裕を持ったものを選定してください。

　各モデルのパフォーマンス一覧は次のPDFでご覧いただけます。

http://www.fortinet.co.jp/doc/fortinet-ProductMatrix.pdf

　それぞれのモデルの仕様やパフォーマンスを詳しく見たい場合は、次のWebページからモデルを選んでデータシートをダウンロードしてください。

http://www.fortinet.co.jp/products/fortigate/

■ 仮想システム（VDOM）

　VDOM（第7章参照）の利用の有無を決定してください。
　VDOMはすべての機種（「FortiGate-30D」を除く）で10個まで利用可能です。それ以上必要な場合は、FortiGateに追加ライセンスを購入する必要があります。VDOMライセンス

を追加できるモデルは「FortiGate-1500D」や「FortiGate-3700D」など4桁番台のFortiGateです。

　VDOMは非常に柔軟に設計でき、VDOM間通信も可能です。VDOMをどのように使うのか、制限事項を理解したうえで設計してください。例えば1つの通信が2つのVDOMを通るように設計することは可能ですが、その場合新規コネクションのセットアップ数やセッション数などは単純に2倍になります。当然システムリソースを2倍使うことになるので、必要がなければできるだけ1つの通信は複数のVDOMをまたがないように設計するのが賢明です。

■FortiOSのライフサイクル

　FortiOSのサポート期間はリリース後3年間です（「1-4：FortiOS」P.12参照）。導入するFortiOSを選定し、サポート残存期間を確認してください。

■FortiGateのハードウェアサポート期間

　販売終了後から5年でサポート期間は終了します。5年を超える長期の使用をお考えの場合は、できるだけ最新のハードウェアを選択するなど、注意が必要になります。

■ロギング

　FortiGateは表1-9に示す方法でログを表示／保存できます。
　ログの収集はCPU処理になるので、多くのログをとればとるほどFortiGateのシステム全体のリソースに影響があります。各ファイアウォールポリシーで不要なログはとらないようにすべきです。また、FortiGeteは純粋なセキュリティの実施ポイントとして導入し、ログはFortiAnalyzerやSyslogサーバなどの外部機器に保存するほうが耐障害性も高くなりスマートです。ログに関する詳細は第9章を参照してください。

■事前準備

　次の点をあらかじめ決定しておいてください。

利用する物理ポートの数

　FortiGateはモデルによりポートの数がさまざまです。必要な数を確認し、モデルを選定してください。必要なトランシーバ（SFP、SFP+、QSFP）なども確認してください。FortiGateに接続可能なトランシーバはフォーティネット販売品のみです。
　なお、HA構成を組む場合はハートビート用の専用ポートを2つ（プライマリ／セカンダリ）用意することをお勧めします。また、高パフォーマンスを期待するような環境やセッション同期を行う環境ではハートビートポートはNP配下のポートの利用をお勧めします。

○表1-9：ロギングの方法

方法	説明
FortiAnalyzer	フォーティネットのロギング レポーティング専用アプライアンスです。小規模から大規模までオンプレミスでのログ／レポート管理に適しています。ログの通信はデフォルトで暗号化されています。FortiAnalyzerを拠点のFortiGateの近くにおいてログを収集し、まとめて上位のFortiAnalyzerに送信、上位FortiAnalyzerでレポーティングするといった階層構造の配備も可能です
FortiCloud	FortiCloudはFortiGuardが運営するクラウドサービスです。FortiGateのログ収集やレポーティング、集中管理などの機能があります。デスクトップモデルのFortiGate向けのサービスで、ライセンスが必要です（年度更新）。ログの通信はデフォルトで暗号化されています
Syslog	Syslogサーバにログを送信できます。
メモリ（RAM）	メモリ上にログをため、GUI／CLI上から表示できます。RAMは揮発性メモリなのでFortiGateを再起動するとログは消去されます。また、保存領域も限られているので、あくまで一時的にログを確認するための用途です
内蔵SSD	主に1U以上のFortiGateはSSDを搭載しているものがあります。SSDの用途はWAN最適化やプロキシのキャッシュ、ウィルスの隔離などさまざまですがログの保存にも利用できます。ただし、何か問題があった場合はSSDのみの交換はできず、FortiGateごとの交換になります

利用するIPアドレス体系

　利用するネットワークに合わせてFortiGateに設定するIPアドレスやサブネットマスク、ルーティングなど事前に用意してください。

管理者パスワード

　FortiGateにあらかじめ用意されている管理者IDは「admin」でパスワードは設定されていません。このadminユーザは削除できないので必ずパスワードを設定してください。

時刻同期

　NTPサーバを利用して時刻同期する場合はNTPサーバのFQDNなどを用意してください。デフォルトでは北米にあるフォーティネットのNTPサーバを利用する設定になっています。

インターネット接続

　FortiGateはサポート契約の有無やUTMサブスクリプションライセンスの有効性の確認、シグネチャの更新など基本的にインターネット接続が可能なことを前提として設計されています。FortiGateの上位に別のファイアウォールが存在する場合や、ルータでフィルタリングしている場合など、必要な機能が期待どおりに動かない場合があるので、適切に通信を通す必要があります。

　また、プロキシ環境下での導入の場合も注意が必要です。FortiGateで設定すればWebプ

ロキシ環境下でも正常動作が可能ですが、FortiGateが直接DNSによる名前解決ができない環境下では正常に動かない機能が出てきます。完全に閉じたネットワーク環境下でFortiGateを運用する場合は、次のように機能に制限が出てきます。

- Webフィルタ／アンチスパムはFortiGuardに都度問い合わせるのが基本なので、FortiGateがインターネット接続できないと機能しません
- 各種シグネチャ（アンチウィルス、IPS、ボットネット、脆弱性スキャン、デバイス識別、OS識別、Geo-IPなど）およびエンジンのアップデートができません

少なくとも「TCP80」「TCP443」「UDP53」「UDP8888」はインターネットに抜けられるようにしてください。また、次の資料でFortiGuard向けにどのような通信を行うか確認してください。

http://docs.fortinet.com/uploaded/files/1880/FortinetOpenPorts.pdf

ファイアウォール機能のみの利用やシグネチャアップデートが必要ないという場合は、インターネット接続は必須ではありません。しかし、FortiGateは仕様としてインターネットを介してライセンスの有効性やサポート契約の有無の確認を行おうとします。この動作を止めることはできないということを知っておいてください。

> ⚠ 集中管理用のアプライアンスである「FortiManager」を利用すれば、FortiGateはFortiManagerに対してライセンス確認を行ったり、シグネチャを要求するようになります。シグネチャのアップデートなどのためにFortiManagerはインターネット接続が必要になりますが、FortiGate自身がインターネットにアクセスする必要はありません。

Part1：FortiGateのアーキテクチャ

第2章 FortiGateの基本設定

この章ではGUIやCLIでのFortiGateの設定方法、インターフェースやルーティングなどネットワーク機器として稼働するための基本設定を見ていきます。

2-1 GUIとCLI

■ GUI

　FortiGateには日本語化されたわかりやすいWebベースのグラフィカル ユーザインターフェース（GUI）が用意されています。WebUIと表現することもあります。HTTPもしくはHTTPSでアクセス可能です。

　FortiOS 5.2.2時点でサポートされているブラウザは次のとおりです。

- Microsoft Internet Explorer version 11
- Mozilla Firefox version 33
- Google Chrome version 38
- Apple Safari version 7.0（For Mac OS X）

　この中で「FireFox」が最も親和性が高くお勧めです。

　サポートブラウザはFortiOSのパッチバージョンによっても異なる場合があるので、詳しい情報はFortiOSの各リリースノートをご覧ください。リリースノートはフォーティネットのドキュメントサイトからもダウンロード可能ですが、代理店によってサポートするFortiOSのバージョンが異なる場合があるので、購入した代理店から入手したほうがよいでしょう。

　FortiGateは工場出荷状態ではhttps://192.168.1.99にアクセスできるようになっています。"192.168.1.99"が割り当てられているイーサネットポートはモデルごとに異なります。「mgmt1」あるいは「mgmt」という名称のポートを持つモデル（FortiGate-300Dも含まれる）は、そこに結線するとhttps://192.168.1.99にアクセスできます。mgmt1またはmgmtを持たないモデルは通常スイッチインターフェースに「192.168.1.99」が割り当てられています。詳しくは各モデルのクイックスタートガイドを確認してください。

http://docs.fortinet.com/fortigate/hardware

■ CLIの特徴

　FortiGateはシリアル接続などコマンドラインで設定を行うコマンドラインインターフェース（CLI）も用意しています。GUIは煩雑にならないように設定箇所を少なくしてありますが、CLIではFortiGateのすべての設定が可能です。次のCLIリファレンスを見るといろいろな発見があるでしょう。初期設定やトラブルシューティングの際のデバッグ出力などでCLIは必要になります。

http://docs.fortinet.com/uploaded/files/1981/fortigate-cli-52.pdf

　FortiGateのCLIにアクセスするにはいくつか方法があります。

PCをFortiGateにシリアルコンソールケーブルを直結する

　もっともよく利用されている方法だと思います。シリアルコンソールケーブルを接続した後の「Tera Term[注1]」などのターミナルエミュレータの設定（**図2-1**）は次のようにします。

- ボーレート:9600
- データビット：8
- パリティ：なし
- ストップビット：1
- フローコントロール：なし

○図2-1：ターミナルエミュレータの設定

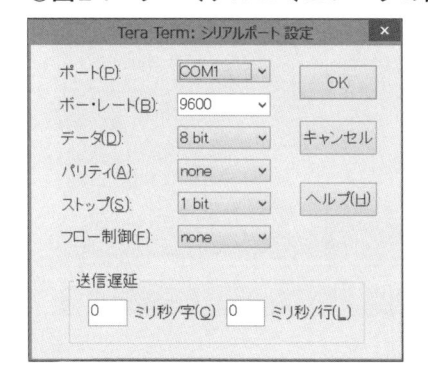

注1　http://sourceforge.jp/projects/ttssh2/

WebUIのCLIコンソールを利用する

[WebUI]［システム］→［ダッシュボード］→［ステータス］→［CLIコンソール］でCLIコンソール（図2-2）にアクセスできます。これはなかなかユニークな機能です。シリアルケーブルがない時や、Telnet／SSH接続が面倒なときは重宝します。CLIコンソールは分離して拡大したり、表示行数を増やすことも可能です。

専用アプリ「FortiExplorer」を使用する

付属のUSBケーブルでFortiGateとFortiExplorer（図2-3）をインストールしたPCを接続すると、初期設定やCLIによる設定を行うことができます。FortiExplorerの最新版は販売代理店から入手してください。

利用方法は次のURLからダウンロードできる各モデルのクイックスタートガイドに記載されています。

http://docs.fortinet.com/fortigate/hardware

Telnet／SSHで接続する

TelnetやSSHを利用してCLI操作が可能です。ただし、接続するインターフェースで

○図2-2：WebUIのCLIコンソール

Telnet ／ SSH接続をあらかじめ許可しておく必要があります。なお、FortiOS 5.2以降、TelnetはデフォルトではGUIに現れませんので有効にする場合はCLIから実施してください（図2-4）。

■ CLIの使い方

FortiGateのCLIはルータやスイッチと使い勝手が似ています。ターミナルエミュレータにコマンドをテキストで貼り付け（ペースト）できます。同じ作業の繰り返しなどはスクリ

○図2-3：FortiExplorer

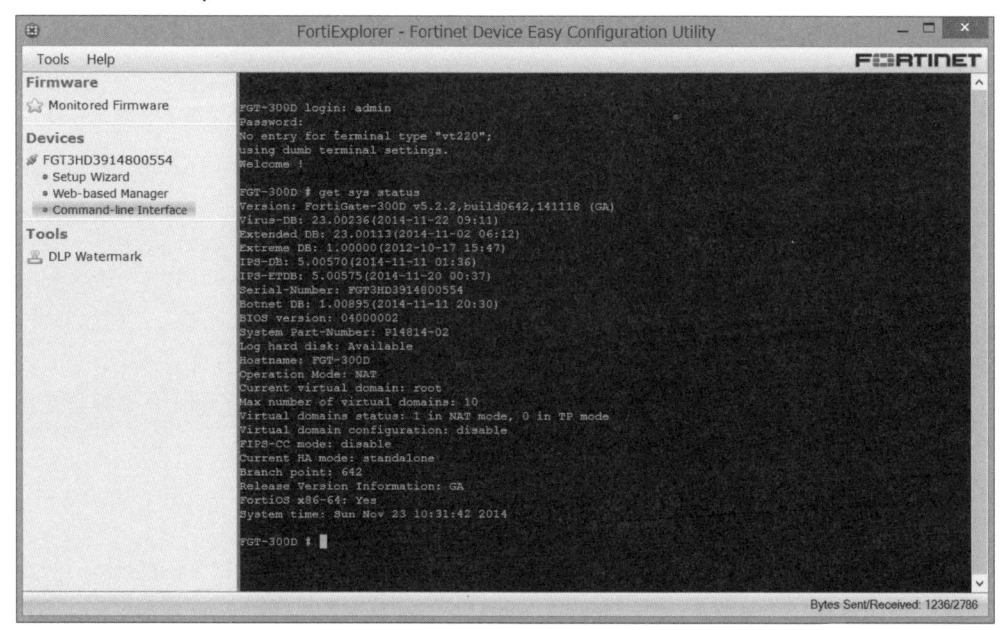

○図2-4：Telnet ／ SSHの許可

プトを書けば自動化も簡単です。
　FortiGateのCLIを利用する際には次のことを覚えておいてください。

- 入力の途中で[Tab]キーを押すと補完してくれます。複数候補がある場合には[Tab]キーを押すたびに入力値が変化します。
- 次のパラメータがわからない場合は、続けて？を押すとヘルプが表示されます。
- configで設定項目の階層まで行き、setでオプションを設定するのが基本です。
- endでconfigの階層を抜けることができます。そのタイミングで設定が有効になり、保存されます。
- 設定項目の階層内に複数のオブジェクトがある場合はeditでオブジェクトを選択します。
- editでオブジェクトの設定をし、endで抜けずに続けて別のオブジェクトの設定に移りたい場合などはnextを使用します。

　ここで簡単な設定例を用いて使い方を紹介します。
　実際にFortiGateを起動させてCLIを試してみます。図2-5はシリアルコンソールケーブルでFortiGateとPCを接続し、ターミナルエミュレータTera Termを起動した画面です。ログインプロンプトが表示されたあと、スーパーユーザである「admin」でログインしています。デフォルトではパスワードは設定されていませんのでそのまま[Enter]キーを押してください。

基本操作
　プロンプトにはFortiGateのシリアル番号が表示されています。「#」はスーパーユーザでログインしていることを表します。制限ユーザでログインすると「$」になります。ログアウトする際は、exitもしくはquitと入力してください。

○図2-5：シリアルコンソール接続

第 2 章：FortiGate の基本設定

また、config ?と入力すると、次のような表示になります。これはconfigの後に続けられるコマンドを一覧表示してくれているのです。？はヘルプを意味します。

```
FGT3HD3914800554 # config ?
antivirus              AntiVirus configuration.
application            Application control configuration.
dlp                    DLP configuration.
endpoint-control       Endpoint control configuration.
extender-controller    extender-controller
firewall               Firewall configuration.
ftp-proxy              FTP proxy configuration.
gui                    GUI configuration.
icap                   ICAP client configuration.
ips                    IPS configuration.
log                    Log configuration.
netscan                Network vulnerability scanner configuration.
report                 report
router                 Router configuration.
spamfilter             AntiSpam configuration.
system                 System operation configuration.
user                   Authentication configuration.
voip                   VoIP configuration.
vpn                    VPN configuration.
wanopt                 WAN optimization configuration.
web-proxy              Web proxy configuration.
webfilter              Web filter configuration.
wireless-controller    Wireless access point configuration.

FGT3HD3914800554 # config
```

次にconfig system ?と入力してみます。表示すべき項目が多すぎで--More--と表示されています。space キーを押せば続きが表示されます。

```
FGT3HD3914800554 # config system ?
3g-modem                Configure 3G modem.
accprofile              Configure system admin access group.
admin                   Configure admin users.
arp-table               Configure ARP table.
auto-install            Configure USB auto installation.
autoupdate              Configure automatic updates.
central-management      Configure central management.
console                 Configure console.
custom-language         Custom languages.
ddns                    Configure DDNS.
dhcp                    Configure DHCP.
dhcp6                   Configure DHCPv6.
dns                     Configure DNS.
dns-database            Configure DNS database.
dns-server              Configure DNS servers.
dscp-based-priority     Configure DSCP based priority table.
email-server            Configure email server.
fips-cc                 Configure FIPS-CC mode.
fortiguard              Configure FortiGuard services.
fortisandbox            Configure FortiSandbox.
fsso-polling            Configure Fortinet Single Sign On (FSSO) server.
geoip-override          Configure geographical location mapping for IP
address.
global                  Configure global attributes.
--More--
```

表示を途中で終了させたいときは、Qキーもしくは Ctrlキー＋Cキーを入力します。

さらに、config system global ?と入力してみます。<Enter>と表示されるので Enterキーを押してください。プロンプトが(global)#になっており、「config system global」という階層にいることがわかります。

```
FGT3HD3914800554 # config system global ?
<Enter>
FGT3HD3914800554 (global) #
```

ここで、?を入力すると、config system global 階層で入力可能なコマンドが表示されます。

```
FGT3HD3914800554 (global) #?
set          Modify value.
unset        Set to default value.
select       Select multi-option values.
unselect     Unselect multi-option values.
append       Append values to multi-option.
clear        Clear multi-option values.
get          Get dynamic and system information.
show         Show configuration.
abort        End and discard last config.
end          End and save last config.
```

次に"set ?"と入力すると、設定可能なコマンド一覧が表示されます。

```
FGT3HD3914800554 (global) # set ?
admin-concurrent              Enable/disable admin concurrent login.
admin-console-timeout         Idle time-out for console.
admin-https-pki-required      Enable/disable HTTPS login page when PKI is
                              enabled.
admin-https-redirect          Enable/disable redirection of HTTP admin
                              traffic to HTTPS.
admin-lockout-duration        Lockout duration (sec) for firewall
                              administration.
admin-lockout-threshold       Lockout threshold for firewall administration.
admin-login-max               Maximum number admin users logged in
                              at one time (1 - 100).
admin-maintainer              Enable/disable login of maintainer user.
admin-port                    Admin acceSSHTTP port (1 - 65535).
admin-scp                     Enable/disable to allow system configuration
                              download by SCP.
admin-server-cert             Admin HTTPS server certificate.
admin-sport                   Admin acceSSHTTPS port (1 - 65535).
admin-SSH-grace-time          Admin access login grace time (10 - 3600 sec).
admin-SSH-port                Admin access SSH port (1 - 65535).
admin-SSH-v1                  Enable/disable SSH v1 compatibility.
--More--
```

ホスト名の変更

では、ホスト名を変更してみることにします。任意のホスト名を決めて、set hostname <ホスト名>と入力して[Enter]キーを押します。

次に、現在の階層の設定を表示するshowコマンドを入力します（ただし通常、デフォルト設定項目は表示しません）。set hostnameが意図したとおりに設定されているか確認できます。その後、endと入力して、設定を反映／保存して階層を抜けます。

するとプロンプト表示が先ほど設定したホスト名に変更されます。

```
FGT3HD3914800554 (global) # set hostname FGT-300D     ←任意のホスト名を設定
FGT3HD3914800554 (global) # show
config system global
    set fgd-alert-subscription advisory latest-threat
    set hostname "FGT-300D"     ←設定を確認
    set optimize antivirus
    set timezone 04
end

FGT3HD3914800554 (global) # end     ←編集を抜け、設定をセーブ

FGT-300D #     ←プロンプトが設定したホスト名に変更されている
```

CLIの基本的な使い方は「FortiOS Handbook」の「Install and System Administration[注2]」に記載されています。また、詳細なコマンドラインの構文は「CLI Reference[注3]」をご覧ください。

http://docs.fortinet.com/uploaded/files/1981/fortigate-cli-52.pdf

○図2-6：「Install and System Administration for FortiOS 5.2」より

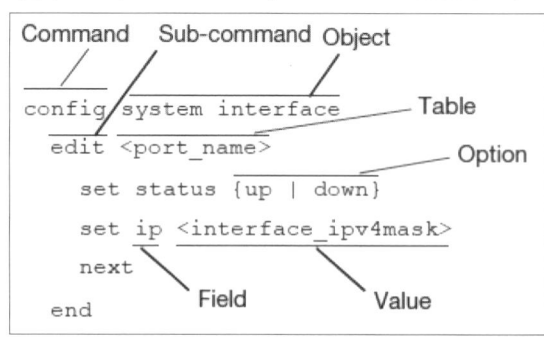

```
Command   Sub-command  Object
config  system interface          ─── Table
    edit <port_name>
                                  ─── Option
    set status {up | down}
    set ip <interface_ipv4mask>
    next      Field        Value
end
```

2-2 システム設定

■ FortiGate300Dのポート割り当て

ここからFortiGate-300Dを用いて具体的な設定方法を見ていきます。

図2-7はFortiGate-300Dのフロント側です。FortiGate-300Dにはシリアルコンソールポートがついています。「CONSOLE」と書いてあるポートです。ここにシリアルコンソールケー

注2　http://docs.fortinet.com/uploaded/files/2002/fortigate-system-admin-52.pdf
注3　http://help.fortinet.com/fgt/handbook/cli52_html/

ブルを挿して利用します。

　スイッチポートは設定されていません（デスクトップモデルのFortiGateではLAN用の複数の物理ポートがスイッチポートになっている場合があります。スイッチポートは複数の物理ポートが同じIPアドレスを持ちます）。イーサネットポートはデフォルトですべて独立したポートになっています。5〜8番ポートはSFPポートです。同梱されるトランシーバは1000Base-SXが2つだけなので、必要に応じて追加購入してください。

　FortiGate-300Dの場合はMGMT1ポートを管理用に使用することを想定しており、デフォルトでIPアドレスは「192.168.1.99」が割り当てられ、HTTPSによるアクセスが可能です。

　WebUIでFortiGate-300Dのインターフェース設定の初期値を見ると図2-8のようになっています。

　「mgmt1」に「192.168.1.99/24」、「mgmt2」に「192.168.2.99/24」が割り当てられ、そのほかのポートはIPアドレスが割り振られていないことがわかります。

　mgmt1とmgmt2は、管理用として必要と思われるサービスPING、HTTPS、FMG-Access（FortiManagerと連携する際に必要）が有効になっています。なお、mgmgt1ではHTTPは許可されていますが、HTTPSにリダイレクトされます（設定変更可）。mgmt1お

○図2-7：FortiGate-300D（フロント側）

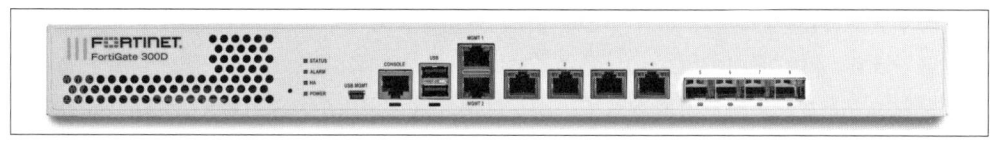

○図2-8：インターフェース一覧

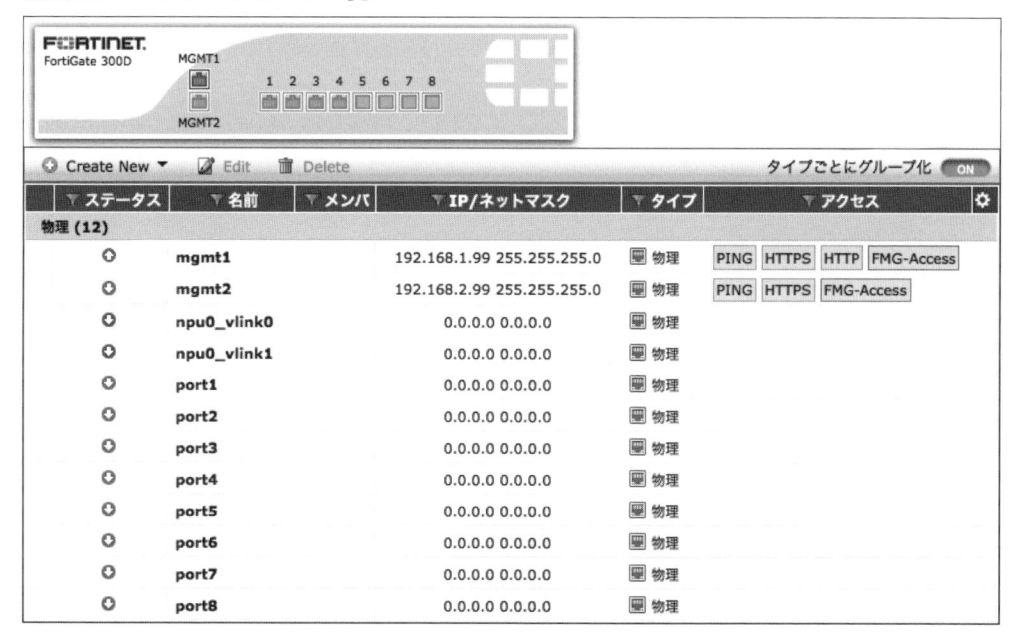

よびmgmt2は管理専用となっているためNPによるファストパス処理は行われず、ファイアウォールポリシーでも送信元／宛先インターフェースのリストに現れません（`unset dedicated-to`コマンドでファイアウォールポリシーは書けるようになります）。

npu0_vlink0とnpu0_vlink1というポートはVDOMを作成し、VDOM間通信を利用する場合にのみ利用するポートです（第7章で詳述します）。

COLUMN

スイッチポート

図2-AはFortinetの代表的なデスクトップモデル「FortiGate-60D」ですが、物理ポート1〜7はFortiGateの設定上は「Internal」という1つのポート（スイッチポート）となっています。

同一のスイッチポート内ではセキュリティポリシー（ファイアウォールやUTM）は実施されません。スイッチポートは設定変更によりグルーピングを解いて独立したポートにすることもできます。

スイッチポート⇔独立ポートの設定変更は、設定の初期段階で実施することをお勧めします。ある程度設定してしまってからだと変更が大変で現実的には実施できない場合があります。FortiGate-60Dの場合は「Internal」というスイッチインターフェースのオブジェクトが何ヵ所かで使われています（例えばデフォルトルートやDHCPの設定、Firewallのポリシーなど）。それを解除しないと設定変更コマンドを実施してもエラーが出てしまいます。

設定変更は次のコマンドで行います。変更後はFortiGateの再起動が必要です。

```
config system global
  set internal-switch-mode switch|interface
end
```

なお、FortiGate-60Dの場合、Internalポートを管理用として利用することを想定しており、デフォルトでIPアドレス「192.168.1.99」が割り当てられ、HTTPSによ

○図2-A：FortiGate-60Dのスイッチポート

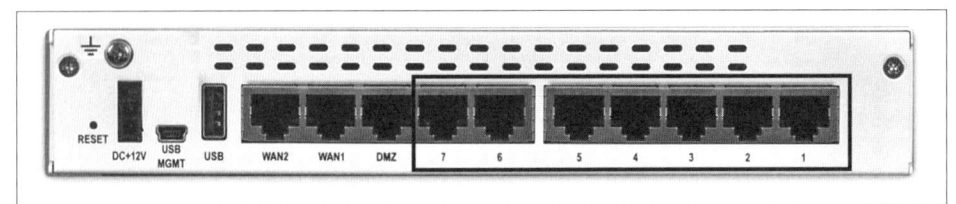

るアクセスが可能です。

■ 初期設定

本書では**図2-9**のような単純なネットワークにFortiGate-300Dを設置することを目的に設定例を見ていきます。

起動とGUIアクセス

電源を入れ、FortiGate-300Dを起動してください。完全に起動するまでに1分程度かかります。次のサイトで各FortiGateのクイックスタートガイドを閲覧することができます。

http://docs.fortinet.com/fortigate/hardware

FortiGate-300Dの場合はmgmt1ポートに「192.168.1.99」が設定されており、管理用ポートとして設定されていることがわかります（**図2-10**）。管理用ポートはデフォルトでHTTPSアクセスおよびpingの応答が可能になっています。

PCを192.168.1.xに合わせ、HTTPSでWebUIにアクセスします。

初回のアクセスでは**図2-11**のようにブラウザで警告が表示されます。これはHTTPSで暗号化接続をする際、FortiGateのサーバ証明書を検証したところ自己署名の証明書を使用し

○図2-9：ネットワークトポロジ

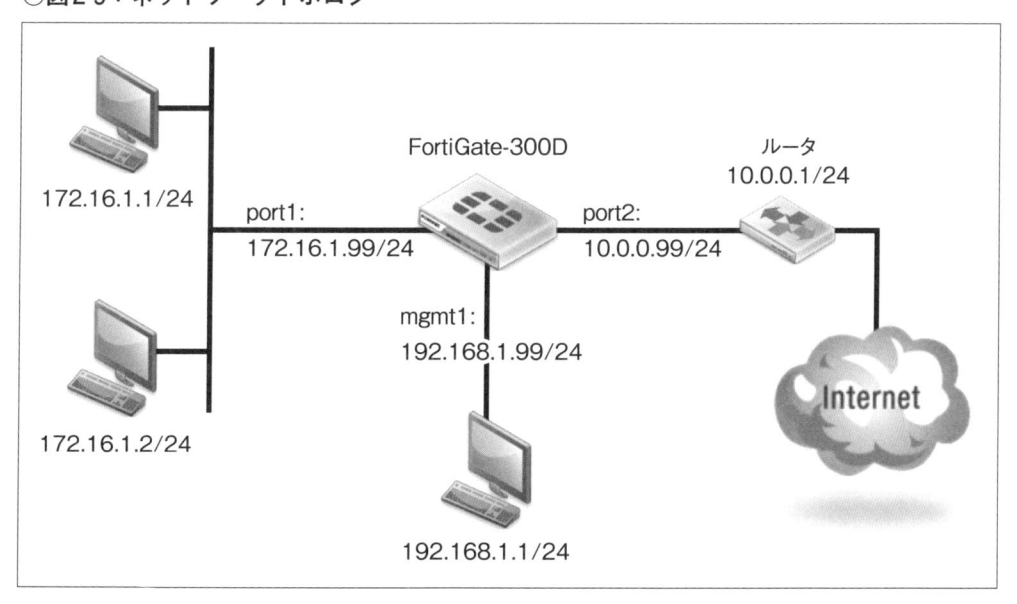

Part1：FortiGateのアーキテクチャ

ていることが判明したので信頼できないとブラウザが警告しているのです。初回アクセス時は必ず表示されるものです。

　FireFoxの場合は［危険性を理解したうえで接続するには］をクリックし、［例外を追加］をクリックし証明書を登録してください。他のブラウザを利用している場合でも同様の操作を行ってください。

　ログイン画面（図2-12）が現れるので、「admin」でログインしてください。初期設定ではパスワードはありません。

○図2-10：FortiGate-300Dのクイックスタートガイドより

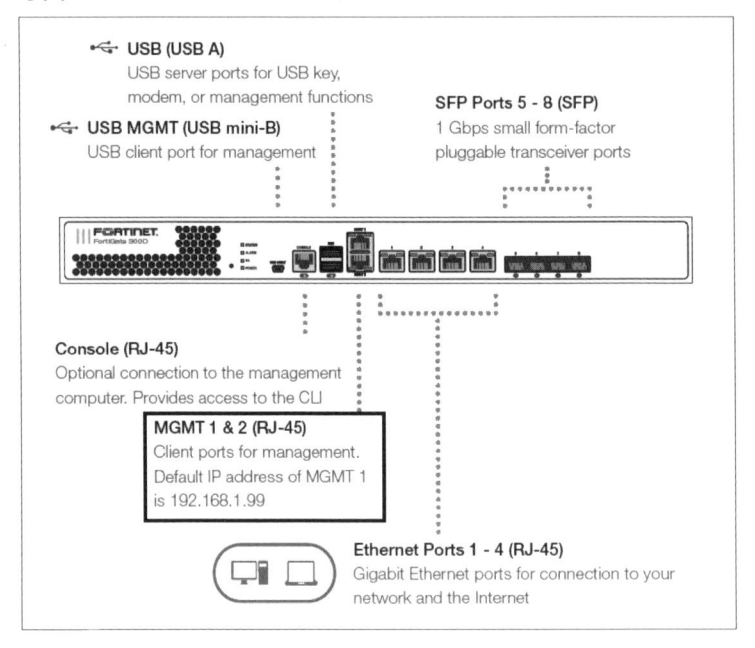

○図2-11：警告画面（FireFoxの例）

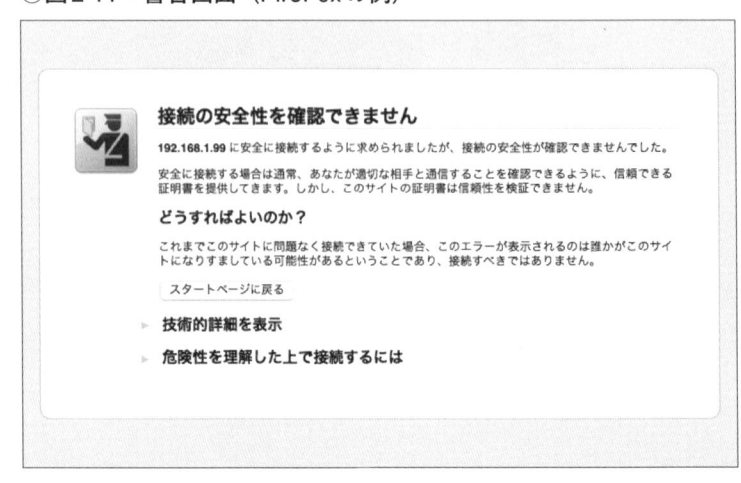

バージョン確認とアップグレード

[WebUI]［System］→［Dashboard］→［Status］→［System Information］の［Firmware Version］でFortiOSのバージョンを確認してください（図2-13）。

インストールされているFortiOSは場合によっては古いバージョンかもしれません。購入した代理店に問い合わせ、サポートされているFortiOSの最新版を入手しアップグレードしたほうがよいでしょう。すでに最新であれば次のステップは必要ありません。

アップグレードにはまず、FortiOSを入手しPCに保存しておきます。[WebUI]［System］

○図2-12：ログイン画面

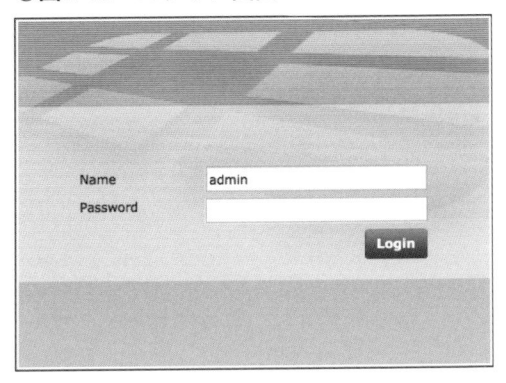

○図2-13：バージョン確認

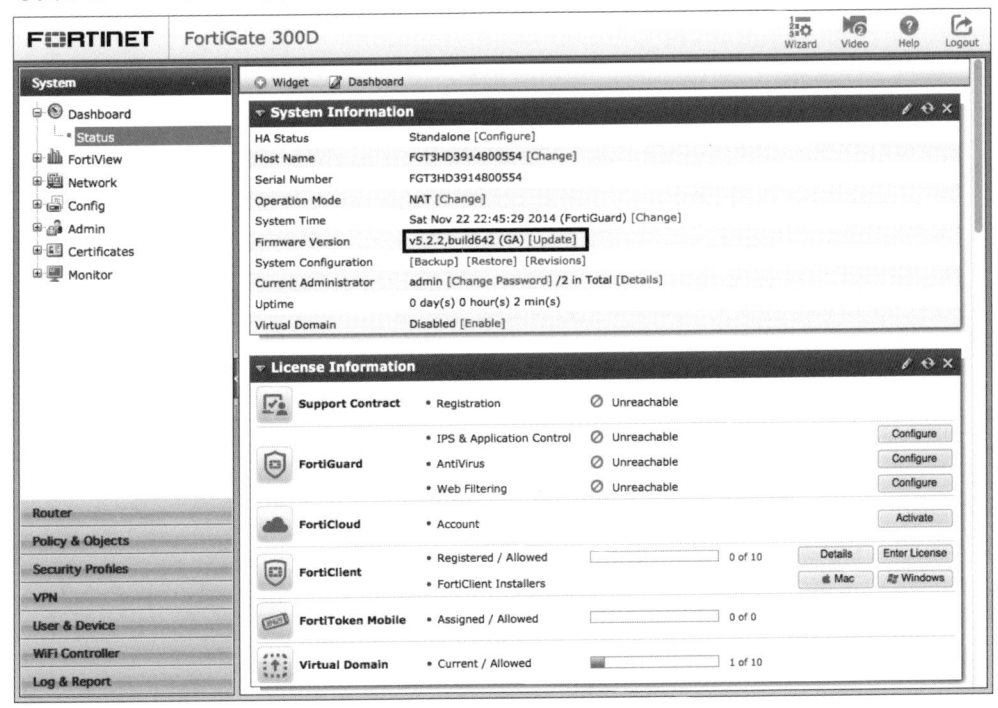

○図2-14：ディスクの認識確認

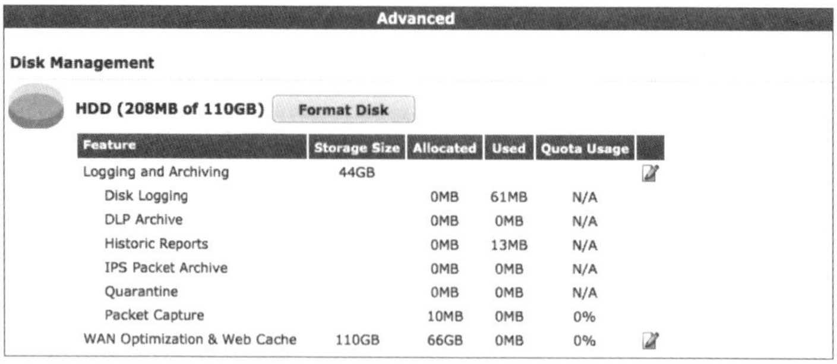

	Advanced				
Disk Management					
HDD (208MB of 110GB) Format Disk					
Feature	Storage Size	Allocated	Used	Quota Usage	
Logging and Archiving	44GB				
Disk Logging		0MB	61MB	N/A	
DLP Archive		0MB	0MB	N/A	
Historic Reports		0MB	13MB	N/A	
IPS Packet Archive		0MB	0MB	N/A	
Quarantine		0MB	0MB	N/A	
Packet Capture		10MB	0MB	0%	
WAN Optimization & Web Cache	110GB	66GB	0MB	0%	

→［Dashboard］→［Status］→［System Information］の［Firmware Version］の右にある［Update］をクリックし、指示に従ってPC内のFortiOSを選択してください。アップグレードには数分かかります。アップグレード終了後は自動的に再起動します。

ディスクの確認とフォーマット

再起動したら WebUI ［System］→［Config］→［Advanced］→［Disk Management］でディスクが見えているか確認してください。図2-14のように見えていれば問題ありません。実際はSSDが搭載されていますが、HDDと表記されているのはご愛嬌です。

もしHDD（SSD）が見えていなければ、FortiGateがディスクをきちんと認識できていないことになります。CLIでログインし、`execute formatlogdisk`コマンドを実施してください。文字どおり保存してあるログなどフォーマットされてなくなってしまうので、気をつけてください。`Do you want to continue? (y/n)`と聞かれるので、yを入力して進めてください。機器が再起動します。

再起動後、再度WebUIにアクセスしディスクの認識を確認して、一連のシステム設定、ファイアウォール設定などを実施します。

GUIの日本語化

FortiGateのWebUIはデフォルトでは英語表記になっています。 WebUI ［System］→［Admin］→［Settings］で［Language］のドロップダウンリストから「Japanese」を選択して［Apply］ボタンを押してください（図2-15）。

管理者パスワードの変更

WebUI ［システム］→［管理者］→［管理者］で［admin］をクリックし、［Edit］ボタンをクリックします。［パスワードの変更］で新しいパスワードを設定してください（図2-16）。初期値ではadminのパスワードは設定されていないので、［古いパスワード］は空欄のままで結構です。

CLIでのadminのパスワード設定は次のようになります。

```
config system admin
    edit admin
        set password <password>
end
```

　なお、管理者のID／パスワードは1分間に3回ログインに失敗すると数分間ロックアウトされます。また、同一ユーザが同時に複数ログインすることは許可されているので、セキュリティポリシー上問題があるようであれば設定変更してください。CLIでのみ設定可能です。

●ロックアウトの設定

```
config system global
    set admin-lockout-duration 60      ←期間（秒数）
    set admin-lockout-threshold 3      ←試行回数上限
end
```

●同一ユーザでのログイン許可／不許可

```
config system global
    set admin-concurrent enable|disable
end
```

○図2-15：GUIの日本語化（「Japanese」を選択）

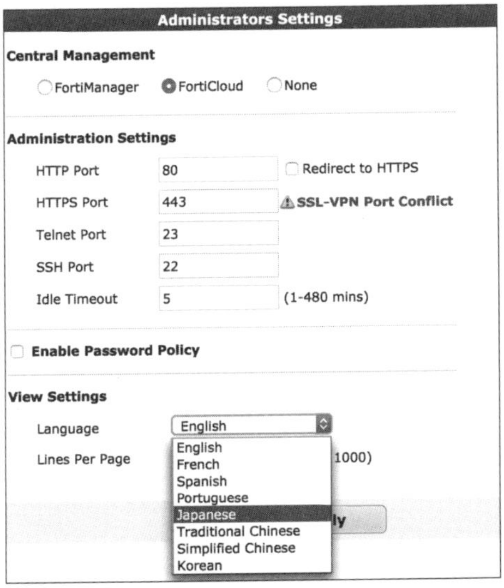

○図2-16：管理者パスワードの変更

Part1：FortiGateのアーキテクチャ

ホスト名の設定

　デフォルトではシリアル番号がホスト名になっているので、識別しやすい名称を付けたほうがよいでしょう。WebUI ［システム］→［ダッシュボード］→［ステータス］→［システム情報］でホスト名の部分にある［変更］をクリックします（図2-17）。

　CLIで実施する場合は次のようになります。

```
config system global
    set hostname <xxx>
end
```

時刻の設定

　WebUI ［システム］→［ダッシュボード］→［システム情報］→［システム時間］の［変更］をクリックして、「(GMT+9:00) Irkutsk, Osaka, Sapporo, Tokyo, Seoul」を選択します。手動で時刻を合わせる場合は［時刻設定］に入力してください（図2-18）。

　NTPを利用する場合は［NTPサーバと同期］を選択し、サーバの情報を入力してください。デフォルトではFortiGuardのNTPサーバが選択されており、無償で使用できますが、地理的に近いサーバを設定したほうがよいでしょう。

　NTPを利用する場合は上位でTCP123/NTPも許可されていなければなりません。

ルーティング

　WebUI ［ルータ］→［スタティックルート］で［Create New］で設定します（図2-19）。

　FortiGateのデフォルトゲートウェイを設定する場合、"宛先IP/マスク"は「0.0.0.0/0」とし、デバイスはインターネットに接続するインターフェースを選んでください。ゲートウェイは直近のルータを指定してください。今回の設定例ではport2をWAN側インターフェースとし、「10.0.0.1」を直近の上位ルータとして設定しています。

■ネットワーク設定

　図2-9のネットワークトポロジ（P.37）にしたがってネットワークの設定を行います。WebUI ［システム］→［ネットワーク］→［インターフェース］で［port1］および［port2］をダブルクリックし、必要な設定を入力してください（図2-20）。

- アドレッシングモード：マニュアル
- IP/ネットワークマスク（Port1）：172.16.1.99/255.255.255.0

○図2-17：ホスト名の変更

ホスト名の変更	
現在の名前	FGT3HD3914800554
新しい名前	FGT-300D

- IP/ネットワークマスク（Port2）：10.0.0.99/255.255.255.0
- 管理アクセス：必要なものを選択してください。

○図2-18：時刻の設定

○図2-19：スタティックルートの追加

○図2-20：インターフェースの設定

COLUMN

その他の設定項目

今回の例では設定しない(あるいは変更しない)項目について説明します。

■アドレッシングモード

アドレッシングモードでは、表2-Aのようなものがあります。

○表2-A：アドレッシングモード

項目	説明
DHCP	FortiGateがDHCPクライアントとなってDHCPサーバからIPアドレスをリースされる場合にチェックしてください
ワンアームスニファ	FortiGateをIDSのようにスイッチのミラーポートに接続して利用する場合の設定項目です
Dedicated to Extension Device	FortiExtenderという3G/4Gモデム対応製品を接続する際の設定です。日本では販売していないので通常は設定することはありません
PPPoE	FortiGate-300DではGUIに設定項目は表示されませんが、CLIで設定可能です。デスクトップモデルはGUIで設定可能です

○表2-B：管理アクセス

項目	説明
HTTPS、HTTP	WebUIのアクセス許可設定です
PING	FortiGateのインターフェースがPINGに応答するかどうか設定できます
SSH	SSHでCLIにアクセスを許可する設定です
TELNET	WebUIには表示されませんが、CLIでアクセス許可設定可能です
FMG-Access	集中管理製品であるFortiManagerでFortiGateを管理する場合は接続ポートで許可されている必要があります
CAPWAP	WiFiのアクセスポイントであるFortiAPをFortiGateから管理する場合は接続ポートで許可されている必要があります
SNMP	SNMPマネージャがFortiGateにアクセスし監視する場合は接続ポートで許可されている必要があります
FCT-Access	FortiGateからFortiClientがインストールされた端末を集中管理する場合にチェックしてくだい。

■ 管理アクセス

管理アクセスでは、表2-Bのようなものがあります。

■ DHCPサーバ

図2-Bのように設定するとFortiGateがDHCPサーバとなってクライアント端末にIPアドレスをリースできます。

■ セキュリティモード

Captive Portalを設定できます。Captive Portalとはホテルでのインターネットアクセスなどによく使われる認証用のWebページです。

■ デバイス管理

デバイスの検知と認識にチェックを入れると、FortiGateがこのインターフェースを通過するトラフィックの特性からデバイスタイプを認識し、デバイスごとのポリシーを強制することができます。詳細は第3章（P.75）をご覧ください。

○図2-B：DHCPサーバの設定

DHCPサーバ	☑ 有効	
アドレス範囲	⊕ Create New　✎ Edit　🗑 Delete	
	最初のIPアドレス	終了IP
	172.16.1.100	172.16.1.254
ネットマスク	255.255.255.0	
デフォルトゲートウェイ	● Same as Interface IP　○ 指定	
DNSサーバ	● システムDNSと同じ　○ Same as Interface IP　○ 指定	
▼ 高度な設定		
モード	● サーバ　○ リレー	
NTPサーバ	○ ローカル　○ システムNTPと同じ　● 指定　0.0.0.0	
タイムゾーン	● システムと同じ　○ 指定	
次のブートストラップ サーバ	0.0.0.0	
その他のオプション	⊕ Create New　✎ Edit　🗑 Delete	
	オプションコード	値	16進数値
	51 (リース時間)	604800	
MAC予約 + アクセス制御	⊕ Create New　✎ Edit　🗑 Delete　DHCPクライアント一覧から追加	
	MACアドレス	IPまたはアクション	説明
	不明なMACアドレス	IPを割り当て	
タイプ	● レギュラー　○ IPsec	

■管理ステータス

物理的にイーサネットケーブルがそのポートに接続されている場合でも、管理ステータスを「ダウン」に設定することでトラフィックの送受信を行わないようにできます（いわゆるAdministrative down）。

COLUMN

作成可能なインターフェース

[WebUI]［システム］→［ネットワーク］→［インターフェース］で［Create New］をクリックするとインターフェースの作成画面になります。［タイプ］のドロップダウンリストを表示させるとさまざまなインターフェースを作成できることに気づくでしょう。

■ VLAN

FortiGateはIEEE 802.1qタグVLANに対応しています。VLANインターフェースの作成方法は次のとおりです。

[WebUI]［システム］→［ネットワーク］→［インターフェース］で［Create New］をクリックします。新規インターフェース作成ウィンドウ（図2-C）で［インターフェース名］を入力します。［タイプ］は「VLAN」を選択、［インターフェース］で割り当てる物理ポートを選択、「VLAN ID」（タグ番号）を設定、そのほかIPアドレスなど必要

○図2-C：VLANインターフェースの設定

インターフェースの作成	
インターフェース名	VLAN10
タイプ	VLAN
インターフェース	port8
VLAN ID	10
アドレッシングモード	◉ マニュアル ○ DHCP
IP/ネットワークマスク	10.10.10.99/24
管理者アクセス	☐ HTTPS ☐ PING ☐ HTTP ☐ FMG-Access ☐ CAPWAP ☐ SSH ☐ SNMP ☐ FCT-Access
DHCPサーバ	☐ 有効
セキュリティモード	なし
デバイス管理	
デバイスの検知と認識	☐
RADIUSアカウンティングメッセージをListen	☐
セカンダリIPアドレス	☐

な項目を設定してください。もちろん1つの物理ポートに複数のVLANインターフェースを割り当てることも可能です。

　FortiGateに設定できるインターフェース数の最大値は「About the Maximum Values Table[注A]」に記載があります。1VDOMあたりNAT/ルートモードの場合、デスクトップモデルは256、100～200番台のモデルは4096、それ以上は8192です。ただしこれは物理インターフェースなど他のインターフェースも含めた最大値なので、実際にVLANインターフェースとして設定できる数は若干これより少なくなります。またトランスペアレントモードの場合1VDOMあたり一律最大254インターフェースとなっており、数がぐっと少なくなるので設計に注意が必要です。

■ LAG

　FortiGateの特定のモデル（FortiGate-100D）以上でIEEE802.3ad リンクアグリゲーション（LAG）の設定が可能です。FortiASIC-NP（ネットワークプロセッサ）搭載モデルではポートのアサインに注意が必要です。FortiASIC NPはどのポートの処理を担当するか固定されており、変更できません。

　リンクアグリゲーションを構成する場合、すべてのポートが必ず同一のFortiASIC-NPで処理されるよう注意してください。FortiASIC-NPとポートの対応の確認方法は第10章（P.234）を確認してください。FortiGate-300Dの場合はマネージメントインターフェースを除くport1～8がすべて1つのNP6に管理されているので、どのポートで組んでもかまいません。

　設定方法は次のとおりです。[WebUI] ［システム］→［ネットワーク］→［インターフェース］で［Create New］をクリック。新規インターフェース作成ウィンドウ（図2-D）で［インターフェース名］を入力します。［タイプ］は「802.3ad Aggregate」を選択、［物理インターフェースメンバ］でグルーピングする物理ポートを選択し、緑の［+］ボタンを押すと追加できます。そのほかIPアドレスなど必要な項目を設定してください。

　なお、リンクアップしているリンクアグリゲーションポートの数が設定値を下回ると、そのリンクアグリゲーションポート全体をダウンさせる設定（min-links）も可能です。CLIでの設定項目となります。

```
config system interface
  edit <name>
    set type aggregate
    set vdom root
    set member <ports>
    set min-links <integer>
    set min-links-down administrative
  end
end
```

注A　http://docs-legacy.fortinet.com/fgt/handbook/52/5-2-1/max-values/max-values.html

○図2-D：LAGの設定

```
インターフェースの作成

インターフェース名      LAG1
タイプ                802.3ad Aggregate
物理インターフェースメンバ  port3  ×
                      port4  ×
                      port5  ×

アドレッシングモード       ● マニュアル  ○ DHCP
  IP/ネットワークマスク    172.18.1.99/24

管理者アクセス    □ HTTPS  □ PING  □ HTTP  □ FMG-Access  □ CAPWAP
                □ SSH    □ SNMP  □ FCT-Access

DHCPサーバ       □ 有効

セキュリティモード   なし

デバイス管理
  デバイスの検知と認識   □

RADIUSアカウンティングメッセージをListen  □
セカンダリ IPアドレス                    □
```

■ ソフトウェアスイッチ

　複数のポートを1つのスイッチのように設定することが可能です。ソフトウェアスイッチとして構成された複数のインターフェースは同一のIPアドレス、MACアドレスを持ちます。同一のソフトウェアスイッチ内のポート間で通信する場合はファイアウォールなどセキュリティポリシーを設定することはできません。

　設定方法は次のとおりです。[WebUI] ［システム］→［ネットワーク］→［インターフェース］で［Create New］をクリックします。新規インターフェース作成ウィンドウ（図2-E）で［インターフェース名］を入力します。［タイプ］は「ソフトウェアスイッチ」を選択、［物理インターフェースメンバ］でグルーピングする物理ポートを選択し、緑の［＋］ボタンを押すと追加できます。そのほかIPアドレスなど必要な項目を設定してください。

■ ゾーン

　独立したポートをひとまとめにしてファイアウォールポリシーで一括してポリシーを書く際に使用します。FortiGateではゾーンを書く必要はなく、あまり利用されない設定項目です。

■ Redundantインターフェース

　複数のポートをひとまとめにグルーピングして、1つのリンクが途切れた時でも他方のリンクでカバーする冗長化機能です。IEEE802.3adリンクアグリゲーションと似て

○図2-E：ソフトウェアスイッチの設定

インターフェースの作成	
インターフェース名	Virtual_Switch
タイプ	ソフトウェアスイッチ
物理インターフェースメンバ	port3 / port4 / port5
アドレッシングモード	● マニュアル ○ DHCP
IP/ネットワークマスク	172.16.1.99/255.255.255.0
管理者アクセス	□ HTTPS □ PING □ HTTP □ FMG-Access □ CAPWAP □ SSH □ SNMP □ FCT-Access
DHCPサーバ	□ 有効
セキュリティモード	なし
デバイス管理	
デバイスの検知と認識	□
RADIUSアカウンティングメッセージをListen	□
セカンダリ IPアドレス	□

いますが、Redundantインターフェースは同時に複数のポートを利用して通信することはなく、あくまで通信は1ポートで行います。スイッチを冗長化したい場合に利用します。

この機能はIEEE802.3adリンクアグリゲーション同様、FortiGate-100D以上の機器でサポートされています。この機能はCLIでのみ設定可能です。

■ WiFi SSID

FortiGateはWiFiコントローラ機能も持っています。WiFiコントローラとは複数台の無線アクセスポイントを集中管理する機能です。通常このようなソリューションでは管理対象となる無線アクセスポイントはシン（Thin）APと呼ばれ、外部のコントローラから管理します。

FortiGateが管理できる無線アクセスポイントはFortiAPという自社製品です。WiFi SSIDはFortiAPの設定のためのもので、[WebUI]［WiFiコントローラ］→［SSID］でも同じ設定ができます。作成したSSIDは仮想インターフェースのように扱われるので、ファイアウォールポリシーの送信元インターフェースや宛先インターフェースとして利用できます。

■ WANリンク

[WebUI]［システム］→［ネットワーク］→［WANリンクロードバランス］をクリックすると図2-Fのような画面が現れます。複数のポートをWANリンクとして設定して、

ロードバランシング設定ができます。ロードバランシング方法は「Source IP based」「Weighted Round Robin」「Spill-over」「Source-Destination IP based」「Measured-Volume based」から選択でき、対向のゲートウェイのヘルスチェックなどさまざまな設定が可能です。

○図2-F：WANリンクの設定

■ 登録（Registration）の確認

FortiGateのWebUIにログインした際に、図2-21のような警告画面を目にしたことがあるかもしれません。

FortiGateは自動的にインターネットに接続し、自身のライセンス情報をフォーティネットのサーバ（Fortinet Distribution Server=FDS）から取得しようとします。しかし、インターネット接続ができない状態であったり、自身がフォーティネットのサーバに登録（Registration）されていないと警告画面が表示されます。これはユーザに購入したFortiGateを登録（Registration）するように促すためのものですが、日本で販売されている機器は必ず代理店で登録（Registration）され、エンドユーザが登録することはありませんので「Later」を選択してください。

WebUI ［ダッシュボード］→［ステータス］→［ライセンス情報］を確認してください。図2-22のようになっているかもしれません。

まず「Support Contract」が"Not Registered"となっていることが問題です。これは次のような可能性があります。

①FortiGateのサポート契約が切れている

○図2-21：警告画面

○図2-22：ライセンスが異常の場合

②FortiGateが登録されていない
③FortiGateがフォーティネットのデータベースにインターネット経由で登録状況を確認できていない
④登録したばかりでフォーティネットのすべてのデータベースに反映されていない

　購入したばかりの製品の場合、①の可能性は低いと思われます。日本で購入した場合、購入元の代理店が登録を代行しているので、②の可能性も少ないでしょう。③の可能性に関しては、後述するようにFortiGateからインターネットに接続できることを確認してください。④に関してはしばらく（30分～1時間ほど）待つしかありません。
　また、ライセンスを購入したのに「IPS & Application Control」や「AntiVirus」「Web Filtering」が"有効期限切れ"や"Unreachable"になっている場合はこれも問題です。考えられる可能性と対処方法は前述の「Support Contract」の場合と同様です。
　なお、アンチスパムは表示されないのかと疑問に思った方もおられるでしょう。FortiGateはGUIで表示できる機能を選択できるようになっています。デフォルトで[WebUI]［システム］→［設定］→［フィーチャー］の［セキュリティフィーチャー］で「Emailフィルタ」を選択して［適用］してください。ライセンス情報に「Emailフィルタ」も表示され

ちなみに、図2-22のような状態でもWebフィルタおよびアンチスパム機能以外は動作します。「アンチウィルス」「IPS」「アプリケーションコントロール」のシグネチャはアップデートできないので古いままですが、設定も動作も可能です。

サポート契約や各種ライセンスが期限切れでないならば、図2-23のように表示されるのが正常な状態です。

登録（Registration）して間もない場合は1時間程度待つ場合もあります。しばらく待ったら右上のリフレッシュアイコン（　）をクリックしてみてください。

登録（Registration）がなかなか正常に表示されない場合は「1-7：FortiGate導入前の考慮事項」（P.21）のとおり、上位Firewallなどで必要なプロトコルを通信可能に設定しているかどうかチェックしてください。例えばFortiGate上でwww.fortinet.comにpingを打って応答が返ってくれば、DNSによる名前解決の確認とICMPによる疎通が確認できたことになります。

また、上位にプロキシサーバがある場合も注意が必要です。詳細は第5章（P.124）にありますが、登録（Registration）の確認はできたとしても、Webフィルタやアンチスパム機能は利用できない場合があります。

○図2-23：ライセンスが正常の場合

第 2 章：FortiGate の基本設定

```
# execute ping www.fortinet.com      ←FortiGateからping
PING www.fortinet.com (66.171.121.34): 56 data bytes
64 bytes from 66.171.121.34: icmp_seq=0 ttl=45 time=148.2 ms
64 bytes from 66.171.121.34: icmp_seq=1 ttl=45 time=148.9 ms
64 bytes from 66.171.121.34: icmp_seq=2 ttl=45 time=152.6 ms
64 bytes from 66.171.121.34: icmp_seq=3 ttl=45 time=148.0 ms
64 bytes from 66.171.121.34: icmp_seq=4 ttl=45 time=143.8 ms
--- www.fortinet.com ping statistics ---
5 packets transmitted, 5 packets received, 0% packet loss
round-trip min/avg/max = 143.8/148.3/152.6 ms
```

WebUI ［システム］ → ［設定］ → ［FortiGuard］（図 2-24）内で［アップデートの実行］および［Test Availability］を実行するとライセンスのステータスが変わることがあるので試してみてください。

　［アップデートの実行］はアンチウィルス／IPS／アプリケーションコントロールのシグネチャのアップデートを即座に実行するためのものです（ただし、ファイアウォールポリシーでアンチウィルスが選択されていなければアンチウィルスシグネチャはアップデートしない）。［Test Availability］はWebフィルタ／アンチスパムの問い合わせをテストするためのものです。

○図 2-24：アップデートの実行と Test Availability

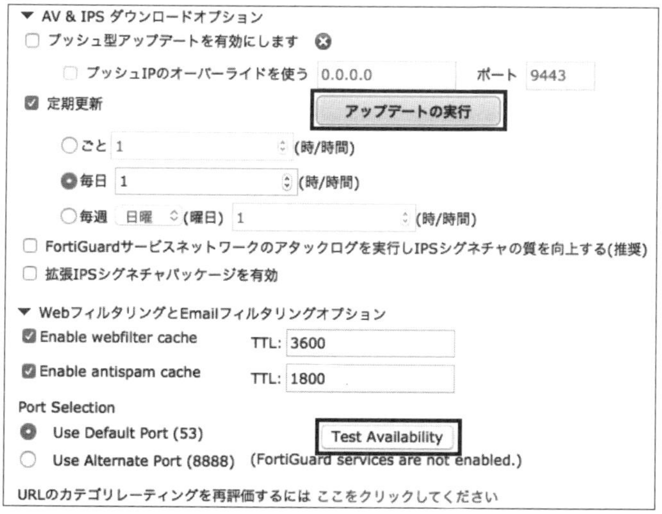

053

2-3 各種サーバ機能

FortiGateには次のようなサーバ機能があります。

■ DHCPサーバ

ネットワーク内のクライアント（ノード）からリクエストを受け付け、IPアドレスを付与します。IPアドレス、サブネットマスク、付与するIPアドレスのレンジ、デフォルトゲートウェイ、DNSサーバなどを付与する設定が可能です。特定のMACアドレスに対して特定のIPアドレスを割り当てるよう設定できたり、リース時間を変更したり設定可能なオプションは他にもあります。

設定は WebUI ［システム］→［ネットワーク］→［インターフェース］でサービスを有効にするインターフェースを選択し、［DHCPサーバ］にチェックを入れてください。

DHCPクライアントの設定は各インターフェースのアドレッシングモードでDHCPを選択してください（P.44）。

■ NTPサーバ

ネットワーク内のクライアント（ノード）に時刻を配信するNTPサーバ機能です。WebUI ［システム］→［ダッシュボード］→［ステータス］→［システム情報］→［システム時間］の［変更］をクリックすると時刻設定画面が表示されます。［NTPサーバ有効］にチェックを入れてドロップダウンリストでリッスンするインターフェースを選択してください。

時刻の配信は他のシステムの動作に影響を与える重要な機能です。FortiGateでは時刻配信の機能は持ってはいますが、本来はセキュリティゲートウェイなので、その本分からはずれた補助機能はあまり利用しないことをお勧めします。

NTPクライアントとしての設定はP.42をご覧ください。

■ DNSサーバ

WebUI ［システム］→［設定］→［フィーチャー］で［DNSデータベース］を有効にすると、WebUI ［システム］→［ダッシュボード］→［ネットワーク］→［DNSサーバ］という設定項目が現れ、DNSサービスを提供できるようになります。

こちらもNTP同様、基本的に利用をお奨めしません。FortiGateで動作するDNSサーバをパブリックに公開してインターネットからの名前解決を受けつけるような運用は避け、ちょっとした内部ネットワークでの名前解決にとどめるべきです。

なお、DNSクライアントとしての設定は、WebUI ［システム］→［ネットワーク］→［DNS］で実施します。デフォルトではFortiGuardのDNSサーバを参照します。

Part 2
多層防御を実現するFortiOS設定

　このPartでは、具体的なネットワークトポロジを想定して、各種設定方法やTipsを解説していきます。また、なぜそのような設定にするのかなども言及しています。

第3章
ファイアウォール

第4章
VPN

第5章
高度なセキュリティ

第6章
高可用性（HA）

第7章
仮想システム（VDOM）

第8章
セキュア無線LAN

第9章
ロギング

第3章 ファイアウォール

この章ではファイアウォールの基本的なことから、ポリシー設定やNAT（Network Address Translation）技術などについて説明します。

3-1 ファイアウォールの基本

　FortiGateの根幹となる機能は「ステートフルインスペクション ファイアウォール」です。次世代ファイアウォール（アプリケーション制御）機能やアンチウィルス、IPS、Webフィルタ、アンチスパムなど高レイヤのセキュリティ機能も、その前段で必ずステートフルインスペクションを実施します。これはFortiGateの優れたセキュリティ性能を特徴づけるものであり、FortiGateを利用する際に意識しておかなければなりません。

■ステートフルインスペクションと非対称ルーティング

　「ステートフルインスペクション ファイアウォール」は通信の状態（ステート）を監視／記憶し、適切にトラフィックを許可／拒否します。IPアドレスのスプーフィング（なりすまし）がないか、手順は間違っていないか、フォームとしておかしなパケットではないかなど検査します。これはファイアウォールと名の付くものであれば期待される動作でしょう。
　その一環として入ってきたインターフェース（入力インターフェース）と出ていくインターフェース（出力インターフェース）を記憶し、出力インターフェースと異なるインターフェースから戻りパケットが返ってきた場合などは不正なパケットとみなし、破棄します。これはL3で動作するNAT／ルートモードでもL2で動作するトランスペアレントモードでも同じです。
　図3-1のように戻りパケットが異なるインターフェースに到達するようなネットワーク（非対称ルーティング）はステートフルインスペクションファイアウォールでは許容しませんので、こういう構成にならないように気を付けてください。
　構成上どうしても必要という場合には、非対称ルーティングを許容するように設定できます。しかし、その場合はステートフルな検査はできないものと思ってください。また、アンチウィルスその他のUTM機能も動作できません。

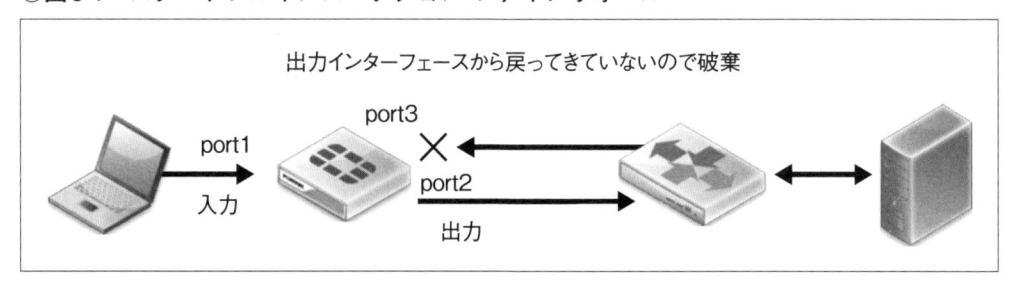

第3章:ファイアウォール

ファイアウォールポリシーの鉄則

　FortiGateのファイアウォールポリシー(ルール)は基本的に上から順に検査していきます(認証ルールを除く。詳細は「3-7:ユーザ認証」(P.76参照))。マッチするポリシーがあるとそこで検査を終了し、ポリシーどおりのアクションを実施します。ファイアウォールのポリシー作成はより詳細な目の細かいものを上に持ってくるようにするのが鉄則です。また、頻繁に参照されるポリシーも上に持ってくるようにしましょう。ポリシーが適切に機能するために、また、ファイアウォールのパフォーマンスを最大化するためにこの鉄則は忘れないようにしましょう。

　図3-2のファイアウォールポリシー例で「送信元」に注目してください。「172.16.1.1」「172.16.1.1-172.16.1.10」「All」という3つの送信元IPアドレスがあります。もっとも目の細かいものは「172.16.1.1」なのでこのポリシーを最上位に持ってきます。

暗黙のDeny

　一般にファイアウォールは明示的に許可しなければパケットの転送を許可しません。ポリシー上、通常は表示されない「すべて拒否する」というポリシーが存在するからです。このポリシーを「暗黙のDeny」と呼びます。FortiGateにもこの「暗黙のDeny」が存在します。

　FortiGateの場合は暗黙ではなく画面上に表示できます([WebUI][システム]→[フィーチャー]で[Implicit Firewallポリシー]を有効にする)。いずれにせよファイアウォール

○図3-1:ステートフルインスペクション ファイアウォール

○図3-2:ファイアウォールポリシー例

項番#	送信元	宛先	スケジュール	サービス	アクション
▼ port1 - port2 (1 - 3)					
2	172.16.1.1	all	always	FTP	✓ ACCEPT
3	172.16.1.1-172.16.1.10	all	always	HTTP HTTPS DNS	✓ ACCEPT
1	all	all	always	ALL	⊘ DENY

※この例ではわかりやすくするために実際の設定内容とオブジェクト名称を同一にしていますが、本来は"."や"-"など英数字以外の特殊文字やマルチバイトの文字は、このような機器での設定に使用しないのがトラブルを避けるコツの1つです。

057

ポリシーの最後にはこの「暗黙のDeny」が存在することを覚えておいてください。

3-2 ファイアウォールポリシーの設定項目

[WebUI]［ポリシー&オブジェクト］→［ポリシー］→［IPv4］で［Create New］をクリックしてください。

設定項目としては表3-1のようなものがあります。ポリシーの作成画面は図3-3です。

○表3-1：ファイアウォールポリシーの設定項目

項目	説明
入力インターフェース	送信元側の物理／仮想インターフェースをドロップダウンリストから選択します。
送信元アドレス	送信元IPを選択します。あらかじめ[WebUI]［ポリシー&オブジェクト］→［オブジェクト］で設定しておくことも、このページで新規に設定することもできます。できるだけ限定したオブジェクトを作成することをお勧めします。アドレスオブジェクトの作成方法は「3-5オブジェクト」をご覧ください。
送信元ユーザ	オプション項目であり、必須ではありません。認証をパスしたユーザだけに通信を許可する場合に設定してください。ユーザ認証の説明は「3-7ユーザ認証」をご覧ください。
送信元デバイスタイプ	オプション項目であり、必須ではありません。デバイス情報を利用したポリシーを適用したい場合に設定してください。デバイスベースポリシーの説明は「3-6デバイスベースポリシー」をご覧ください。
出力インターフェース	宛先側の物理／仮想インターフェースをドロップダウンリストから選択します。
宛先アドレス	宛先IPを選択します。あらかじめ[WebUI]［ポリシー&オブジェクト］→［オブジェクト］で設定しておくことも、このページで新規に設定することもできます。できるだけ限定したアドレスオブジェクトを作成することをお勧めします。オブジェクトの作成方法は「3-5オブジェクト」をご覧ください。
スケジュール	このファイアウォールポリシーを有効にする時間をスケジューリングすることが可能です。
サービス	許可するサービスを選択します。事前に定義されたものを選択することも、カスタムのサービスオブジェクトを作成することもできます。サービスオブジェクトの作成方法は「3-5オブジェクト」をご覧ください。
アクション	「Accept」（許可）か「Deny」（拒否）のいずれかを選択してください。
NAT有効	デフォルトでは「ON」になっています。また、「送信インターフェースのアドレスを使用」が選択されています。この状態だとパケットはFortiGateを通過して出ていくときにFortiGateの出力インターフェースのIPアドレスに送信元NATされます。もっと正確にいうならNAPT（IPマスカレード）されます。NATが必要ないなら「ON」ボタンをクリックして「OFF」にしてください。その他のNATに関しては「3-4：NAT」で解説します。

セキュリティ プロファイル	UTM機能の設定です。この章では解説しません。各項目について第5章で解説します。
トラフィック シェーピング	トラフィックシェーピングも設定可能です。
ロギングオプション	許可ポリシーを作成するとデフォルトでは「ON」かつ「セキュリティイベント」がデフォルトの設定となります。「セキュリティイベント」はこのファイアウォールポリシーで許可されたものの、接続先がないものやUTMオプションで引っかかったものが記録されます。ファイアウォールの許可トラフィックのログをとりたい場合は「すべてのセッション」にチェックを入れてください。ただし、ログの取得はシステム負荷となるのでベストパフォーマンスを望むのであれば不要なログはできるだけとらないほうがよいでしょう。ログの詳細は第9章をご覧ください。
このポリシーを有効	このファイアウォールポリシーを有効にするかどうかの設定です。「OFF」にするとこのポリシーは無効となり、使用されません。

○図3-3：ポリシーの作成

3-3 ファイアウォールポリシー設定

以降の指示に従ってファイアウォールポリシーを3つ作成してみましょう。

■アドレスオブジェクトの作成

いったんポリシー設定の前にアドレスオブジェクトを作成しておきます。[WebUI][ポリシー&オブジェクト]→[オブジェクト]→[アドレス]で図3-4～3-7のようなオブジェクトを作成してください（繰り返しますが、基本的には英数字以外の特殊文字やマルチバイトの文字の利用は避けたほうがよいでしょう）。

○図3-4：アドレスオブジェクトの作成（10.0.0.1/32）

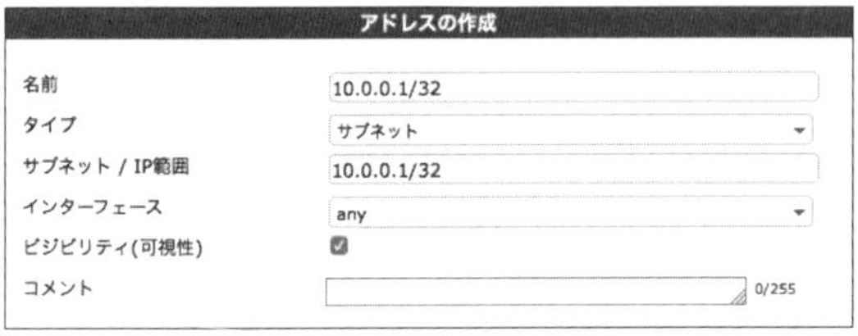

○図3-5：アドレスオブジェクトの作成（10.0.0.0/24）

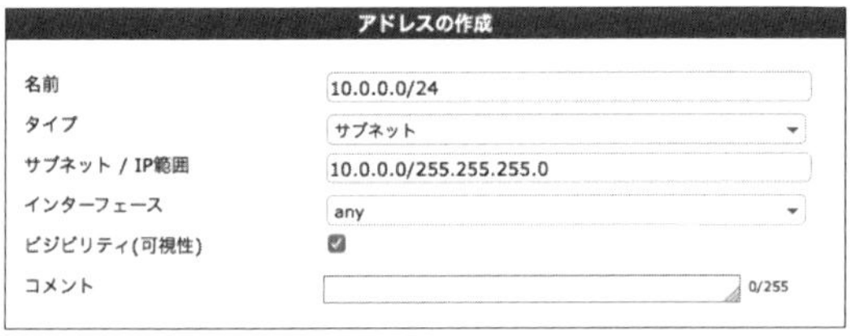

○図3-6：アドレスオブジェクトの作成（172.16.1.1/32）

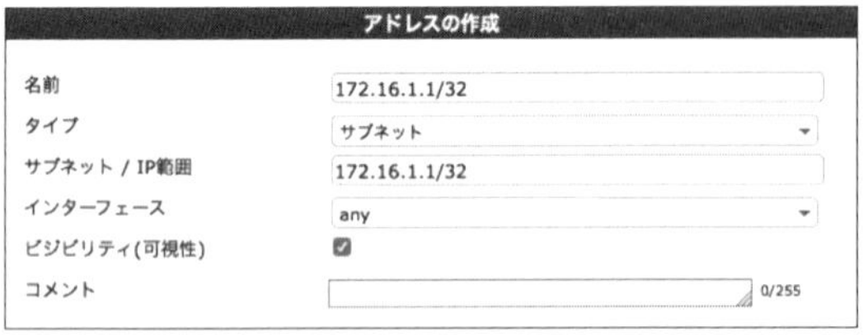

○図3-7：アドレスオブジェクトの作成（172.16.1.0/24）

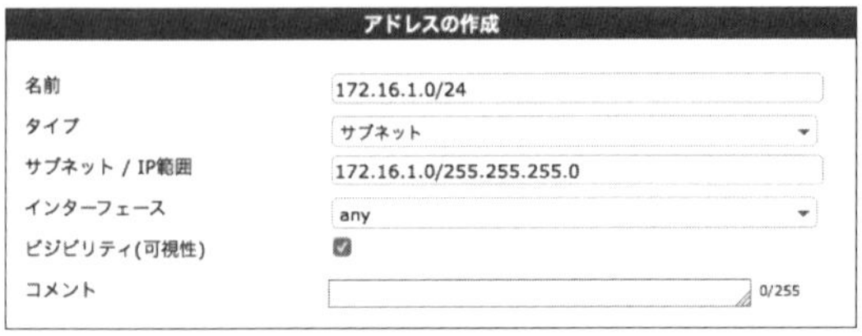

■ファイアウォールポリシーの作成

次にファイアウォールポリシーの設定です。[WebUI][ポリシー&オブジェクト]→[ポリシー]→[IPv4]で[Create New]をクリックして、表3-2〜3-4のポリシーを設定してみてください。

○表3-2：1つ目のポリシー

項目	設定値
入力インターフェース	port1
送信元アドレス	all
出力インターフェース	port2
宛先アドレス	all
スケジュール	always
サービス	all
アクション	DENY
ロギングオプション	ON

○表3-3：2つ目のポリシー

項目	設定値
入力インターフェース	port1
送信元アドレス	172.16.1.0/24
出力インターフェース	port2
宛先アドレス	10.0.0.0/24
スケジュール	always
サービス	HTTP、HTTPS、FTP
アクション	ACCEPT
NAT	有効、送信インターフェースのアドレスを使用
セキュリティプロファイル	すべて無効
トラフィックシェーピング	無効
ロギングオプション	OFF

表3-4：3つ目のポリシー

項目	設定値
入力インターフェース	port1
送信元アドレス	172.16.1.1/32
出力インターフェース	port2
宛先アドレス	10.0.0.1/32
スケジュール	always
サービス	ALL_ICMP
アクション	ACCEPT
NAT	有効、送信インターフェースのアドレスを使用
セキュリティプロファイル	すべて無効
トラフィックシェーピング	無効
ロギングオプション	OFF

■ ファイアウォールポリシーの順番変更

すべてのポリシーを作成し終えたら、[WebUI]［ポリシー&オブジェクト］→［ポリシー］→［IPv4］ですべてのポリシーを俯瞰してみてください。図3-8のようになっていますね。何かおかしいことに気づきましたか？ 順番が問題です。新規にポリシーを作成するといったん最後の行に追加されます。しかし、ファイアウォールポリシーは前述したように順番が大事です。

それぞれのポリシーの行頭の［項番#］の部分をクリックするとドラッグ&ドロップができるので、適切な順番に並べなおしてください。ドロップすると「変更は保存されました」と表示され保存されます。このやり方ではうっかりミスしてしまいそうなら行頭で右クリックするとカット&ペーストを選択可能です。このほうがミスは少ないでしょう。

ファイアウォールポリシーは目の細かいものを上に持ってくるのが鉄則ですから、図3-9が適切な順番となります。

図3-8：おかしなファイアウォールポリシー

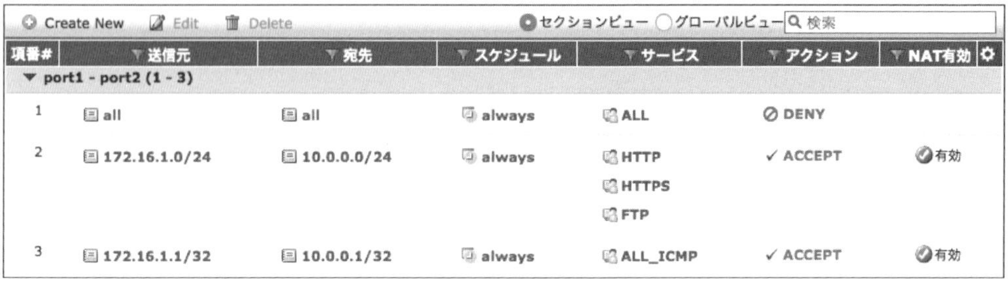

項番#	送信元	宛先	スケジュール	サービス	アクション	NAT有効
▼ port1 - port2 (1 - 3)						
1	all	all	always	ALL	⊘ DENY	
2	172.16.1.0/24	10.0.0.0/24	always	HTTP HTTPS FTP	✓ ACCEPT	有効
3	172.16.1.1/32	10.0.0.1/32	always	ALL_ICMP	✓ ACCEPT	有効

○図3-9：正しいファイアウォールポリシー

項番#	送信元	宛先	スケジュール	サービス	アクション	NAT有効
▼ port1 - port2 (1 - 3)						
1	172.16.1.1/32	10.0.0.1/32	always	ALL_ICMP	✓ ACCEPT	有効
2	172.16.1.0/24	10.0.0.0/24	always	HTTP HTTPS FTP	✓ ACCEPT	有効
3	all	all	always	ALL	⊘ DENY	

　CLIでこのファイアウォールポリシーを見ると次のようになります。なお、CLIでポリシーの順番を変更する場合はmoveコマンドを使用してください。

```
config firewall policy
    edit 3
        set srcintf "port1"
        set dstintf "port2"
        set srcaddr "172.16.1.1/32"
        set dstaddr "10.0.0.1/32"
        set action accept
        set schedule "always"
        set service "ALL_ICMP"
        set logtraffic all
        set nat enable
    next
    edit 2
        set srcintf "port1"
        set dstintf "port2"
        set srcaddr "172.16.1.0/24"
        set dstaddr "10.0.0.0/24"
        set action accept
        set schedule "always"
        set service "HTTP" "HTTPS" "FTP"
        set logtraffic all
        set nat enable
    next
    edit 1
        set srcintf "port1"
        set dstintf "port2"
        set srcaddr "all"
        set dstaddr "all"
        set schedule "always"
        set service "ALL"
        set logtraffic all
    next
end
```

> **COLUMN**
>
> ## 知っておくと便利なCLIのTips
>
> ファイアウォールポリシーを設定する際には、まず次のように入力します。
>
> ```
> #config firewall policy
> ```
>
> 続いて、次のように入力します。
>
> ```
> #edit <番号>
> ```
>
> `#edit`の後にはポリシー番号を入力します。既存のポリシーを編集する場合にはそのポリシー番号を入力すればよいですが、新規にポリシーを作成する場合、すでに使われている番号を避けなければならず、既存の番号を調べてから入力しなければならないので面倒です。このような場合は`#edit 0`と入力すると自動的に採番してくれるので便利です。

■ セクションビューとグローバルビュー

　ファイアウォールポリシーの表示はデフォルトでは「セクションビュー」表示になっています（図3-10）。送信元－宛先インターフェースの組み合わせごとにセクション区切りになっています。

　［グローバルビュー］を選択すると、セクション区切りがなくなります（図3-11）。好みに合わせて選択してください。

　入力インターフェースもしくは出力インターフェースのいずれかに「any」が入っていると強制的にグローバルビューになります。数多くのポリシーがある場合は、グローバルビューのほうが向いています。デフォルトのセクションビューはすべてのポリシーを1ページに表示するため行が多いとGUIが重くなりますが、グローバルビューはページを分けて表示するため、処理が軽くなります。

■ カラム表示

　[WebUI]［ポリシー＆オブジェクト］→［IPv4］でポリシーの一覧を表示できますが、右端の歯車のアイコンをクリックすると表示させるカラムを選択できます（図3-12）。上に表示

○図3-10：セクションビュー

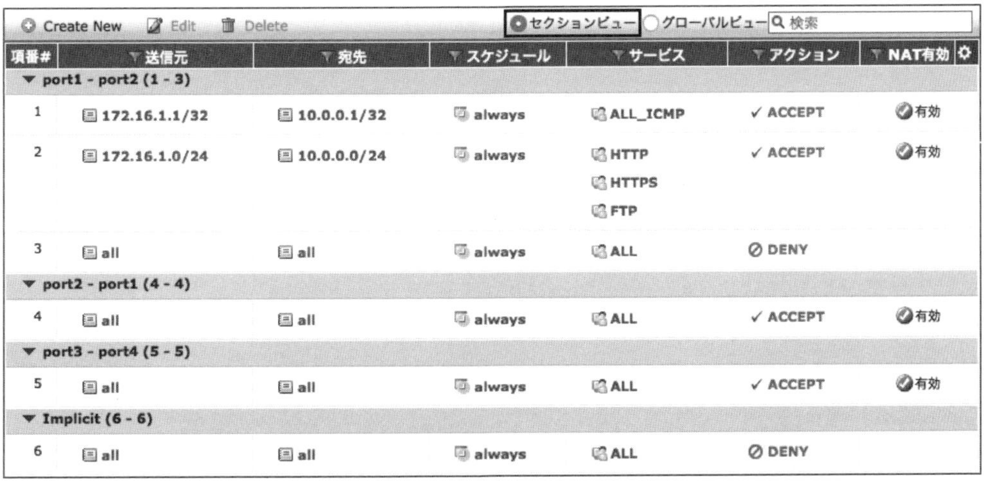

Create New　Edit　Delete　　セクションビュー　グローバルビュー　検索

項番#	送信元	宛先	スケジュール	サービス	アクション	NAT有効
▼ port1 - port2 (1 - 3)						
1	172.16.1.1/32	10.0.0.1/32	always	ALL_ICMP	✓ ACCEPT	有効
2	172.16.1.0/24	10.0.0.0/24	always	HTTP HTTPS FTP	✓ ACCEPT	有効
3	all	all	always	ALL	⊘ DENY	
▼ port2 - port1 (4 - 4)						
4	all	all	always	ALL	✓ ACCEPT	有効
▼ port3 - port4 (5 - 5)						
5	all	all	always	ALL	✓ ACCEPT	有効
▼ Implicit (6 - 6)						
6	all	all	always	ALL	⊘ DENY	

○図3-11：グローバルビュー

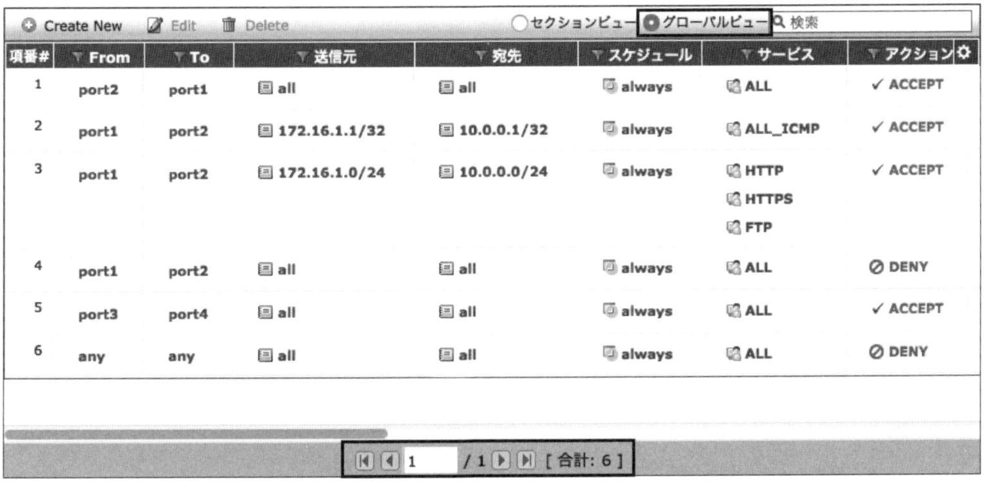

Create New　Edit　Delete　　セクションビュー　グローバルビュー　検索

項番#	From	To	送信元	宛先	スケジュール	サービス	アクション
1	port2	port1	all	all	always	ALL	✓ ACCEPT
2	port1	port2	172.16.1.1/32	10.0.0.1/32	always	ALL_ICMP	✓ ACCEPT
3	port1	port2	172.16.1.0/24	10.0.0.0/24	always	HTTP HTTPS FTP	✓ ACCEPT
4	port1	port2	all	all	always	ALL	⊘ DENY
5	port3	port4	all	all	always	ALL	✓ ACCEPT
6	any	any	all	all	always	ALL	⊘ DENY

1 / 1 [合計: 6]

されている緑のチェックマークが入ったものが表示されているカラムです。グレーのライン以下のチェックが入っていない項目は現在表示されていない項目です。それぞれをクリックすると表示／非表示を切り替えられます。

選択し終えたら、最下部の▼マークをクリックすると「適用」アイコンが出てくるのでクリックして保存してください。

○図3-12：カラム選択

3-4 NAT

NAT（Network Address Translation）はグローバルIPの節約や内部IPアドレスの隠蔽などさまざまな用途に非常によく使われる技術です。コモディティ化している技術ではありますが、一口にNATと言ってもいろいろな種類があり複雑です。

ここではFortiGateでよく利用されるNAT技術に関して解説します。

■ バーチャルIP（VIP）

DMZ（DeMilitarized Zone）に外部公開サーバがあり、サーバに実際に割り当てられているIPアドレスはローカルIPで、インターネットからはグローバルIP宛にそのサーバにアクセスする場合に利用します。「1対1NAT」とか「StaticNAT」とも呼ばれます。

ここで実際に設定してみましょう。10.0.0.100にアクセスしてきたユーザを172.16.1.100に変換して内部のサーバにアクセスできるようにします。

図3-13のようなネットワークを想定して設定してみます。

VIPオブジェクトの作成

VIPを設定する場合はまずVIPのオブジェクトを作成します。

[WebUI] ［ポリシー＆オブジェクト］→［オブジェクト］→［バーチャルIP］で［Create New］をクリックしてください（図3-14）。

［名前］は任意の名称を設定してください。［インターフェース］は、公開するインターフェースを設定してください（「anyでもよいですが、すべてのインターフェースでarp代理応答してしまいます）。［External IPアドレス／範囲］は連番の外部用アドレスを一度に設定でき

第3章：ファイアウォール

○図3-13：想定するネットワーク

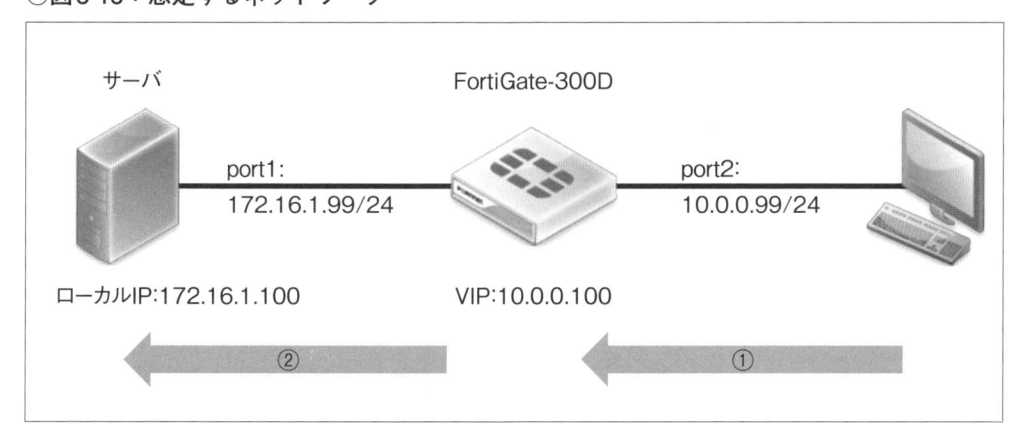

○図3-14：VIPの設定

ますが、今回の例では1台のサーバを公開するので2つの欄に同じ外部用IPアドレスを設定してください。［マップされたIPアドレス／範囲］も同様に2つの欄に同じ内部用IPアドレスを設定してください。［ポートフォワード］にチェックを入れると宛先ポート番号を変更することも可能です。

CLIでは次のように設定します。

```
config firewall vip
    edit "test_VIP"
        set extip 10.0.0.100
        set extintf "port2"
        set mappedip "172.16.1.100-172.16.1.100"
    next
end
```

> ⚠ VIPオブジェクトはファイアウォールポリシーに割り当てられなくても作成した時点でarp要求に応答するようになります（CLIで無効化可能）。不要なオブジェクトは削除してください。また、できるだけインターフェースの設定を「any」にしないでください。

ファイアウォールポリシーの設定

VIPのオブジェクトを作成したら、次にファイアウォールのポリシーを作成する必要があります。

[WebUI] ［ポリシー＆オブジェクト］→［ポリシー］→［IPv4］で図3-15のように設定してください（一部省略）。ポイントは［宛先アドレス］であらかじめ設定しておいたVIPを選択することです。また、［NAT］は「OFF」のままで結構です。このNATは送信元NATのことを指しています。送信元NATが必要な場合は「ON」にしてください。

Wiresharkで10.0.0.100に対してpingを打ったときのパケットキャプチャ（図3-16）をとってみました。10.0.0.100のarp解決要求に対してFortiGateが自身のMACアドレス「08:5b:0e:78:1c:9d」を返しています。正しいarpの代理応答の動作です。

○図3-15：VIPファイアウォールポリシー

○図3-16：パケットキャプチャ

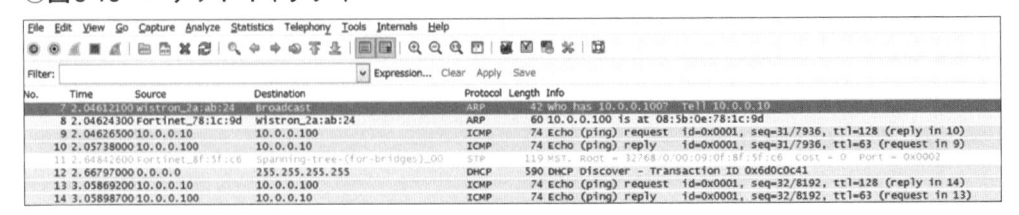

次の出力はCLI上で実施した`diagnose debug flow`の出力です。`debug flow`は入力トラフィックに対してFortiGateがどのように処理をしたか順番に出力するデバッグコマ

ンドです。詳細は第11章で解説しますが、10.0.0.100宛の通信を172.16.1.100にDNAT（宛先NAT）していることがわかります。

```
FGT-300D #
id=20085 trace_id=26 func=print_pkt_detail line=4368 msg="vd-root
received a packet(proto=1, 10.0.0.10:1->10.0.0.100:8) from port2. code=8,
type=0, id=1, seq=35."
id=20085 trace_id=26 func=init_ip_session_common line=4517 msg="allocate
a new session-00076101"
id=20085 trace_id=26 func=fw_pre_route_handler line=174
msg="VIP-172.16.1.100:1, outdev-port2"
id=20085 trace_id=26 func=__ip_session_run_tuple line=2532 msg="DNAT
10.0.0.100:8->172.16.1.100:1"
id=20085 trace_id=26 func=vf_ip4_route_input line=1596 msg="find a route:
flags=00000000 gw-172.16.1.100 via port1"
id=20085 trace_id=26 func=fw_forward_handler line=671 msg="Allowed by
Policy-4:"
```

なお、DHCPやPPPoEのような動的にIPアドレスが割り振られる環境ではポートフォワーディングしかできません。

■ 送信元NAT

NAPT（IPマスカレード）は一般にグローバルIPアドレスを節約したり、内部ネットワークのIPアドレス体系を隠蔽するために送信元IPと送信元ポート番号を変換します。

NAPTの例①：FortiGateのIPアドレスに変換

FortiGateの出力インターフェースのIPアドレスを利用して送信元NATする場合、該当するファイアウォールポリシーの［NAT有効］を「ON」にして［送信インターフェースのアドレスを使用］を選択してください。

図3-17の設定だと172.16.1.1から10.0.0.1に対するパケットがFortiGateを通過する際に、送信元IPアドレスをFortiGateのPort2のIPアドレス（10.0.0.99）に変換して送信します。

NAPTの例②：VIPとの併用

VIPの設定がある場合は挙動が変わります。図3-18の例を見てください。

1番目のポリシーはport1→port2のポリシーで、NAPTが有効になっています。NAPTの例①と同じようにport1側からport2側に対するパケットがFortiGateを通過する際に、送信元IPアドレスをFortiGateのport2のIPアドレス（10.0.0.99）に変換すると思われるでしょう。しかし、実際は2番目のポリシーに影響され、異なった挙動をします。

2番目のポリシーはVIP用のポリシーで、10.0.0.100宛にやってきたパケットを172.16.1.100に宛先変換するポリシーです。このポリシーが有効になっていると172.16.1.100と10.0.0.100が紐付けられ、172.16.1.100からの通信に関しては10.0.0.100に送信元変換されます。その他のIPアドレスからの通信は10.0.0.99に送信元変換されます。

○図3-17：NAPTの例①

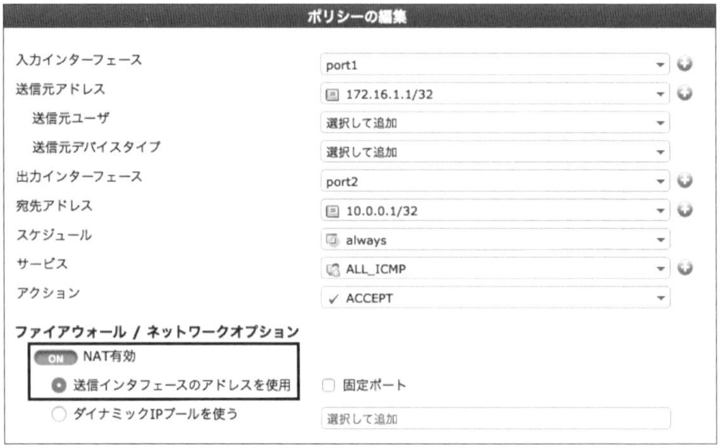

○図3-18：NAPTの例②

■ IPプールNAT

送信元IPを任意のものに変更したい場合は「IP pool NAT」を利用します。例えば送信元10.0.0.200というIPアドレスに変換したい場合、まず WebUI ［ポリシー＆オブジェクト］→［オブジェクト］→［IPプール］で図3-19のような設定をします。External IP 範囲に"10.0.0.200"を設定してください。

これを適切なファイアウォールポリシーで適用します。［NAT］を「ON」にして［ダイナミックIPプールを使う］にチェックを入れ、ドロップダウンリストから先ほど作成したIPプールのオブジェクトを選択してください（図3-20）。

■ セントラルNAT

セントラルNATは送信元のポート番号を変更する場合に利用します。デフォルトではWebUIで設定できないようになっています。WebUI ［システム］→［設定］→［フィーチャー］で［セントラルNATテーブル］を有効にしてください。有効にすると、 WebUI ［ポリシー＆オブジェクト］→［ポリシー］→［セントラルNAT］という項目が現れます。

図3-21の設定ができたら図3-22のようにファイアウォールポリシーで有効にします。

第3章：ファイアウォール

◯図3-19：IPプールNAT

名前	test_pool
コメント	0/255
タイプ	● オーバーロード ○ 1対1 ○ 固定ポート範囲 ○ ポートをブロック割り当て
External IP範囲	10.0.0.200 - 10.0.0.200
ARP リプライ	☑

◯図3-20：IPプール NAT

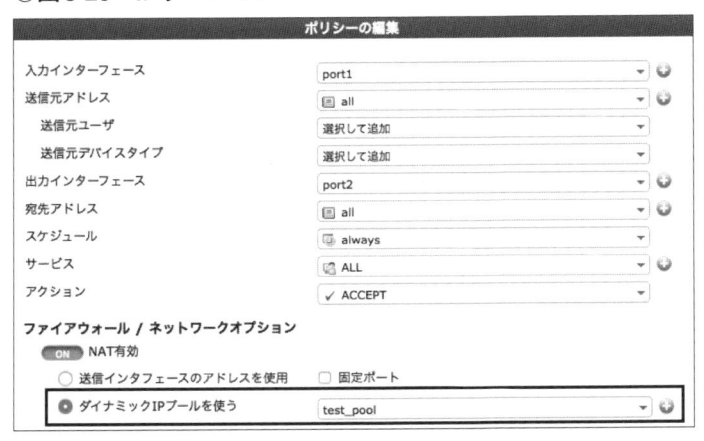

入力インターフェース	port1
送信元アドレス	all
送信元ユーザ	選択して追加
送信元デバイスタイプ	選択して追加
出力インターフェース	port2
宛先アドレス	all
スケジュール	always
サービス	ALL
アクション	✓ ACCEPT

ファイアウォール / ネットワークオプション
- ON NAT有効
  - ○ 送信インタフェースのアドレスを使用 □ 固定ポート
  - ● ダイナミックIPプールを使う　test_pool

◯図3-21：セントラルNATポリシーの作成

送信元アドレス	172.16.1.0/24
変換先アドレス	test_pool
オリジナルソースポート	3000　3000
変換先ポート	3001　3001

◯図3-22：セントラルNATポリシーの編集

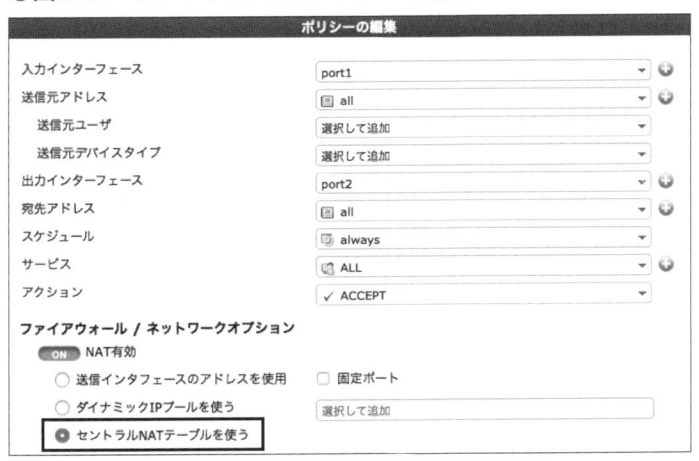

入力インターフェース	port1
送信元アドレス	all
送信元ユーザ	選択して追加
送信元デバイスタイプ	選択して追加
出力インターフェース	port2
宛先アドレス	all
スケジュール	always
サービス	ALL
アクション	✓ ACCEPT

ファイアウォール / ネットワークオプション
- ON NAT有効
  - ○ 送信インタフェースのアドレスを使用 □ 固定ポート
  - ○ ダイナミックIPプールを使う　選択して追加
  - ● セントラルNATテーブルを使う

3-5 オブジェクト

■アドレス

ファイアウォールを設定する際にはアドレスオブジェクトが必要です。事前に定義されているものもいくつかあります。

[WebUI]［ポリシー&オブジェクト］→［オブジェクト］→［アドレス］にアクセスしてみてください。図3-23は事前定義オブジェクトのリストです。

アドレスオブジェクトにはいくつか種類があります。

FQDN

FQDNを記述します。FortiGateが名前解決をしてIPアドレスを確認し、ファイアウォールポリシーを適用します。仕組み上、FortiGateの処理負荷が高く、利用はあまりお勧めできません。

地域

例えば特定の国からの攻撃が増えている場合など、国や地域ごとのポリシーを作成したい場合に便利です。FortiGateは国や地域のIPアドレスを保持しており、そのリストは定期的にアップデートされます。

IP範囲

「-（ハイフン）」を用いてIPアドレスのレンジを指定できます。

○図3-23：事前に定義されているアドレスオブジェクト

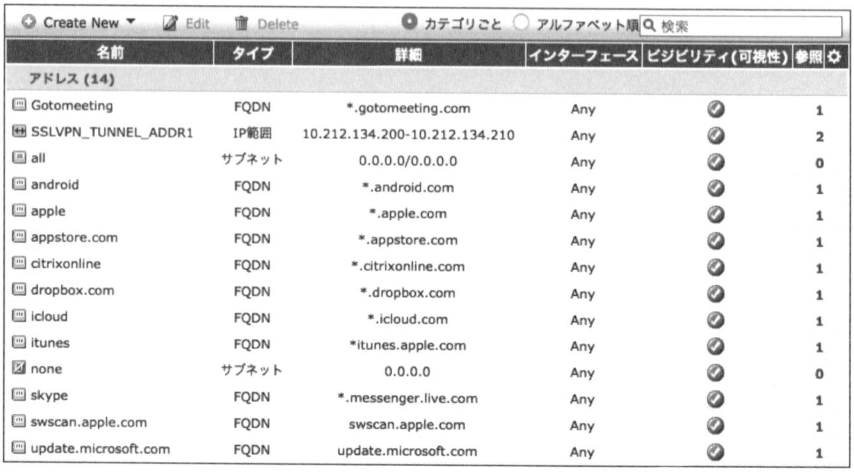

名前	タイプ	詳細	インターフェース	ビジビリティ(可視性)	参照
アドレス (14)					
Gotomeeting	FQDN	*.gotomeeting.com	Any	✓	1
SSLVPN_TUNNEL_ADDR1	IP範囲	10.212.134.200-10.212.134.210	Any	✓	2
all	サブネット	0.0.0.0/0.0.0.0	Any	✓	0
android	FQDN	*.android.com	Any	✓	1
apple	FQDN	*.apple.com	Any	✓	1
appstore.com	FQDN	*.appstore.com	Any	✓	1
citrixonline	FQDN	*.citrixonline.com	Any	✓	1
dropbox.com	FQDN	*.dropbox.com	Any	✓	1
icloud	FQDN	*.icloud.com	Any	✓	1
itunes	FQDN	*itunes.apple.com	Any	✓	1
none	サブネット	0.0.0.0	Any	✓	0
skype	FQDN	*.messenger.live.com	Any	✓	1
swscan.apple.com	FQDN	swscan.apple.com	Any	✓	1
update.microsoft.com	FQDN	update.microsoft.com	Any	✓	1

サブネット

IPアドレスとサブネットマスクを利用して設定するオブジェクトです。オブジェクトの新規作成の際はデフォルトでこのオプションが選択されています。

よく利用されるのは［サブネット］と［IP範囲］です。

［サブネット］は図3-24のように設定します。「/」の後はビットで表記してもよいですし（「/32」と表記すると単一のIPアドレス）、オクテット（「255.255.255.255」と表記すると単一のIPアドレス）で表記してもかまいません。この例では［インターフェース］は「any」にしていますが、可能なら指定したほうがよいでしょう。特にアドレスオブジェクトやファイアウォールポリシーが非常に多い環境ではFortiGateがポリシーをチェックする場合のスピードに影響があります。

［IP範囲］は図3-25のように設定します。最初のIPアドレスと最後のIPアドレスを「-」で指定するだけです。［インターフェース］はやはり可能なら指定してください。

○図3-24：アドレスオブジェクト作成ータイプ：サブネット

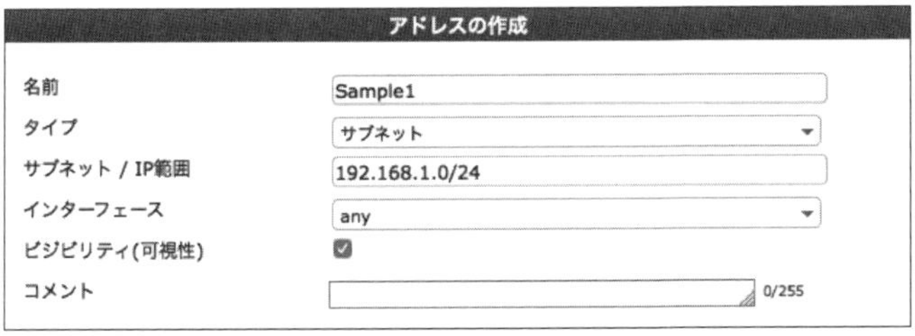

○図3-25：アドレスオブジェクト作成ータイプ：IP範囲

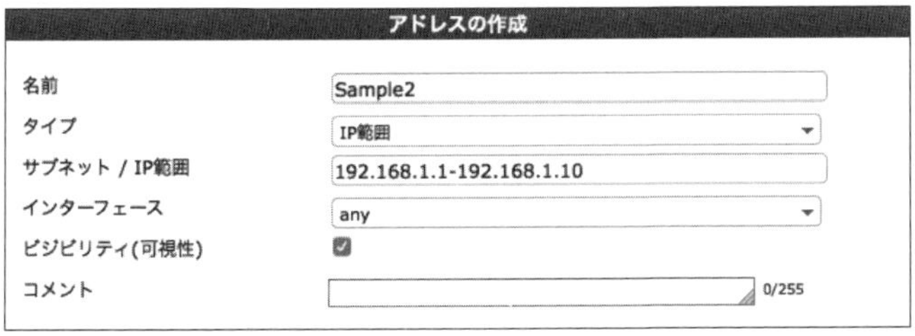

■ サービス

あらかじめ定義されたサービスオブジェクト（**図3-26**）でほとんどのファイアウォールポリシーは対応できると思います。

もちろんカスタムでサービスオブジェクトを作成することも可能です（**図3-27**）。一般的な設定項目は［名前］、［プロトコルタイプ］（ほとんどの場合TCP／UDP／SCTPだと思います）、［プロトコル］で「TCP」または「UDP」を選択、［宛先ポート］を指定となります。宛先ポートを増やしたい場合は緑の[+]アイコンをクリックすると行が追加されます。また、送信元ポートを定義することも可能です。

○図3-26：事前定義サービスオブジェクト（抜粋）

○図3-27：カスタムサービスオブジェクト

3-6 デバイスベースポリシー

　FortiGateはMACアドレスやTCPのフィンガープリント、インストールされているFortiClientからの情報などさまざまな方法でユーザが使用しているデバイスを特定します。この機能を有効にするには WebUI ［システム］→［ネットワーク］→［インターフェース］で編集し、［デバイスの検知と認識］にチェックを入れてください（図3-28）。

　特定されたデバイスのリストは WebUI ［ユーザ＆デバイス］→［デバイス］→［デバイス定義］に図3-29のように表示されます。デバイスを正確に認識させるためにはFortiGateと同じL2ドメインであること、もしくはFortiClientをインストールしたPCを利用することをお勧めします。なお、MACアドレスをベースとしたカスタムオブジェクトを作成することも可能です。

　ファイアウォールポリシーではデバイスグループに対してルールを記述できます。図3-30はスマートフォンやタブレットの通信を拒否する例です。

　なお、MACアドレスベースのカスタムオブジェクトを作成した場合はグループではなく単一のノードに対してポリシーを割り当てることが可能です。その場合、当然ながらFortiGateがノードのMACアドレスを認識可能な環境でなければポリシーが適切に機能しません。例えばFortiGateから見てL3スイッチやルータの背後にある機器は、MACアドレ

○図3-28：デバイスの検知と認識

インターフェースの編集	
インターフェース名	port1(08:5B:0E:78:1C:9C)
エイリアス	
リンクステータス	アップ
タイプ	物理インターフェース
アドレッシングモード	○ マニュアル　○ DHCP　○ Dedicated to Extension Device
IP/ネットワークマスク	172.16.1.99/255.255.255.0
管理者アクセス	☑ HTTPS　☑ PING　☑ HTTP　☐ FMG-Access ☐ CAPWAP ☐ SSH　☐ SNMP　☑ TELNET　☐ FCT-Access
DHCPサーバ	☐ 有効
セキュリティモード	なし
デバイス管理	
デバイスの検知と認識	☑
RADIUSアカウンティングメッセージをListen	☐
セカンダリ IPアドレス	☐
コメント	0/255
管理ステータス	○ アップ　○ ダウン

○図3-29：識別されたデバイス

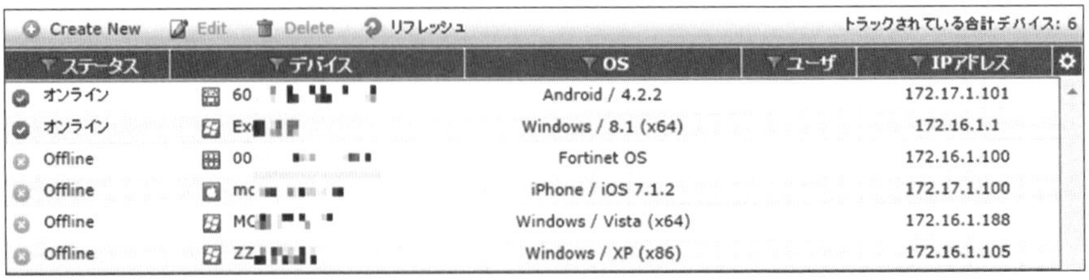

○図3-30：デバイスベースポリシーの例

スがわからないので設定してもうまく動作しません。FortiGateがWi-Fiコントローラとなって FortiAPからのアクセスを受け付ける際など、デバイスベースのセキュリティポリシーを実施したい場合に有効です。

3-7 ユーザ認証

　FortiGateではユーザ認証をさまざまな機能と組み合わせてセキュリティと利便性を向上させることができます。また、認証方式も豊富です。

　FortiGateでサポートしている認証方式には**表3-5**のようなものがあります。

　表3-5の認証方式と組み合わせることができるFortiGateのセキュリティ機能には**表3-6**のようなものがあります。

　また、認証を組み合わせるとアプリケーションコントロール機能のログなどでユーザのアクティビティを追跡できるという利点があります。

　ここでは実際の設定を交えながらいくつかシナリオを見ていくことにします。

ローカル＋ファイアウォール認証

　FortiGate上にローカルユーザを設定し、ファイアウォール認証を実施することにします。

　WebUI ［ユーザ&デバイス］→［ユーザ］→［ユーザ定義］で［Create New］をクリックすると［ユーザ作成ウィザード］が開始されます（**図3-32**）。［ローカルユーザ］を選択して［Next］。［ユーザ名］に「user1」、［password］に任意のパスワードを入れて［次へ］。次の［Emailアドレス］は特に入力の必要はありません。そのまま［次へ］。次のページで

○表3-5：FortiGateでサポートしている認証方法

認証方法	説明
ローカル	FortiGateにユーザを登録して利用するシンプルな認証方式です。
サーバ	RADIUS、LDAP、WindowsAD、TACACS+など外部のサーバと連携する認証方式です。
証明書	電子証明書を利用する認証方式です。
二要素	ワンタイムパスワードのトークンであるFortiToken／FortiToken Mobileを利用した認証方式です。

○表3-6：表3-5と組み合わせられるFortiGateのセキュリティ機能

機能	説明
ファイアウォール認証	ファイアウォールポリシーとユーザ認証を組み合わせ、認証をパスして初めてトラフィックを通すようにする。
VPN（SSL-VPN、IPsec）	リモートアクセスVPNのユーザ認証
Webフィルタオーバーライド	Webフィルタで基本的には該当のカテゴリは許可しないが、認証をパスしたユーザのみ閲覧を許可する。

○図3-31：想定するネットワーク

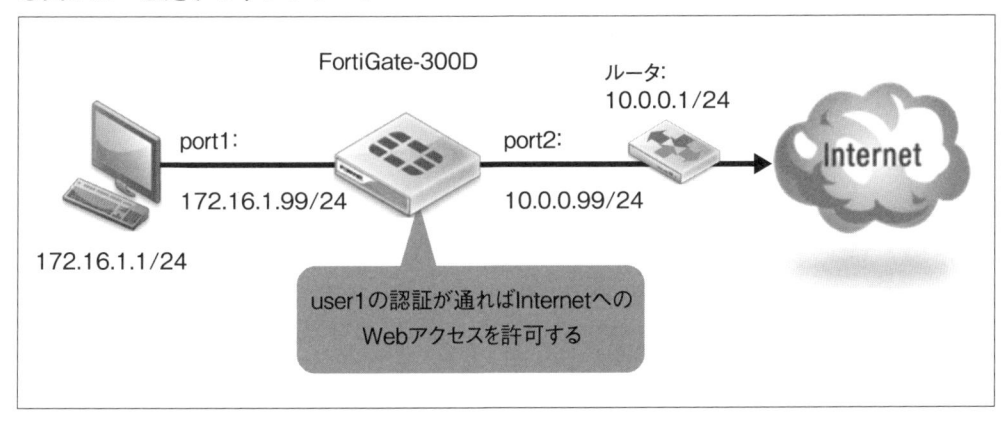

は［有効］にチェックを入れて［作成］をクリックしてください。

　次にユーザグループを作成します。WebUI ［ユーザ＆デバイス］→［ユーザ］→［ユーザグループ］で［Create New］をクリックしてください（図3-33）。［名前］は「group1」とし、［タイプ］が「ファイアウォール」となってくることを確認してください。［メンバ］で「user1」を選択し［OK］ボタンを押してください。キーボードのShiftキーやCtrlキーを利用すると複数のユーザを選択可能です。

　ユーザとユーザグループの作成が終わったらファイアウォールポリシーの設定を行います（図3-34）。port1→port2の許可ポリシーを作成し、［ユーザ］で「group1」を選択してください。また、サービスはHTTP／HTTPS／DNSを許可します。

　これで設定は完了です。クライアントPCからインターネットへWebブラウズを試みてく

Part2：多層防御を実現する FortiOS 設定

○図3-32：ユーザの作成

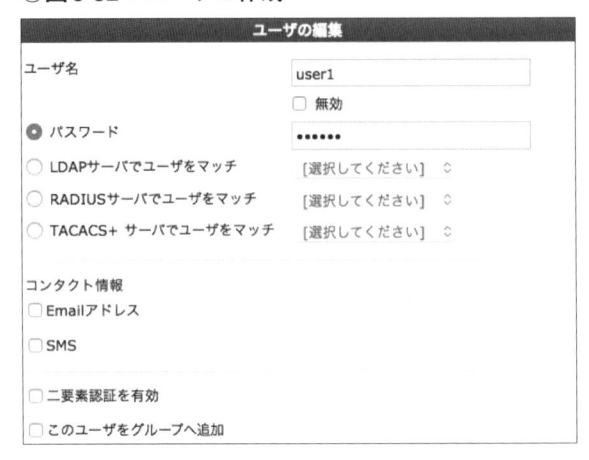

○図3-33：ユーザグループの作成

○図3-34：アンデンティティベースポリシー

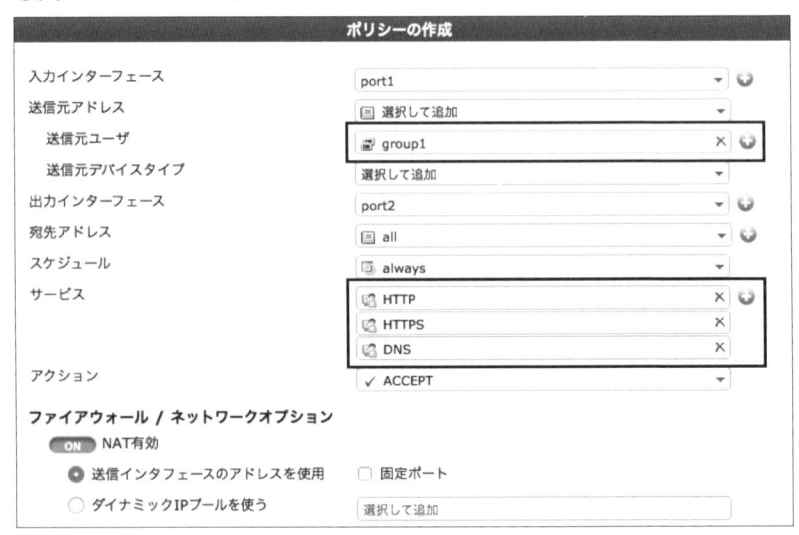

○図3-35：リダイレクトされた認証画面

ださい。FortiGateがセッションをインターセプトし、図3-35のような認証画面を表示させます（ポート番号は10000番にリダイレクトされます）。ここで［Username］に「user1」と入力し、設定したパスワードを入力してください。認証に成功するとWebブラウズ可能になります。

COLUMN

FortiOS 5.2でのファイアウォール認証

　FortiOS 5.2とFortiOS 5.0以前のバージョンを比較すると、ファイアウォール認証の動きが異なっています。

　認証に利用可能なプロトコルはHTTP／HTTPS／FTP／TELNETという点は同じです。これらのプロトコルでアクセスを試行すると先ほどのWebの例のように認証要求が表示されます。FortiOS 5.0以前では認証のファイアウォールポリシーでHTTP／HTTPS／FTP／TELNETを許可していなくても、それらのプロトコルでアクセスすれば認証プロンプトを表示していました。しかし、FortiOS 5.2では認証させたいプロトコルを明示的に許可する必要があります。

　また、アイデンティティーベースポリシーはファイアウォールポリシーに統合され、FortiOS 5.0以前とは設定の仕方が異なっています。それに伴ってポリシーの動作が変更されました。

　図3-Aの2つのポリシーは送信元IPアドレス／宛先／スケジュールが同じです。このようなポリシーを書いた場合FortiOS 5.0では1番目のポリシーで検査し、2番目のポリシーが使用されることはありませんでした（設定方法が別にあった）。しかし、

Part2：多層防御を実現する FortiOS 設定

○図3-A：FortiOS 5.2アイデンティティーベースポリシー

項番#	送信元	宛先	スケジュール	サービス	アクション	NAT有効
port1 - port2 (1 - 2)						
1	all / Sales	all	always	FTP	ACCEPT	有効
2	all / Marketing	all	always	HTTP	ACCEPT	有効

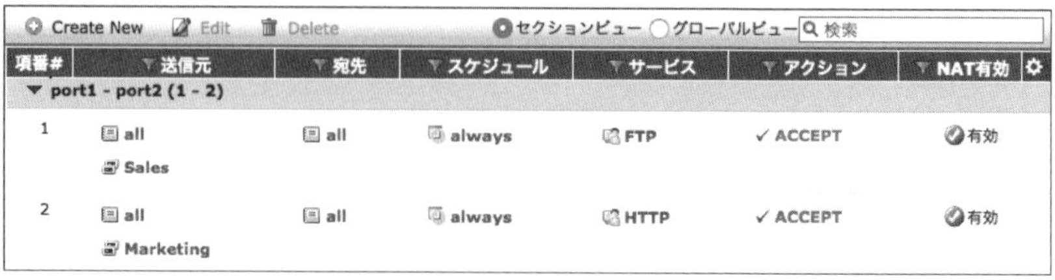

○図3-B：意味のないアイデンティティーベースポリシー

項番#	送信元	宛先	スケジュール	サービス	アクション	NAT有効
port1 - port2 (1 - 2)						
1	all / Sales	all	always	FTP	ACCEPT	有効
2	all	all	always	HTTP	ACCEPT	有効

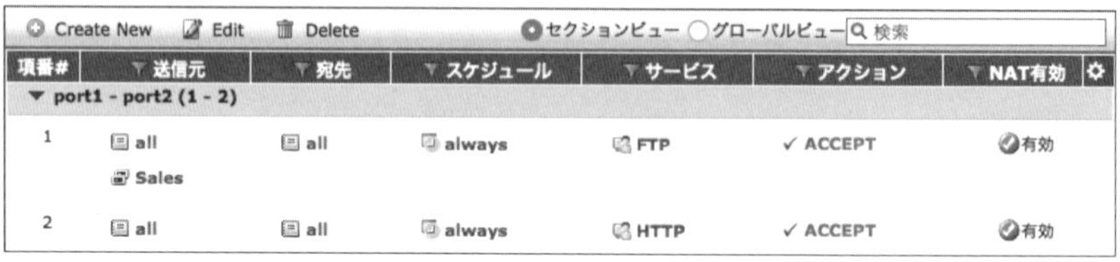

FortiOS 5.2では「Sales」グループで認証が通ればFTPアクセスが許可され、「Marketing」グループで認証されればHTTPが許可されるようになりました。

　ファイアウォールポリシーは通常上から順に検査され、あるポリシーにマッチするとそのアクションを実行し、その他のポリシーのチェックはされませんが、認証ポリシーに限ってはFortiOS 5.2は異なった動きをします。ポリシーは上から順に見ていきますが、認証ポリシーはいったん保留（fall-through）されます。他に送信元／宛先／サービスが合致するポリシーがなければ認証プロンプトを表示し、認証されたユーザによってアクションを決定します。

　ただ、気を付けなければいけないのは誤って図3-Bのようなポリシーを書いてしまうと、1番目の認証ポリシーはfall-throughされて実行されず、2番目のすべてacceptのポリシーしか実行されません。認証プロンプトも表示されず許可されてしまうので注意してください。FortiOS 5.2の認証のポリシーは、わかりやすく言えば認証なしのファイアウォールポリシーだけを先に見て合致するものがなければ認証ポリシーで検査するということです。

LDAP（AD）＋Webフィルタオーバーライド

　次にLDAPを利用した認証の設定方法を見ていきます。Windows Active DirectoryはLDAPプロトコルをサポートしているので、この設定で連携可能です。FortiGateとWidows Active Directoryを連携させるにはLDAPサーバとして登録する場合とシングルサインオンを実現させるために設定する場合があります。ここではWindows ADをLDAPサーバとして設定する場合を紹介します。あらかじめWindows ADは適切に構成されていて、ユーザが作成されている環境を前提としています。

○図3-36：LDAPサーバ設定

○図3-37：LDAPツリー

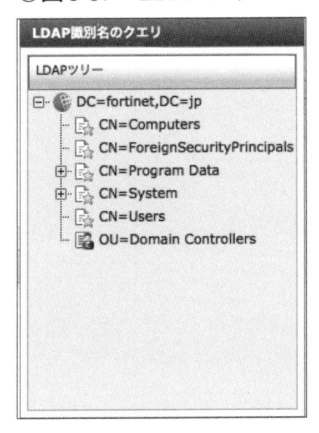

[WebUI]［ユーザ&デバイス］→［認証］→［LDAPサーバ］で図3-36のように設定してください。［名前］は任意のオブジェクト名を設定してください。［サーバ名／IP］はLDAP（AD）サーバのIPアドレスを入力してください。［サーバポート］はサーバ（AD）側で変更していなければデフォルトの389番のままで結構です。［識別名］はLDAPの設定にしたがって入力してください。［バインドタイプ］はADなどのようにある権限を持ったユーザでアクセスする必要がある場合は「レギュラー」を選択してください。［ユーザDN］は問い合わせる権限を持つユーザを記述してください。［パスワード］はユーザのパスワードを設定してください。

設定がうまくできていれば［Fetch DN］を押すと、図3-37のようにLDAPツリーが取得できるはずです。

次に[WebUI]［ユーザ&デバイス］→［ユーザ］→［ユーザグループ］でグループを作成します（図3-38）。［名前］は任意の名称を設定してください。［タイプ］は「ファイアウォール」のままで結構です。リモートグループで［Create New］をクリックし、ドロップダウンリストから設定したLDAPサーバを選択してください。そのまま［OK］を押すと表示されて

○図3-38：グループの作成

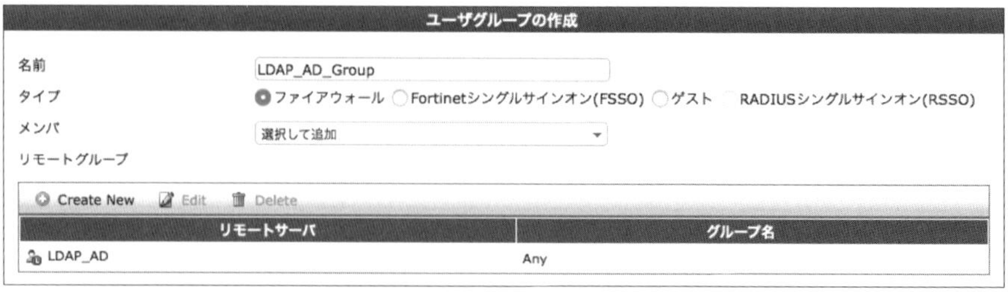

○図3-39：Webフィルタプロファイル

　いるすべてのグループが対象になります。必要があれば［グループ］タブでグループを選択し、［選択したものを追加］してフィルタしてください。図3-38の例ではすべてを対象にしています。

　次にWebフィルタの設定を行います。WebUI ［セキュリティプロファイル］→［Web Filter］をクリックし、［+］のアイコンをクリックしてWebフィルタのプロファイルを新規作成します。

　この例ではWebフィルタでチェックに引っかかりWebの閲覧を拒否された後、ユーザ認証でパスした場合にWebを閲覧可能にします。

　まずはすべてのカテゴリのWebサイトをブロックするプロファイルを作成します（図3-39）。［名前］は「all_block」、［インスペクションモード］は「プロキシ」、［FortiGuardカテゴリ］はチェックを入れて有効にします。すべてのカテゴリで右クリックして［ブロック］を選択してください。［ブロックされたオーバーライドを許可］はチェックを入れて有効にします。［グループに適用］は作成したグループオブジェクトを選択し、［プロファイルに適

○図3-40：ファイアウォールポリシー

用］はユーザ認証をパスした際に適用するプロファイルを選択します（ここでは事前定義されている「monitor-all」を選択しています）。［スコープ］は「IP」、［期間のモード］は「固定」、［期間］はデフォルトの15分のままです。

　以上の設定でユーザ認証をパスするとそのユーザ（正確には送信元IPアドレス）は「monitor-all」プロファイルが15分間割り当てられます。なお、［スコープ］で「ユーザ」や「ユーザグループ」を選択するとファイアウォールポリシーでユーザポリシーを設定しなくてはなりませんので、ここでは「IP」を選択しています。

　次にファイアウォールポリシーのWebフィルタを有効にします。 WebUI ［ポリシー＆オブジェクト］→［ポリシー］→［IPv4］で有効にするポリシーを選択、または作成して、［セキュリティプロファイル］の［Webフィルタ］を「ON」にして先ほど作成したプロファイルを選択してください（図3-40）。

　クライアント端末からインターネット上のWebサイトの閲覧を試してみてください。図3-41のようにブロックされるはずです。

　次に「オーバーライド」というリンクをクリックしてみてください。するとユーザ名とパスワードを入力する画面が表示されます。LDAP（AD）のユーザ名とパスワードを入力すれば認証が成功し、15分間、「monitor-all」のプロファイルが適用され、閲覧可能になります。

シングルサインオン（FSSO；Fortinet Single Sign-on）

　Windows Active Directoryと連携することによりシングルサインオンを実現できます。

Part2：多層防御を実現する FortiOS 設定

○図3-41：Webフィルタのブロックページ

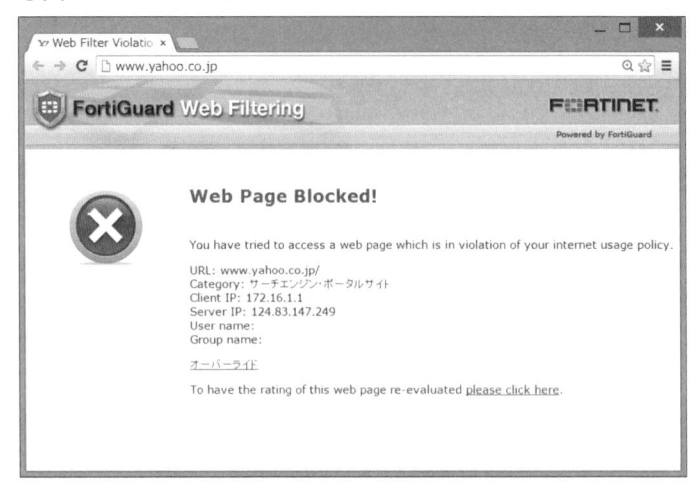

○図3-42：エージェント方式

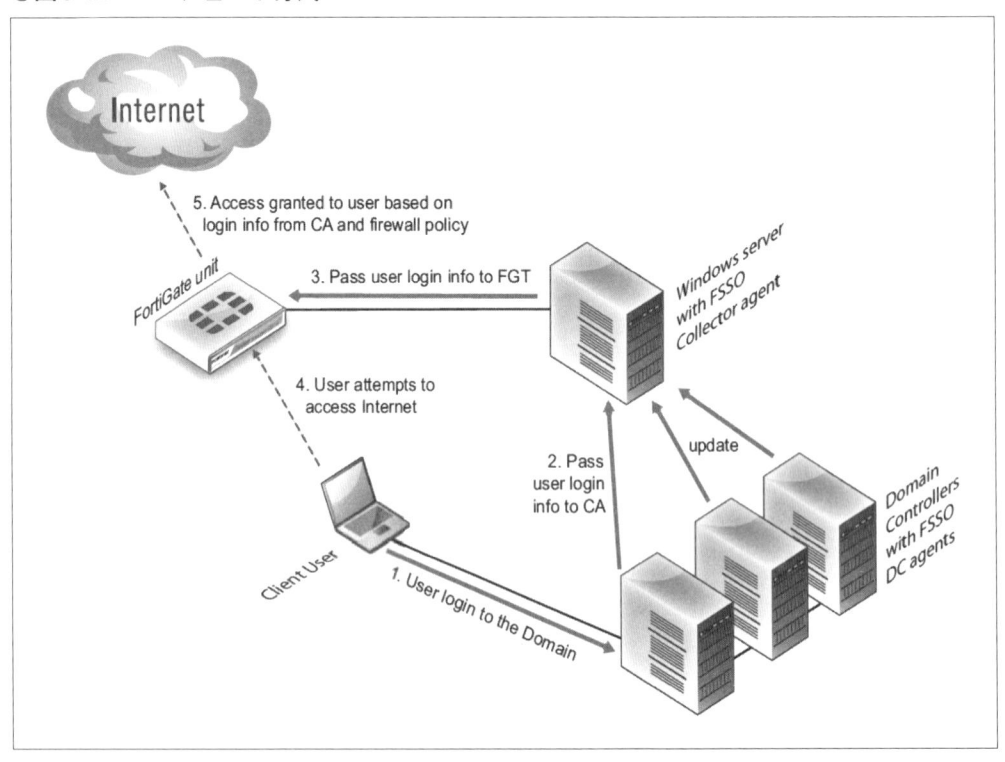

※「FortiOS Handbook Authentication for 5.2」より抜粋

クライアントがドメインログオンすると、そのログイン情報をFortiGateがドメインコントローラから収集し、自動的にファイアウォールポリシーの認証に利用します。ユーザはPCにログインする以外、認証情報を入力する必要がありません。

　FSSOには2つの方式があります。1つはドメインコントローラに専用アプリをインストールするエージェント方式（**図3-42**）。もう1つはFortiGateから一定間隔でドメインコントローラに情報を収集しに行くポーリング方式です。エージェント方式のほうがリアルタイムに認証情報を収集可能です。Windows Active Directory以外にもNovel eDirectoryに対応しています。

3-8　ファイアウォール高速化

　「1-3：FortiGateのハードウェア」（P.7）で解説したように、FortiGateにはFortiASIC-NPもしくはSoCが搭載されており（FortiGate-80DやFortiGate-100Dなど一部非搭載のものあり）、高速にパケット転送処理を行います。

　本書で解説している「FortiGate-300D」は「NP6」というFortiASIC-NPを搭載しています。NP6は「IPv4」「IPv6」「IPsecVPN」「CAPWAP」「マルチキャスト」などをオフロードします。オフロードというのはCPUの代わりに処理を実施することを指します。詳しい条件は第1章もしくは次の資料をご覧ください。

http://docs.fortinet.com/d/fortigate-hardware-acceleration

第4章 VPN

VPN（Virtual Private Network）は、地理的に離れたネットワークをあたかも1つのLANのように見せる技術です。FortiGateは「IPsec」「SSL-VPN」「L2TP」「GRE」などさまざまなVPN機能を持っていますが、本書では主流となっている「IPsec VPN」と「SSL-VPN」について解説します。

4-1 IPsec VPN

IPsec VPNには大別して2つの利用方法があります。ネットワーク機器同士でVPNトンネルを張り、LANとLANを橋渡しする拠点間（サイトtoサイト）VPNとPCなどにインストールしたVPNアプリケーションとネットワーク機器との間でVPNトンネルを張るリモートアクセスVPNです。FortiGateはどちらも利用可能です。

PCからリモートアクセスVPNを利用する場合はFortiClientをインストールする必要があります。2009年の新型インフルエンザ（豚インフルエンザ）の流行以降、パンデミック対策としてリモートアクセスVPNはSSL-VPNへの移行が加速しました。SSL-VPNはHTTPS（TCP443）を利用するので上位にファイアウォールがあったとしても接続拒否されることが通常はなく、場所を問わず接続性が高いのが特徴です。

一方IPsecはNAT環境下ではうまく接続できなかったり、IKEやUDP4500がファイアウォールにはじかれてしまうなど、リモートアクセスVPNとして利用する場合に気を付けなければならない点がありました。SSL-VPNが安価に利用できるようになったこともあり、リモートアクセスVPNとしては利用されることが少なくなっています。

このような情勢から本書ではIPsec VPNの解説は拠点間VPNにとどめ、リモートアクセスVPNはSSL-VPNで解説します。

リモートアクセスとしてIPsecを利用したい場合は、Handbookの「FortiClient dialup-client configurations」を参考にするとよいでしょう。

http://docs.fortinet.com/uploaded/files/1881/fortigate-ipsec-52.pdf

■ 拠点間VPN ネットワークトポロジ

これから具体的に設定を見ていきます。

この例では実際にインターネットにつないでいるわけではなく、2台のFortiGateの間にルータを置いてインターネットに見立てています。拠点側はデスクトップモデルである

「FortiGate-90D」を利用しています。本社側は「FortiGate-300D」です。

拠点側のPCから本社のサーバに暗号化されたIPsecトンネルを経由してアクセスする環境を想定しています。

前提となる設定

前提となる設定は表4-1、4-2のとおりです。

FortiOS 5.2ではIPsec VPNの設定はウィザード形式で簡単にできるようになっています。[WebUI]［VPN］→［IPsec］→［ウィザード］をクリックし、指示に従って入力していくと設定が完了します。

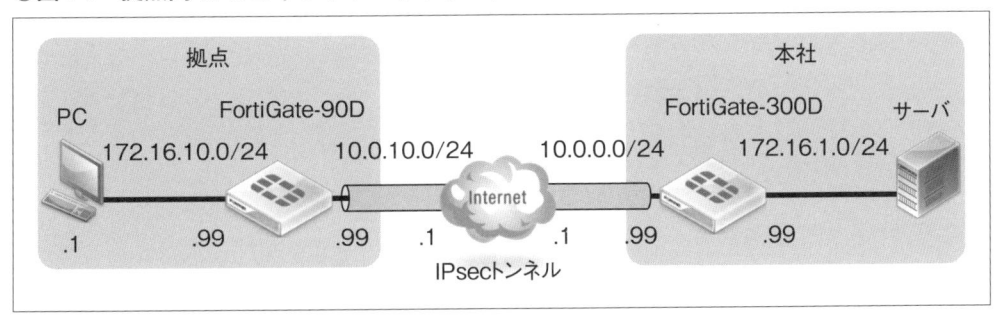

本社側（FortiGate-300D）の設定

[WebUI]［VPN］→［IPsec］→［ウィザード］を開始してください（図4-2）。［名前］は任意の名前を入力し、［テンプレート］は「Site to Site-FortiGate」を選択してください。

［次へ］ボタンを押してステップ2（図4-3）へ進んでください。［リモートゲートウェイ］は対向のIPsecゲートウェイ（この例ではFortiGate-90D）の外部IPアドレスを入力してく

○図4-1：拠点間VPNのネットワークトポロジ

○表4-1：本社側（FortiGate-300D）の設定

項目	設定値
port1（LAN側）IPアドレス	172.16.1.99 255.255.255.0
port2（インターネット側）IPアドレス	10.0.0.99 255.255.255.0
デフォルトゲートウェイ	10.0.0.1

○表4-2：拠点側（FortiGate-90D）の設定

項目	設定値
internal（LAN側）IPアドレス	172.16.10.99 255.255.255.0
WAN1（インターネット側）IPアドレス	10.0.10.99 255.255.255.0
デフォルトゲートウェイ	10.0.10.1

※「internal」と「WAN1」はFortiGate-90Dの物理インターフェース名です。

○図4-2：VPN作成ウィザード①

○図4-3：VPN作成ウィザード②

ださい。［出力インターフェース］はデフォルトゲートウェイが設定してあればクリックするだけで設定してくれます。うまく検出してくれない場合はFortiGate-300Dのインターネット側のインターフェース（この例ではport2）を設定してください。［認証方式］は、この例では「事前共有鍵」（Pre-Shared-Key）を利用します。証明書を持っていて、証明書による認証を実施したい場合は「シグネチャ」を選択してください。［事前共有鍵］は対向と共通のパスワードを設定します。任意の英数字を入力してください。

ステップ3（図4-4）では次の設定を行います。［ローカルインターフェース］はネットワークトポロジにしたがって設定します。この例では「172.16.1.0/24」のネットワークに接続される「port1」を選択します。［ローカルサブネット］は、この例では「172.16.1.0/24」を設定します。［リモートサブネット］は対向側のLANネットワークを設定します。この例では「172.16.10.0/24」です。

　［作成］ボタンを押すと設定が反映されます。確認のための図4-5の画面が表示され、本

◯図4-4：VPN作成ウィザード③

◯図4-5：VPN作成ウィザード確認画面

社側の設定は終了です。
　ウィザードで作成するとあまりにも簡潔過ぎて拍子抜けしてしまうかもしれません。また、適切に暗号化設定されているか不安になるかもしれません。細かくカスタマイズしたいという要望も場合によってあるので、ウィザードで設定したものをGUIとCLIで順番に確認してみましょう。

設定確認

　[WebUI]［VPN］→［IPsec］→［トンネル］を見るとオブジェクトが作成されています（図4-6）。
　ダブルクリックすると編集画面（図4-7）が表示されます。このオブジェクトはIPsec Phase1とPhase2の設定をまとめたものです。
　これを見るとウィザードのステップ1どおり、「Site to Site-FortiGate」というテンプレートにしたがって作成されていることがわかります。トンネルテンプレートの内容は[WebUI]

◯図4-6：設定確認

トンネル	インターフェースバインディング	テンプレート	ステータス
Honsha	port2	Site to Site - FortiGate	

◯図4-7：VPNトンネルの編集

VPNトンネルの編集

- トンネルテンプレート： Site to Site - FortiGate　カスタムトンネルへコンバート
- 名前：Honsha
- コメント：VPN: Honsha (Created by VPN wizard)

ネットワーク
- リモートゲートウェイ：固定IPアドレス , 出力インターフェース：port2

認証
- 認証方式：事前共有鍵

Phase 2 セレクタ
- ローカルアドレス：0.0.0.0/0.0.0.0
- リモートアドレス：0.0.0.0/0.0.0.0

［VPN］→［IPsecトンネルテンプレート］で見ることができます。

GUIでは詳しい内容がよくわからないのでCLIで見てみましょう。

まずはPhase1の設定からです。FortiGateのCLIはshowコマンドを入力すると設定内容が表示されますが、デフォルト設定は表示されません。すべての設定内容を表示させるには次のような手順でshow full-configコマンドを実行してください。下線部はウィザードの設定が反映された部分です。

```
FGT-300D # config vpn ipsec phase1-interface
FGT-300D (phase1-interface) #show full-config
config vpn ipsec phase1-interface
    edit "Honsha"
        set type static
        set interface "port2"
        set ip-version 4          ←IPv6も設定できます
        set ike-version 1         ←IKE v2も設定可能
        set local-gw 0.0.0.0
        set nattraversal enable   ←NATトラバーサルが有効になっています。
        set keylife 86400         ←デフォルトのキーライフタイムは86400秒（＝24時間）です。
                                   Phase1の鍵交換は非常に大きなマシンパワーを必要とするので
                                   あまり短くするのは避けたほうがよいでしょう。
        set authmethod psk        ←事前共有鍵を選択しています。
        set mode main             ←デフォルトではメインモードです。アグレッシブモードに変更可能です。
        set peertype any
        set mode-cfg disable
        set proposal aes128-sha256 aes256-sha256 3des-sha256 aes128-sha1
```

```
            aes256-sha1 3des-sha          ←暗号化方式と認証方式のプロポーザル設定です。
                                          対向側とマッチするものがなければ通信できません。
                                          組織内で利用する暗号アルゴリズムが決まっている場合は
                                          この設定を見直してください。
        set localid "
        set localid-type auto
        set negotiate-timeout 30
        set fragmentation enable
        set dpd enable           ←デフォルトではデッドピアディテクションが有効です。
        set forticlient-enforcement disable
        set comments "VPN: Honsha (Created by VPN wizard)"
        set npu-offload enable
        set dhgrp 14 5           ←DHグループは1・4・5が選択されています。
        set wizard-type static-fortigate
        set xauthtype disable
        set mesh-selector-type disable
        set remote-gw 10.0.10.99
        set monitor "
        set add-gw-route disable
        set psksecret "password"     ←実際のコンフィグ上では暗号化されています。
        set keepalive 10
        set auto-negotiate enable
        set dpd-retrycount 3
        set dpd-retryinterval 5
    next
end
```

続いてPhase2の設定がどのようになっているか見てみます。

```
FGT-300D # config vpn ipsec phase2-interface
FGT-300D (phase2-interface) # show full-configuration
config vpn ipsec phase2-interface
    edit "Honsha"
        set phase1name "Honsha"       ←Phase1のオブジェクトとの紐付けです。
        set proposal aes128-sha1 aes256-sha1 3des-sha1 aes128-sha256
aes256-sha256 3des-sha256
    ↑Phase2で利用する暗号・認証方式のプロポーザル設定です。対向側とマッチするものがなければ通信
    できません。組織内で利用する暗号アルゴリズムが決まっている場合はこの設定を見直してください。
        set pfs enable           ←PFS(Perfect Forward Security)がデフォルトで有効です。
        set dhgrp 14 5           ←DHグループは1・4・5が選択されています。
        set replay enable        ←リプレイ検知が有効になっています。
        set keepalive disable    ←キープアライブは無効になっています。
        set auto-negotiate disable
        set keylife-type seconds    ←キーライフは秒もしくはデータ量(KB)を設定できます。
                                    デフォルトでは秒です。
        set encapsulation tunnel-mode
        set comments "VPN: Honsha (Created by VPN wizard)"
        set protocol 0
        set src-addr-type subnet
        set src-port 0
        set dst-addr-type subnet
        set dst-port 0
```

```
        set keylifeseconds 43200    ←デフォルトのキーライフタイムは43200秒です。
        set src-subnet 0.0.0.0 0.0.0.0
        set dst-subnet 0.0.0.0 0.0.0.0
    next
end
```

ウィザードでのIPsec設定はルートベース（P.96で解説）なのでトンネルインターフェースも自動的に作成されており、GUIからも確認できます。WebUI［システム］→［ネットワーク］→［インターフェース］を見てください。**図4-8**のようにウィザード内で選択したインターフェースにトンネルインターフェースが設定されています。

ルートベースのIPsecではルーティングの設定が必要になりますが、これもウィザードで自動的に作成してくれています。リモート側のサブネット（この例では「172.16.10.0/24」）宛の通信はトンネルインターフェースに流すという設定です。WebUI［ルータ］→［スタティックルート］を見ると確認できます。**図4-9**の［デバイス］ではトンネルインターフェース「Honsha」が選択されています。

ウィザード内でファイアウォールポリシーで使用するためのリモートサブネットとローカルサブネット双方のアドレスオブジェクトを作成しています。WebUI［ポリシー&オブジェ

○図4-8：トンネルインターフェース

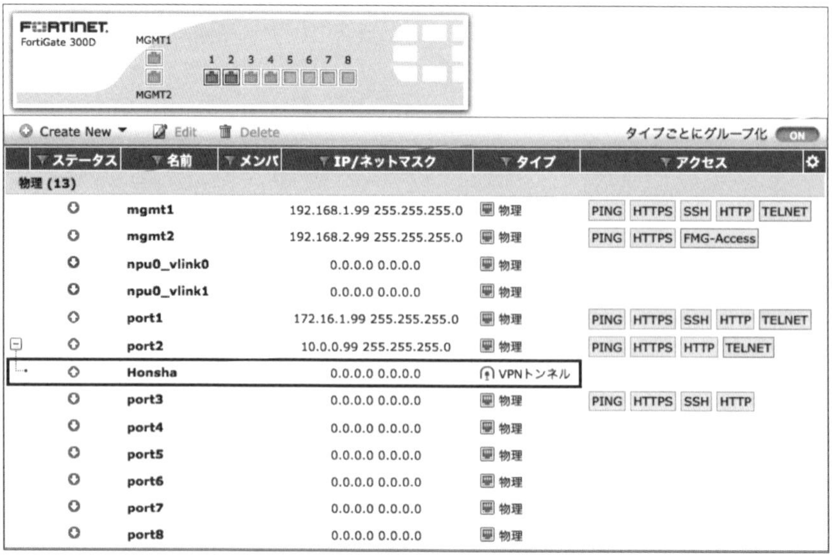

ステータス	名前	メンバ	IP/ネットマスク	タイプ	アクセス
物理 (13)					
	mgmt1		192.168.1.99 255.255.255.0	物理	PING HTTPS SSH HTTP TELNET
	mgmt2		192.168.2.99 255.255.255.0	物理	PING HTTPS FMG-Access
	npu0_vlink0		0.0.0.0 0.0.0.0	物理	
	npu0_vlink1		0.0.0.0 0.0.0.0	物理	
	port1		172.16.1.99 255.255.255.0	物理	PING HTTPS SSH HTTP TELNET
	port2		10.0.0.99 255.255.255.0	物理	PING HTTPS HTTP TELNET
	Honsha		0.0.0.0 0.0.0.0	VPNトンネル	
	port3		0.0.0.0 0.0.0.0	物理	PING HTTPS SSH HTTP
	port4		0.0.0.0 0.0.0.0	物理	
	port5		0.0.0.0 0.0.0.0	物理	
	port6		0.0.0.0 0.0.0.0	物理	
	port7		0.0.0.0 0.0.0.0	物理	
	port8		0.0.0.0 0.0.0.0	物理	

○図4-9：ルーティング設定

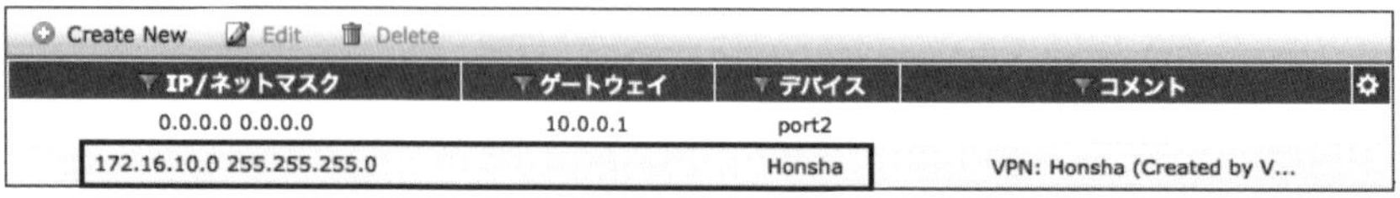

IP/ネットマスク	ゲートウェイ	デバイス	コメント
0.0.0.0 0.0.0.0	10.0.0.1	port2	
172.16.10.0 255.255.255.0		Honsha	VPN: Honsha (Created by V...

クト］→［オブジェクト］→［アドレス］で確認できます（**図4-10**）。

ウィザード内ではアドレスグループも作成し、アドレスオブジェクトをそれぞれグループメンバとして設定しています(**図4-11**)。この例ではローカルサブネットもリモートサブネットも1つずつなので、本来はこの設定はなくてもよいですが、ウィザードの仕様です。

ウィザードでは最後にファイアウォールポリシーの設定を行っています。ローカルのインターフェース（port1）からトンネルインターフェース（Honsha）へ通信をすべて許可するポリシー。また、その逆にトンネルインターフェース(Honsha)からローカルインターフェース（port1）への通信をすべて許可しています。拠点から本社へのアクセスしかないのであれば、項番1のHonsha-port1のポリシーは削除しても結構です。

また、すべての通信を許可するというのはセキュリティ上好ましいものではありませんので、実際のユーザ環境では必要なサービスのみ許可するように編集してください（**図4-12**）。

拠点側（FortiGate-90D）の設定

ウィザード開始前に表4-2（P.87）の前提となる設定どおりになっているか確認してください。

FortiGate-300Dと同様にウィザードで設定していきます。本社側と同様に**WebUI**［VPN］→［IPsec］→［ウィザード］を開始します（**図4-13**）。［名前］任意の名前を入力し、［テンプレート］は「Site to Site -FortiGate」を選択します。

［次へ］ボタンを押してステップ2（**図4-14**）へ進んでください。［リモートゲートウェイ］

○図4-10：アドレスオブジェクト

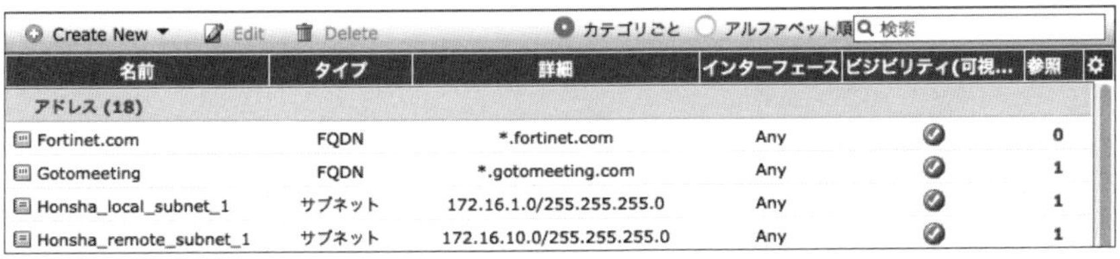

Create New　Edit　Delete　カテゴリごと　アルファベット順　検索

名前	タイプ	詳細	インターフェース	ビジビリティ(可視…	参照
アドレス (18)					
Fortinet.com	FQDN	*.fortinet.com	Any		0
Gotomeeting	FQDN	*.gotomeeting.com	Any		1
Honsha_local_subnet_1	サブネット	172.16.1.0/255.255.255.0	Any		1
Honsha_remote_subnet_1	サブネット	172.16.10.0/255.255.255.0	Any		1

○図4-11：グループオブジェクト

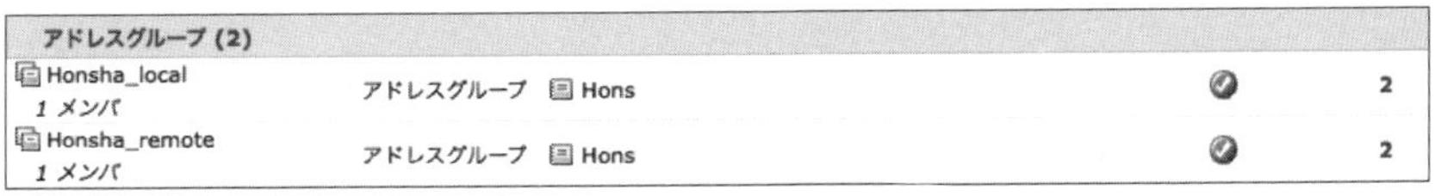

アドレスグループ (2)				
Honsha_local 1 メンバ	アドレスグループ	Hons		2
Honsha_remote 1 メンバ	アドレスグループ	Hons		2

○図4-12：ファイアウォールポリシー

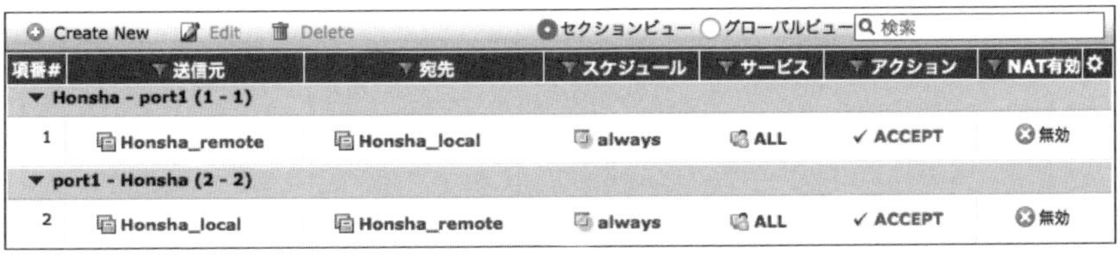

Create New　Edit　Delete　セクションビュー　グローバルビュー　検索

項番#	送信元	宛先	スケジュール	サービス	アクション	NAT有効
Honsha - port1 (1 - 1)						
1	Honsha_remote	Honsha_local	always	ALL	✓ ACCEPT	無効
port1 - Honsha (2 - 2)						
2	Honsha_local	Honsha_remote	always	ALL	✓ ACCEPT	無効

○図4-13：VPN作成ウィザード①

○図4-14：VPN作成ウィザード②

は対向のIPsecゲートウェイ（この例ではFortiGate-3000D）の外部IPアドレスを入力してください。［出力インターフェース］はデフォルトゲートウェイが設定してあればクリックするだけで設定してくれます。うまく検出してくれない場合はFortiGate-90Dのインターネット側のインターフェース（この例ではWAN1）を設定してください。［認証方式］は「事前共有鍵」を選択し、［事前共有鍵］は対向のFortiGate-300Dで設定したのと同じものを入力します。

続いて、図4-15の設定を行います。［ローカルインターフェース］はネットワークトポロジにしたがって設定します。この例では「172.16.10.0/24」のネットワークに接続される「internal」を選択します。［ローカルサブネット］はこの例では「172.16.10.0/24」を設定します。［リモートサブネット］は対向側のLANネットワークを設定します。この例では「172.16.1.0/24」です。

最後に［作成］ボタンを押して終了です（図4-16）。

これでIPsec VPNの設定は終了です。ただし、FortiGate-90Dなどのデスクトップモデル

図4-15：VPN作成ウィザード③

図4-16：VPN作成ウィザード確認画面

はデフォルトでinternalからWAN1への通信を許可しているので、そのファイアウォールポリシーは念のため削除しておいてください。また、もし本社側設定をCLIでカスタマイズしたのであれば、拠点側でもその設定に合わせないと疎通できません。

疎通確認

拠点側のPC 172.16.10.1から本社側のサーバ172.16.1.1にpingを打ってみてください。最初の数回は失敗するかもしれません。なぜならIPsecトンネルを張るためにはPhase1、Phase2のネゴシエーションが必要で、その間は暗号化通信できないからです。

それぞれのFortiGateの WebUI ［VPN］→［モニタ］→［IPsecモニタ］でトンネルの状態を確認してください。図4-17のようにステータスが「アップ」になっていればトンネルは構成されています。

IPsec関連のログ（図4-18）も確認してください。 WebUI ［ログ＆レポート］→［イベントログ］→［VPN］です。Phase1やPhase2のネゴシエーションの成功など確認できます。

◯図4-17：IPsecモニタ

名前	タイプ	リモートゲートウェイ	ユーザ名	ステータス	受信データ	送信データ	Phase 2 プロポーザル
Kyoten	Site to Site - FortiGate	10.0.0.99		アップ	660 B	1.52 KB	Kyoten

◯図4-18：ログ

ログロケーション：ディスク

#	日/時	レベル	アクション	ステータス	メッセージ	VPNトンネル
11	00:55:25		tunnel-stats		IPsec tunnel statistics	Kyoten
12	00:51:42		negotiate	success	negotiate IPsec phase 2	Kyoten
13	00:51:42		negotiate	success	progress IPsec phase 2	Kyoten
14	00:51:42		tunnel-up		IPsec connection status change	Kyoten
15	00:51:42		phase2-up		IPsec phase 2 status change	Kyoten
16	00:51:42		install_sa		install IPsec SA	Kyoten
17	00:51:42		negotiate	success	progress IPsec phase 2	Kyoten
18	00:25:26		negotiate	success	progress IPsec phase 1	Kyoten

1 / 6 [合計: 265]

#	1	IPsecリモートIP	10.0.0.99
IPsecローカルIP	10.0.10.99	VPNトンネル	Kyoten
XAUTHグループ	N/A	XAUTHユーザ	N/A
アクション	tunnel-stats	クッキー	10fc5ec81e40ec7f/bbccf86accb60dcf
グループ	N/A	サブタイプ	vpn
タイムスタンプ	2014/11/29 2:36:04	トンネルID	3873661029
トンネルIP	N/A	トンネルタイプ	ipsec
バーチャルドメイン	root	メッセージ	IPsec tunnel statistics
ユーザ	N/A	リモートポート	500
レベル		ログID	37141

COLUMN

ルートベースとポリシーベース

　IPsecには「ルートベース」と「ポリシーベース」があり、FortiGateはいずれもサポートしています（表4-A）。

　ルートベースは仮想のIPsecトンネルインターフェースを作成し、トラフィックをそこに流すことで暗号化通信を行います。「インターフェースベース」ともいわれます。ルートベースのVPNの場合、設定例でもそうだったようにファイアウォールポリシーのアクションは「ACCEPT」を選択します。2拠点の双方がイニシエータ（通信を開始する側）となる可能性がある場合は、双方向のファイアウォールポリシーを明示的に作成する必要があります。また、トンネルインターフェース用のルーティングの設定も必要です。フォーティネットではルートベースを推奨しています。

　一方、ポリシーベースはVPNのPhase1およびPhase2を作成したら後に必要なのはファイアウォールポリシーだけです。ルーティングの設定は必要ありません。また、

○表4-A：ポリシーベースとルートベースの比較

ポリシーベース	ルートベース（推奨）
NAT／ルートモードおよびトランスペアレントモード	NAT／ルートモードのみ
トンネル用仮想インターフェースの作成は必要なし	トンネル用仮想インターフェースが自動的に作成される
ポリシーのActionでIPsecを選択する	ポリシーのAction欄でacceptを選択する
ポリシーは1つで双方向の暗号通信可能	双方向のポリシーを作成する必要あり（必要な場合）
VPN用のルーティングを新たに設定する必要はない	トンネル用インターフェースに対するルーティングの設定が必要
GRE over IPsecをサポートしない	GRE over IPsecをサポート

1つのポリシーで双方向のIPsec通信が可能です。ファイアウォールのポリシーのアクションは「IPsec」を選択します。ただし、デフォルトではポリシーベースのIPsecはGUIで設定できないようになっています。設定が必要な場合は WebUI ［システム］→［設定］→［フィーチャー］で［ポリシーベースIPsec VPN］を有効にしてください。

■ハブ＆スポーク

拠点間VPNの構成には大別して「フルメッシュ」と「ハブ＆スポーク」というものがあります。フルメッシュは各VPN機器同士がお互いにIPsecトンネルを構成し、それぞれ通信可能に設定します。

例えば「A」「B」「C」の3つのVPN機器があったとして、「A⇔B」と「B⇔C」と「A⇔C」というそれぞれでトンネルを構成します（図4-19）。こうすればどのネットワークにも安全に最短距離で通信可能です。しかし、フルメッシュ構成には大きな欠点があります。それは機器が管理するVPNトンネルの総数が多くなってしまうということです。トンネルが多いと鍵の管理が大変になりますし（鍵は盗まれないように秘匿しなければなりません）、Phase1／Phase2のライフタイムごとに鍵交換が行われ機器は再計算しなければならず、その負荷は大きなものになります。

フルメッシュ構成でのトンネルの総数は次の計算式で求められます。

総数＝n(n-1)／2　※nは機器の台数

これが100台の機器でのフルメッシュだとトンネル数が4950本となり、現実的に管理可能な数字ではありません。

それに対しハブ＆スポーク構成では中心となる機器を決めて、その機器から各機器と

○図4-19：フルメッシュ型トポロジ

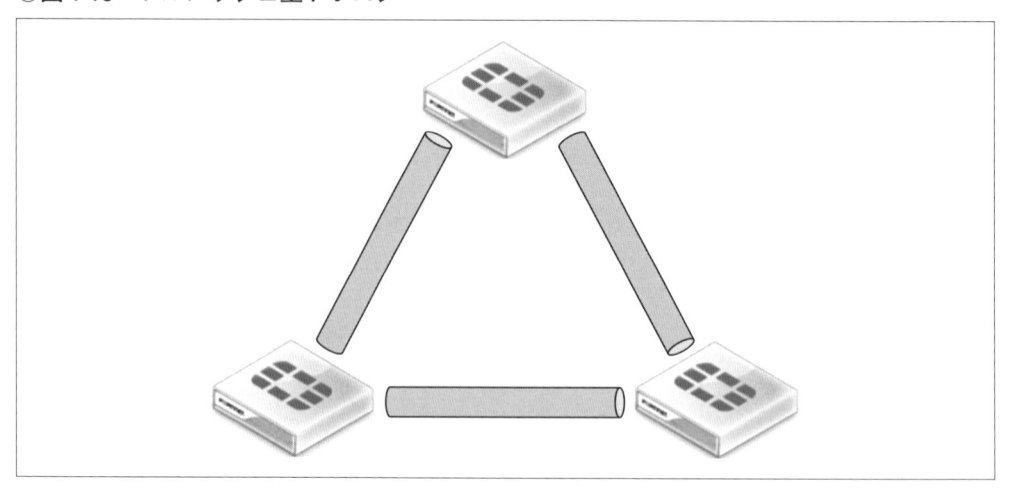

○図4-20：ハブ＆スポーク型トポロジ

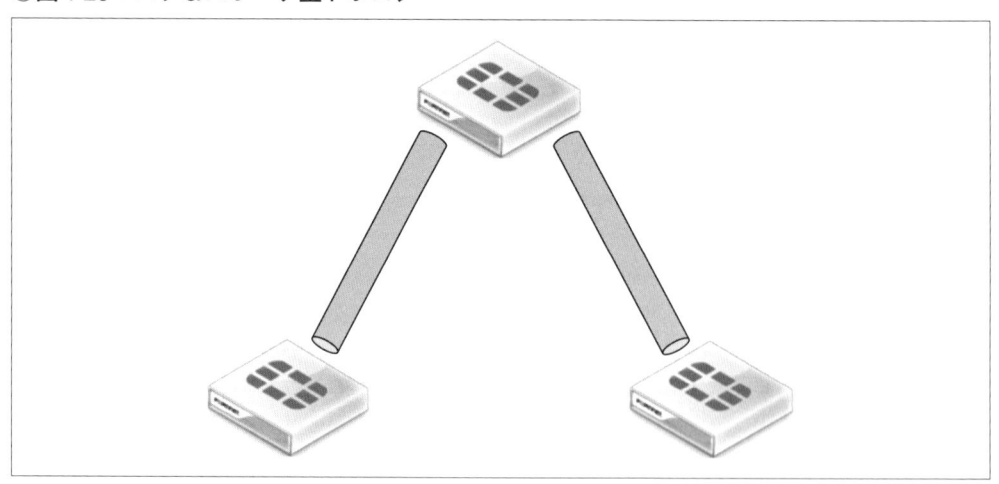

VPNトンネルを形成します（**図4-20**）。車輪の中心をハブといいますが、VPNトンネルをハブから放射線状に延びるスポークに見立てた名称です。スター型ともいわれます。この構成であれば各機器が管理するトンネルの総数は次のように求められます。

　　総数 = n - 1

　100台の機器の場合は99本となります。その代わり負荷はセンターの機器に集中するので、パフォーマンスのよい大型の機器を導入する必要があります。欠点としてはスポーク同士が通信を行う場合、経路が長くなりトンネルも2つ経由するので遅くなってしまうという点です。

○図4-21：ハブ＆スポーク構成例

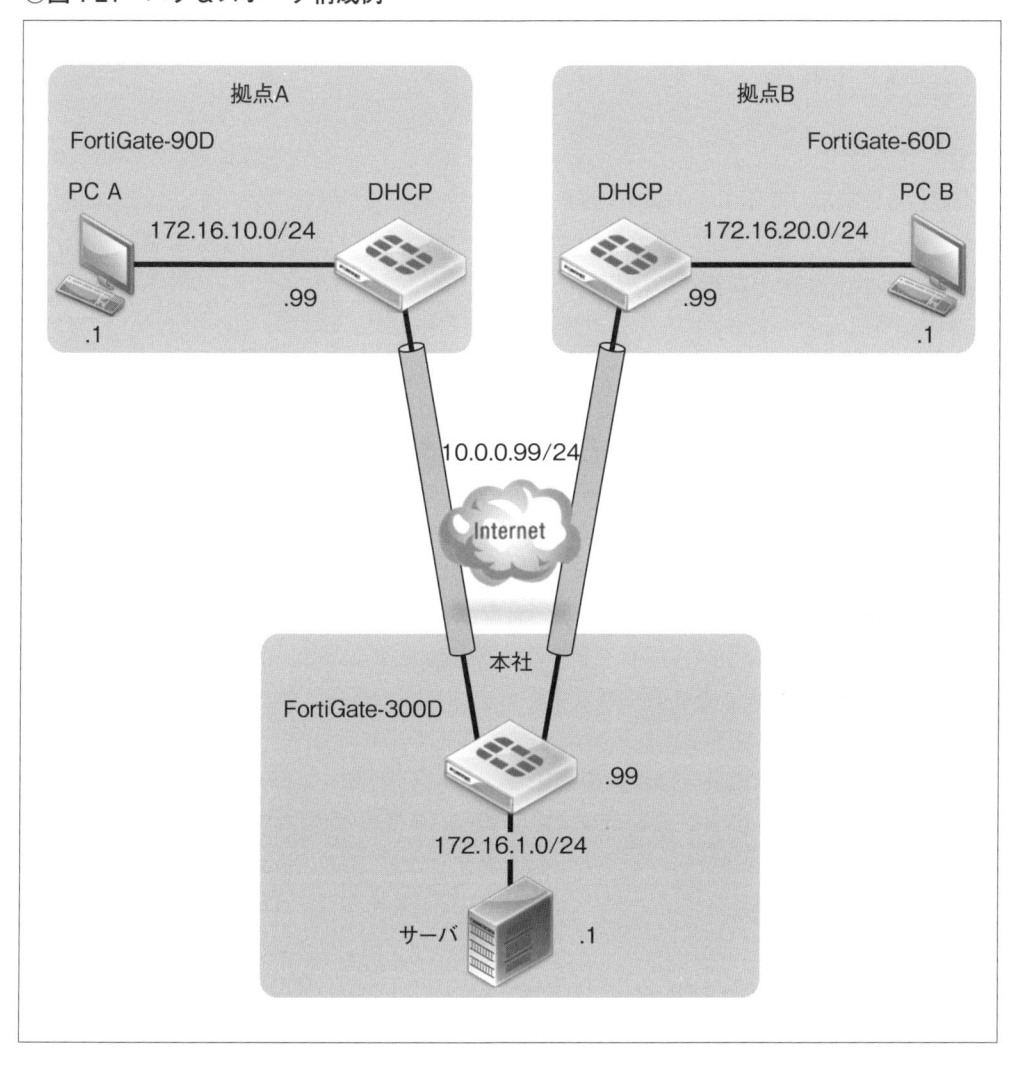

「拠点間VPN」（P.86）の例は2台での構成でしたが、そのまま台数と設定を増やすだけでフルメッシュが構成できるので改めてフルメッシュの設定を解説することはしません。

ここからはハブ＆スポークの設定を見てみましょう。**図4-21**ではセンターとなる本社側にはFortiGate-300D、拠点AにはFortiGate-90D、拠点BにはFortiGate-60Dを利用します。Internetと書いてある部分には実際はルータを置いて環境を模しています。

ハブとなるFortiGateはNAT／ルートモードでなければなりません。スポークとの設定に1つひとつPhase1を設定するのは効率が良いとは言えませんので、ここでちょっとしたTipsを紹介します。

ハブでPhase1を作成する際に対向をダイアルアップユーザとして設定するのです（後述する図4-23と同様）。これは本来、対向が動的にIPアドレスが変わる場合に利用する設定で

すが、固定IPの場合でも利用できます。なお、この設定を行った場合、イニシエータ（通信を開始する側）は必ずスポーク側となります。ハブ側から通信を開始してトンネルを張ることはできません。

前提となる設定

前提となる設定は表4-3 〜 4-5のとおりです。

本社側（FortiGate-300D）の設定

[WebUI]［VPN］→［IPsec］→［ウィザード］を開始してください（図4-22）。［名前］は任意の名前を入力し、［テンプレート］は「カスタムVPNトンネル」を選択してください。

［次へ］ボタンを押してステップ2（図4-23）へ進んでください。［リモートゲートウェイ］は「ダイアルアップユーザ」を選択します。対向が実際は固定IPアドレスだったとしても設定可能です。［インターフェース］はFortiGate-300Dのインターネット側のインターフェース（この例では「port2」）を設定してください。［認証方式］は「事前共有鍵」（Pre-Shared-Key）を選択します。証明書を持っていて、証明書による認証を実施したい場合は「シグネチャ」を選択してください。［事前共有鍵］は対向と共通のパスワードを設定します。任意の英数字を入力してください。［モード］は対向が動的IPなので、「アグレッシブ」を選択します。［その他］は特に変更の必要はありませんが、この例では3DESを使ったプロポー

○表4-3：本社側（FortiGate-300D）の設定

項目	設定値
port1（LAN側）IPアドレス	172.16.1.99 255.255.255.0
port2（インターネット側）IPアドレス	10.0.0.99 255.255.255.0
デフォルトゲートウェイ	10.0.0.1

○表4-4：拠点A（FortiGate-90D）の設定

項目	設定値
internal（LAN側）IPアドレス	172.16.10.99 255.255.255.0
WAN1（インターネット側）IPアドレス	DHCP
デフォルトゲートウェイ	DHCP

※ internalおよびWAN1はFortiGate-90Dの物理インターフェース名です。

○表4-5：拠点B（FortiGate-60D）の設定

項目	設定値
internal（LAN側）IPアドレス	172.16.20.99 255.255.255.0
WAN1（インターネット側）IPアドレス	DHCP
デフォルトゲートウェイ	DHCP

※ internalおよびWAN1はFortiGate-60Dの物理インターフェース名です。

第 4 章：VPN

○図4-22：VPN作成ウィザード①

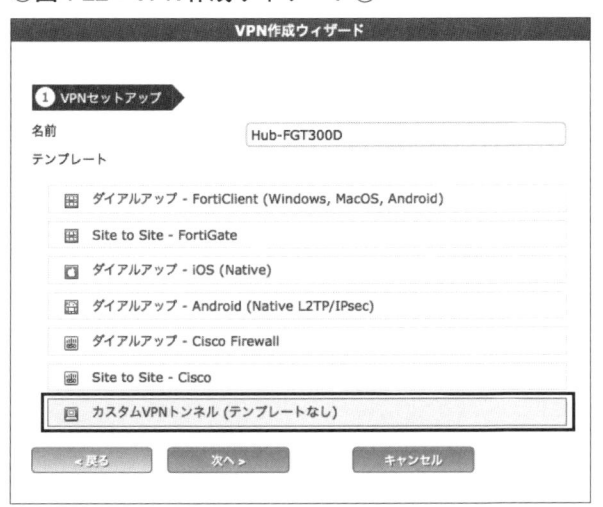

○図4-23：VPN設定ウィザード（Phase1 抜粋）

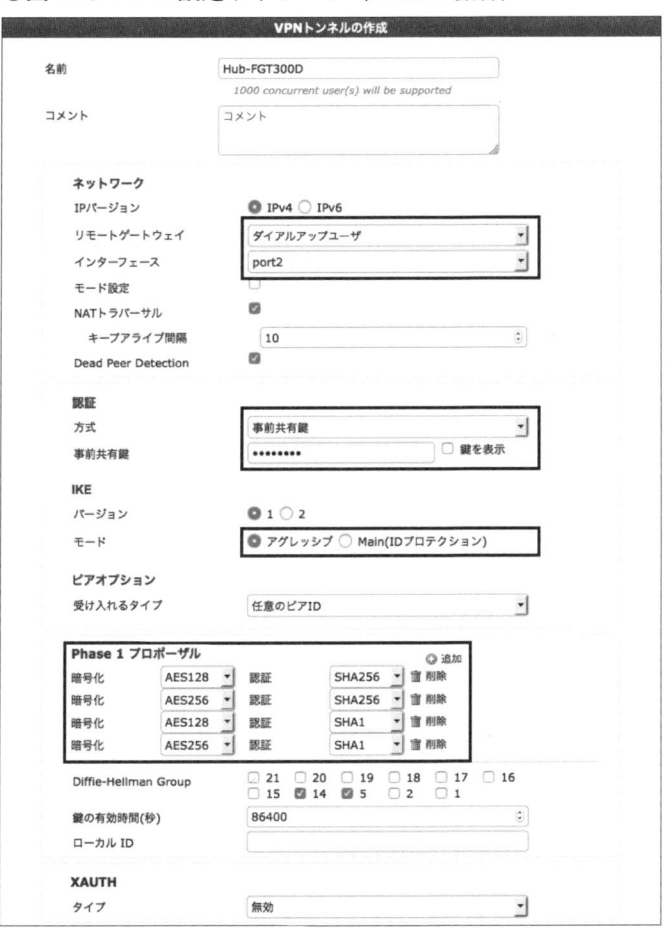

○図4-24：VPN設定ウィザード続き（Phase2抜粋）

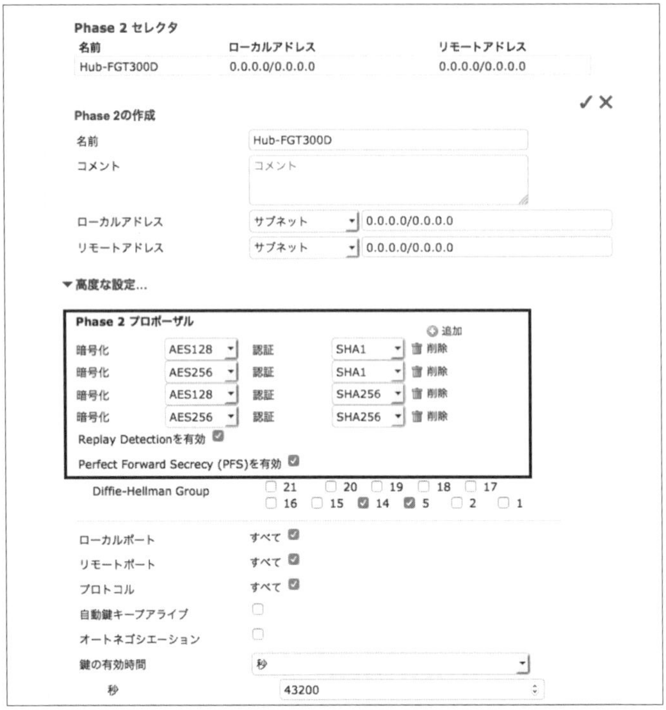

ザルは削除してあります。組織内で暗号に関する利用規定があるのであればそれにしたがって設定してください。

　ウィザード画面の下半分（**図4-24**）はPhase2の設定です。［名前］はPhase1の名前と同じで結構です。もちろん変えても結構です。ハブ側では設定変更するところは特にないですが、この例では3DESを使ったプロポーザルを削除しています。

　続いて、アドレスオブジェクトを作成します。IPsec通信を通すためにファイアウォールポリシーを書かなければなりませんが、その事前準備として各拠点のLAN側ネットワークのオブジェクトを作成しておきます。WebUI ［ポリシー＆オブジェクト］→［オブジェクト］→［アドレス］で**図4-25**〜**4-27**の3つのオブジェクトを作成します。

　ファイアウォールポリシーも作成します。トンネルインターフェースから内部ネットワークに対する許可ポリシーです。また、本社側から拠点側に通信することがあるのであればその逆のポリシーも作成します（ただし、トンネルがアップしていない場合は本社側からの通信ではトンネルはアップせず、通信できません。この設定例ではハブ側はイニシエータになれません）。この例では設定していませんが、実際の設定では要件に合わせてサービスを絞ってください。なお、対向がダイアルアップVPNの場合はトンネル用のスタティックルーティング設定は必要ありません。

　WebUI ［ポリシー＆オブジェクト］→［ポリシー］→［IPv4］で**図4-28**のように設定してください。

○図4-25：アドレスオブジェクト：本社側LANネットワーク

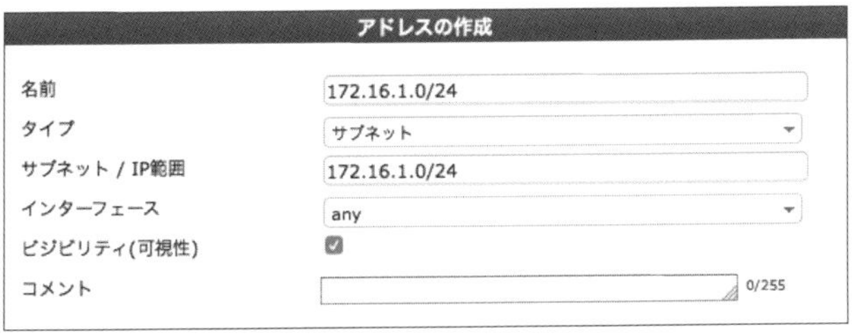

○図4-26：アドレスオブジェクト：拠点A側LANネットワーク

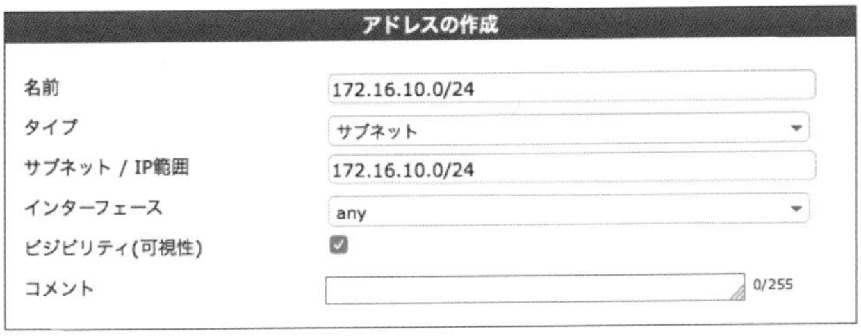

○図4-27：アドレスオブジェクト：拠点B側LANネットワーク

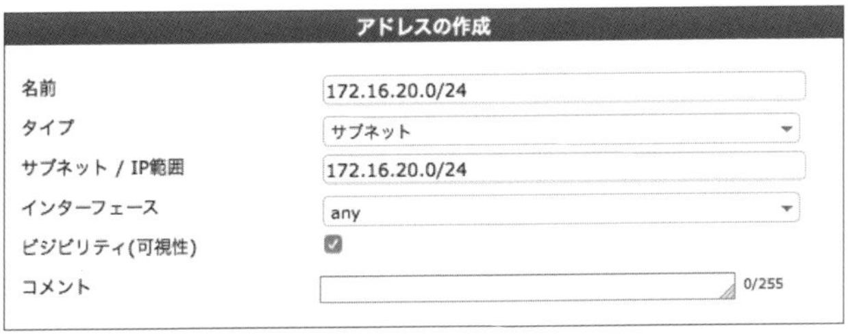

○図4-28：ファイアウォールポリシー

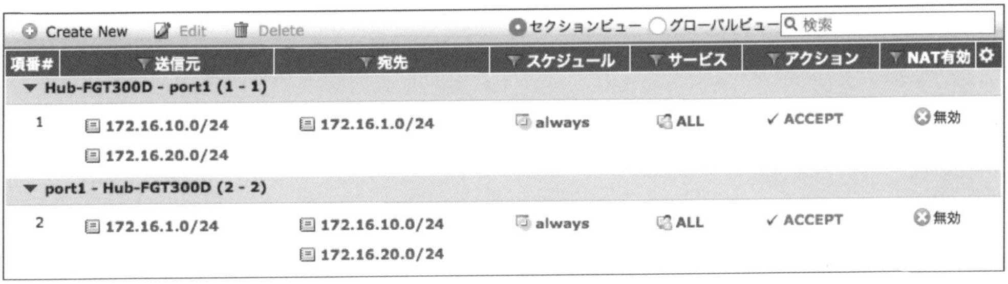

拠点A（FortiGate-90D）の設定

　ウィザード開始前に表4-4（P.100）の前提となる設定どおりになっているか確認してください。

◯図4-29：VPN作成ウィザード①

[WebUI] ［VPN］→［IPsec］→［ウィザード］を開始してください（**図4-29**）。［名前］は任意の名前を入力し、［テンプレート］は「カスタムVPNトンネル」を選択してください。

［次へ］ボタンを押してステップ2（**図4-30**）へ進んでください。［リモートゲートウェイ］は固定IPアドレスを選択します。［IPアドレス］は対向のFortiGate-300Dのインターネット側IPアドレス（「10.0.0.99」）を設定しています。［インターフェース］はFortiGate-90Dのインターネット側のインターフェース（この例では「WAN1」）を設定してください。［認証方式］は事前共有鍵を選択します。［事前共有鍵］は対向と共通のパスワードを設定します。ハブ側の設定に合わせてください。［その他］には、ハブ側で3DESを使ったプロポーザルは削除したのでそれに合わせてこちらでも削除してあります。

ウィザード画面の下半分（**図4-31**）はPhase2の設定です。［名前］はPhase1の名前と同じで結構です。変えても問題ありません。また、この例ではハブ側に合わせて3DESを使ったプロポーザルは削除しています。

アドレスオブジェクトを作成します。IPsec通信を通すためにファイアウォールポリシーを書かなければなりませんが、その事前準備として各拠点のLAN側ネットワークのオブジェクトを作成しておきます。

[WebUI] ［ポリシー&オブジェクト］→［オブジェクト］→［アドレス］で**図4-32**、**4-33**の2つのオブジェクトを作成します。

ルーティングを追加します。スポーク側ではルーティングの設定は必要です。[WebUI] ［システム］→［ネットワーク］→［インターフェース］で新規作成します（**図4-34**）。［宛先IP／マスク］は本社側LANネットワークを設定してください。［デバイス］は「トンネルインターフェース」を選択します。

ファイアウォールポリシーを作成します。トンネルインターフェースから内部ネットワークに対する許可ポリシーです。また、本社側から拠点側に通信することがあるのであればそ

第 4 章：VPN

○図4-30：VPN設定ウィザード（Phase1抜粋）

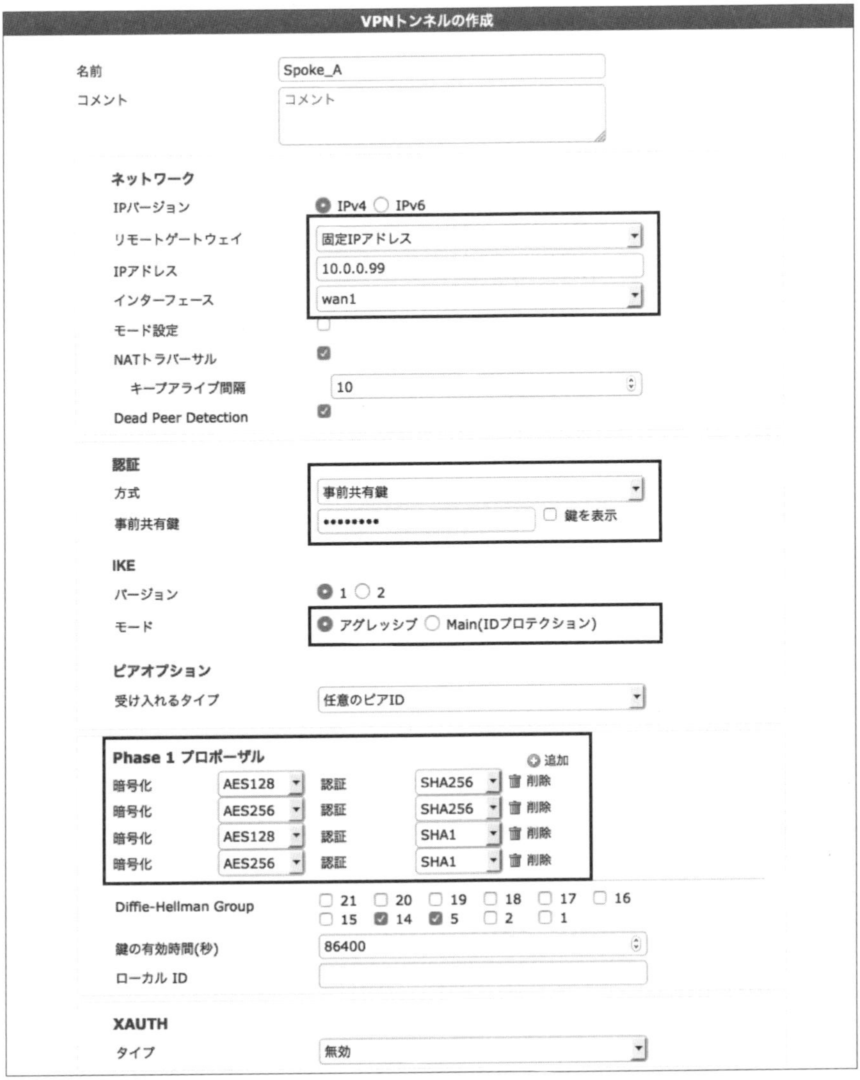

の逆のポリシーも作成します（ただし、トンネルが存在しない場合は本社側からの通信では作成されず、通信できません）。この例では設定していませんが、実際の設定では要件に合わせてサービスを絞ってください。

[WebUI] ［ポリシー&オブジェクト］→［ポリシー］→［IPv4］で図4-35のように設定してください。

Part2：多層防御を実現する FortiOS 設定

○図4-31：VPN設定ウィザード続き（Phase2抜粋）

○図4-32：アドレスオブジェクト：本社側LANネットワーク

○図4-33：アドレスオブジェクト：拠点A側LANネットワーク

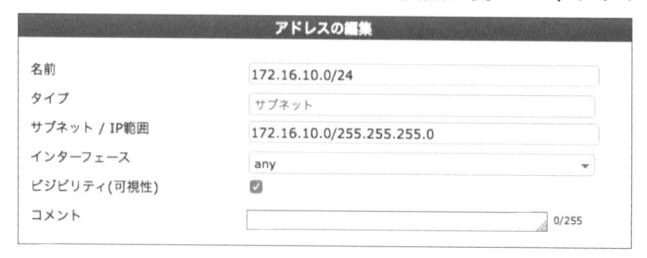

○図4-34：ルーティングの追加

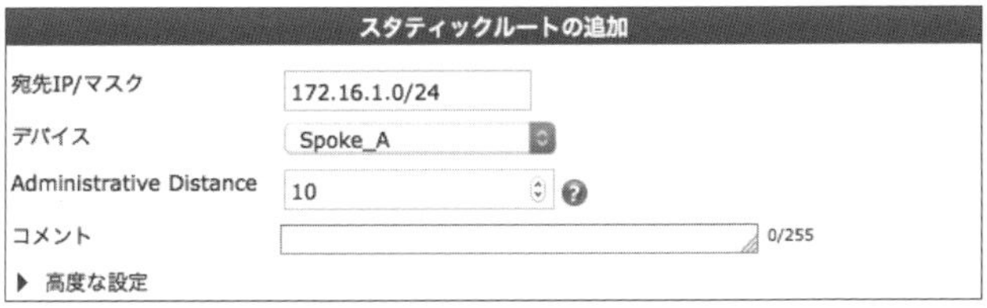

○図4-35：ファイアウォールポリシー

拠点B（FortiGate-60D）の設定

まず表4-5（P.100）の前提となる設定どおりになっているか確認してください。

IPアドレスやインターフェース名を除けば拠点Aと同様の設定内容になります。同じような画像を貼り付けてもあまり面白くないので拠点Bではどのような設定を行うのかCLIで設定を見てみましょう。CLIに慣れない方は拠点Aの設定を参考にGUIで設定してみてください。

●ルートベースPhase1の設定
```
config vpn ipsec phase1-interface
    edit "Spoke_B"
        set interface "wan1"
        set mode aggressive
        set proposal aes128-sha256 aes256-sha256 aes128-sha1 aes256-sha1
        ↑※対向（FortiGate-300D）と合わせます。
        set remote-gw 10.0.0.99
        set psksecret <事前共有鍵>
    next
end
```

●ルートベースPhase2の設定
```
config vpn ipsec phase2-interface
    edit "Spoke_B"
        set phase1name "Spoke_B"
```
↑どのPhase1と紐付くのか設定します。
```
        set proposal aes128-sha1 aes256-sha1 aes128-sha256 aes256-sha256
```
↑対向(FortiGate-300D)と合わせます。
```
        set src-subnet 172.16.20.0 255.255.255.0
```
↑拠点BのLANネットワークに合わせて設定
```
        set dst-subnet 172.16.1.0 255.255.255.0
```
↑本社側のLANネットワークに合わせて設定
```
    next
end
```

●アドレスオブジェクトの作成①
```
config firewall address
    edit "172.16.1.0/24"
        set subnet 172.16.1.0 255.255.255.0
    next
end
```

●アドレスオブジェクトの作成②
```
config firewall address
    edit "172.16.20.0/24"
        set subnet 172.16.20.0 255.255.255.0
    next
end
```

●ルーティングの設定
```
config router static
    edit 1
        set dst 172.16.1.0 255.255.255.0
        set device "Spoke_B"
    next
end
```

●ファイアウォールポリシーの作成
```
config firewall policy
    edit 2
```
←実際の設定時は「edit 0」とすると自動で採番してくれる
```
        set srcintf "Spoke_B"
        set dstintf "internal"
        set srcaddr "172.16.1.0/24"
        set dstaddr "172.16.20.0/24"
        set action accept
        set schedule "always"
        set service "ALL"
        set logtraffic disable
    next
    edit 3
        set srcintf "internal"
        set dstintf "Spoke_B"
        set srcaddr "172.16.20.0/24"
        set dstaddr "172.16.1.0/24"
        set action accept
```

```
            set schedule "always"
            set service "ALL"
            set logtraffic disable
    next
end
```

これでハブ&スポークのIPsec設定は終了です。

疎通確認

それぞれの拠点側のPC 172.16.10.1および172.16.20.1から本社側のサーバ172.16.1.1にping を打ってみてください。最初の数回は失敗するかもしれません。なぜならIPsecトンネルを 張るためにはPhase1、Phase2のネゴシエーションが必要で、その間は暗号化通信できない からです。

それぞれのFortiGateの WebUI ［VPN］→［モニタ］→［IPsecモニタ］でトンネルの状態 を確認してください。ハブ側ではトンネルが2本表示され、ステータスが"アップ"になって いればトンネルは構成されています。

IPsec関連のログ（図4-37）も確認してください。 WebUI ［ログ&レポート］→［イベン トログ］→［VPN］です。Phase1やPhase2のネゴシエーションの成功など確認できます。 2つのトンネルが正常にネゴシエーションしているか見てみてください。

○図4-36：IPsecモニタ

名前	タイプ	リモートゲートウェイ	ユーザ名	ステータス	受信データ	送信データ
Hub-FGT300D_0	Custom - ダイアルアップ	10.0.10.99		アップ	16.37 KB	16.21 KB
Hub-FGT300D_1	Custom - ダイアルアップ	10.0.20.99		アップ	48.68 KB	48.38 KB

○図4-37：ログ

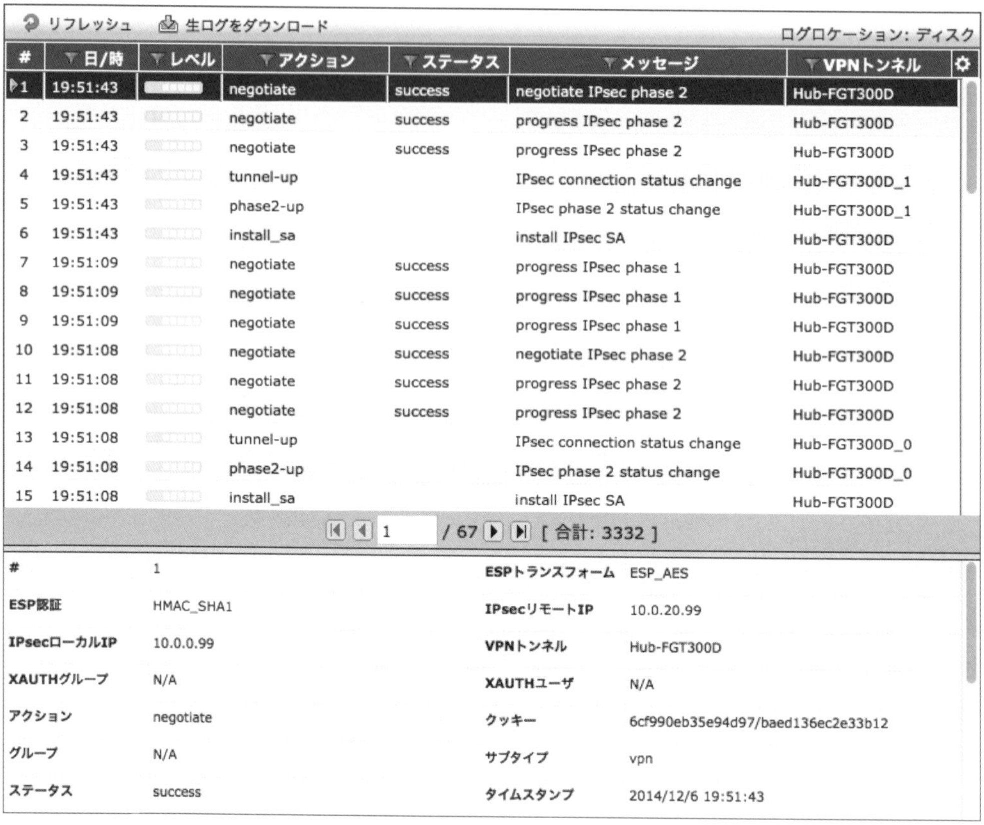

リフレッシュ
生ログをダウンロード
ログロケーション: ディスク

#	日/時	レベル	アクション	ステータス	メッセージ	VPNトンネル
1	19:51:43		negotiate	success	negotiate IPsec phase 2	Hub-FGT300D
2	19:51:43		negotiate	success	progress IPsec phase 2	Hub-FGT300D
3	19:51:43		negotiate	success	progress IPsec phase 2	Hub-FGT300D
4	19:51:43		tunnel-up		IPsec connection status change	Hub-FGT300D_1
5	19:51:43		phase2-up		IPsec phase 2 status change	Hub-FGT300D_1
6	19:51:43		install_sa		install IPsec SA	Hub-FGT300D
7	19:51:09		negotiate	success	progress IPsec phase 1	Hub-FGT300D
8	19:51:09		negotiate	success	progress IPsec phase 1	Hub-FGT300D
9	19:51:09		negotiate	success	progress IPsec phase 1	Hub-FGT300D
10	19:51:08		negotiate	success	negotiate IPsec phase 2	Hub-FGT300D
11	19:51:08		negotiate	success	progress IPsec phase 2	Hub-FGT300D
12	19:51:08		negotiate	success	progress IPsec phase 2	Hub-FGT300D
13	19:51:08		tunnel-up		IPsec connection status change	Hub-FGT300D_0
14	19:51:08		phase2-up		IPsec phase 2 status change	Hub-FGT300D_0
15	19:51:08		install_sa		install IPsec SA	Hub-FGT300D

1 / 67 [合計: 3332]

#	1	ESPトランスフォーム	ESP_AES
ESP認証	HMAC_SHA1	IPsecリモートIP	10.0.20.99
IPsecローカルIP	10.0.0.99	VPNトンネル	Hub-FGT300D
XAUTHグループ	N/A	XAUTHユーザ	N/A
アクション	negotiate	クッキー	6cf990eb35e94d97/baed136ec2e33b12
グループ	N/A	サブタイプ	vpn
ステータス	success	タイムスタンプ	2014/12/6 19:51:43

COLUMN

自動接続の設定

IPsec VPNトンネルはトンネル経由のトラフィックがあってはじめて開設されます。トラフィックがない限り開設されません。

本文でも触れたようにVPNの片方がダイナミックIP拠点の場合、通信の開始はダイナミックIP拠点側でないとトンネルを開設できません（イニシエータは必ずダイナミックIP側です）。つまり、トンネルが形成されていない状態では本社側から暗号化通信を実施することはできないということになります。

しかし、それでは困るという場合もあります。そのような要求がある場合は自動接続を有効にしてトンネルを常時張っておくようにするとよいでしょう。

自動接続はダイナミックIP拠点のFortiGate上で設定します。

```
config vpn ipsec phase2-interface
    edit <設定するphase2の名称>
        set auto-negotiate enable
end
```

■IPsecトラブルシューティング

IPsecの設定は複雑です。

ウィザードでデフォルトのテンプレートを使用して設定している場合はあまり問題がないですが、設定をカスタマイズすると設定ミスによりVPN接続できない場合が出てきます。そういった問題を解決するにはログを見て確認するのが最も簡単です。

例えば図4-38の例はPhase1のプロポーザルのミスマッチによるエラーです。お互いのFortiGateの設定を合わせれば解決します。ただし、このエラーはメインモードとアグレッシブモードの違いやパスワードの違いなどの場合にも出現します。「SA proposal not match」となっていますが、広い意味でPhase1の設定を見直すようにしてください。

図4-39の例はPhase2のミスマッチです。このエラーの場合もPhase1同様にPhase2全体を見直すようにしてください。Phase2でエラーが出ているということは、Phase1はネゴシエーションできているということを意味します。

その他、トンネル用のスタティックルーティング設定やファイアウォールポリシーなどが

○図4-38：Phase1プロポーザルのミスマッチ

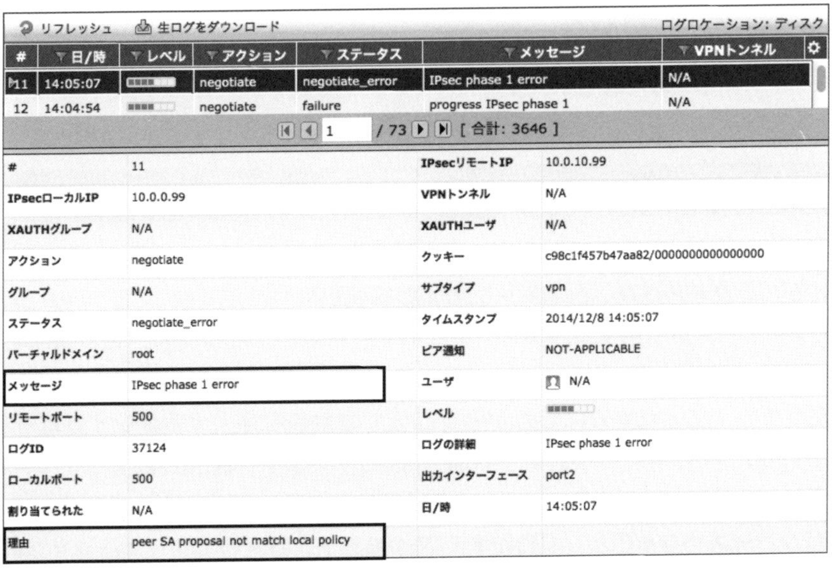

○図4-39：Phase2プロポーザルエラー

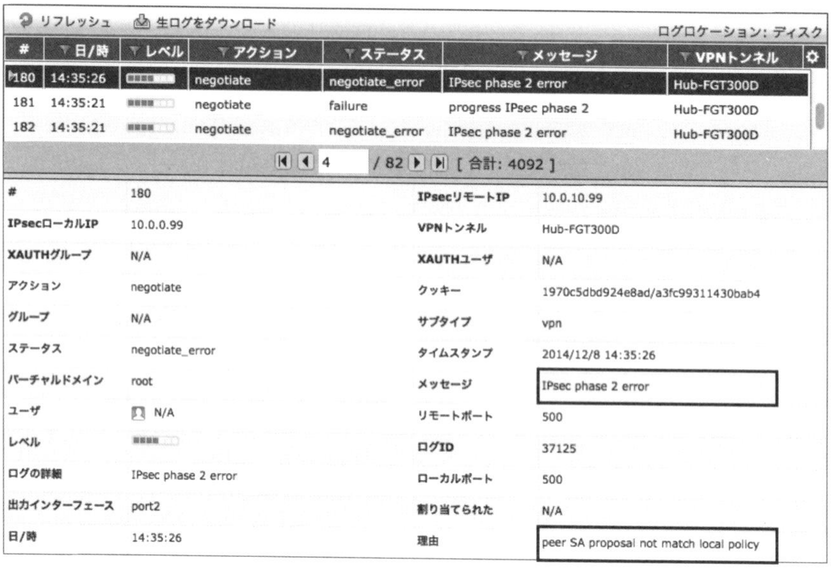

#	日/時	レベル	アクション	ステータス	メッセージ	VPNトンネル
180	14:35:26	■■■	negotiate	negotiate_error	IPsec phase 2 error	Hub-FGT300D
181	14:35:21	■■■	negotiate	failure	progress IPsec phase 2	Hub-FGT300D
182	14:35:21	■■■	negotiate	negotiate_error	IPsec phase 2 error	Hub-FGT300D

4 / 82 [合計: 4092]

#	180	IPsecリモートIP	10.0.10.99
IPsecローカルIP	10.0.0.99	VPNトンネル	Hub-FGT300D
XAUTHグループ	N/A	XAUTHユーザ	N/A
アクション	negotiate	クッキー	1970c5dbd924e8ad/a3fc99311430bab4
グループ	N/A	サブタイプ	vpn
ステータス	negotiate_error	タイムスタンプ	2014/12/8 14:35:26
バーチャルドメイン	root	メッセージ	IPsec phase 2 error
ユーザ	N/A	リモートポート	500
レベル	■■■	ログID	37125
ログの詳細	IPsec phase 2 error	ローカルポート	500
出力インターフェース	port2	割り当てられた	N/A
日/時	14:35:26	理由	peer SA proposal not match local policy

ミスしやすいポイントです。

　設定を見直してもわからない場合はIPsec Handbook内の「Monitoring and troubleshooting」を参考にdebugコマンドなどでトラブルシュートしてください。

http://docs.fortinet.com/uploaded/files/1881/fortigate-ipsec-52.pdf

　つまずいているのはPhase1なのかPhase2なのか。トンネルは張れているとしたらファイアウォールポリシーやルーティングに問題はないか順次確認してください。また、PCあるいはサーバ側のパーソナルファイアウォールの設定で止められていたということもよくあるのでパケットをキャプチャするなどして、疎通の確認をしてください。

4-2 SSL-VPN

　SSL-VPNはHTTPS（TCP443）を利用するので上位にファイアウォールがあったとしても接続拒否されることが通常はなく、場所を問わず接続性が高いのが特徴です。そのため2009年の新型インフルエンザ（豚インフルエンザ）の流行以降、リモートアクセスVPNとして主流になりました。ユーザ数によるライセンスベースの専用機が飛ぶように売れていましたが、技術がコモディティ化するにしたがって高価な専用機を導入するユーザは減り、SSL-VPN機能を持ったネットワーク機器への代替が進んでいます。FortiGateはSSL-VPNを無償で利用可能です。

　FortiGateではリバースプロキシとして動作するWebモード、特定のアプリケーション向

けのポートフォワーディングモード、レイヤ3以上をすべてSSLトンネリングするトンネルモードをサポートしていますが、可能であればトンネルモードを利用することを強くお勧めします。

近年ではあらゆるアプリケーションがWebに依存し、ダイナミックなコンテンツも飛躍的に増え、Webに関連するテクノロジーは日進月歩ですが、そういった変化に追随するのはたとえSSL-VPN専用機でも困難です。リバースプロキシ（Webモード）ではレイアウトが崩れたり、表示できなかったりという問題に直面することが多くなります。どうしてもWebモードを利用したい場合は、接続するサーバとの検証を事前にきちんと実施しましょう。その点、トンネルモードであればIPsec VPNのように利用できるので、そのような問題はありません。

本書ではSSL-VPNトンネルモードの設定に絞って紹介します。

> **COLUMN**
>
> ## FortiClientとFortiClient SSL-VPN only
>
> トンネルモードのSSL-VPNの場合、PC側にFortiClientというアプリケーションをインストールする必要があります。
>
> 少々わかりづらいですが、FortiClientにはSSL-VPNの機能だけを持ったものとアンチウィルス、IPsec、SSL-VPN、Webフィルタ、次世代ファイアウォールなどフル機能を持ったものがあります。本章の説明に出てくるものはSSL-VPN onlyのFortiClientです。

■ トンネルモードの設定

SSL-VPNのネットワークトポロジは図4-40になります。

○図4-40：SSL-VPNネットワークトポロジ

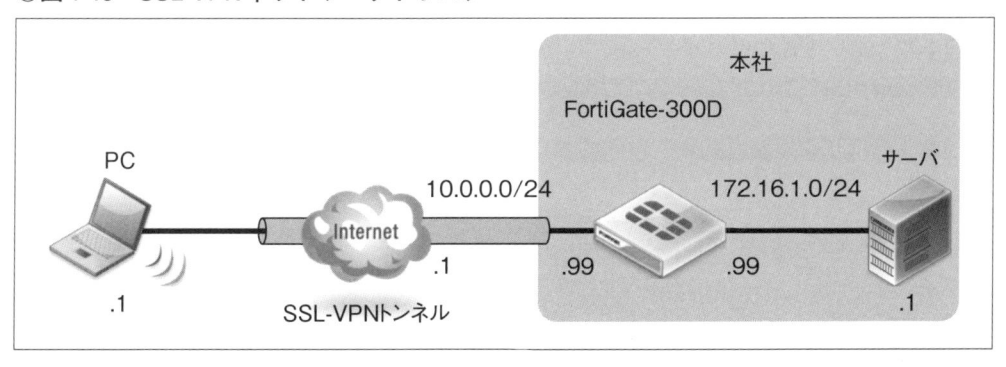

ユーザとユーザグループの作成

　SSL-VPNはリモートアクセスVPNに特化した機能です。必ずユーザ認証が必要になります。外部認証サーバを使った設定も可能ですが、ここではFortiGate上にユーザおよびユーザグループを作成します。

　まずユーザを作成します。[WebUI][ユーザ&デバイス]→[ユーザ]→[ユーザ定義]で[Create New]をクリックします（図4-41）。この例ではFortiGate上のユーザ情報を利用します。「Local User」を選択してください。

　[ユーザ名]と[パスワード]を設定します（図4-42）。[コンタクト情報]は任意項目です（図4-43）。入力せずに次へ進んでかまいません。

　[作成]ボタンを押して終了してください（図4-44）。

　続いてユーザグループを作成します。[WebUI][ユーザ&デバイス]→[ユーザ]→[ユーザグループ]で[Create New]をクリックします（図4-45）。[名前]は任意の名称を付け、[タイプ]は「ファイアウォール」を選択し、[メンバ]は先ほど作ったユーザを追加してください。

アドレスオブジェクトの作成

　今回の例では「スプリットトンネリング」（後述）を利用します。そのための設定です。SSL-VPNクライアントにアクセスを許可するネットワークのアドレスオブジェクトを作成してください。[WebUI][ポリシー&オブジェクト]→[アドレス]です（図4-46）。

○図4-41：ユーザ作成ウィザード①

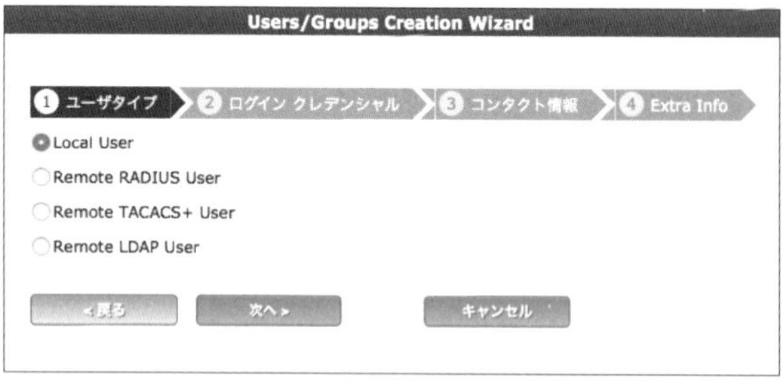

○図4-42：ユーザ作成ウィザード②

○図4-43：ユーザ作成ウィザード③

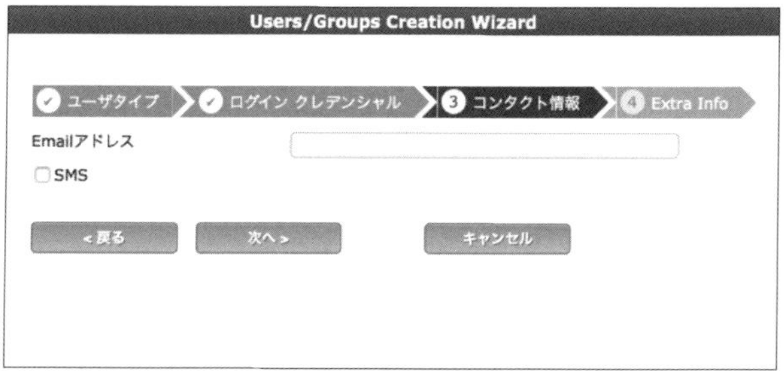

○図4-44：ユーザ作成ウィザード④

○図4-45：ユーザグループの設定

○図4-46：アドレスオブジェクトの作成

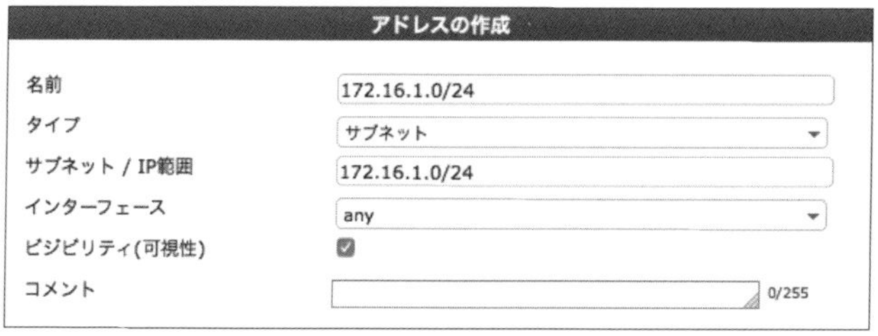

ポータルの設定

[WebUI] [VPN] → [SSL] → [ポータル] にあらかじめ作成されているポータルがあります。「tunnel-access」を選択してください（図4-47）。

○図4-47：トンネルモードポータル設定

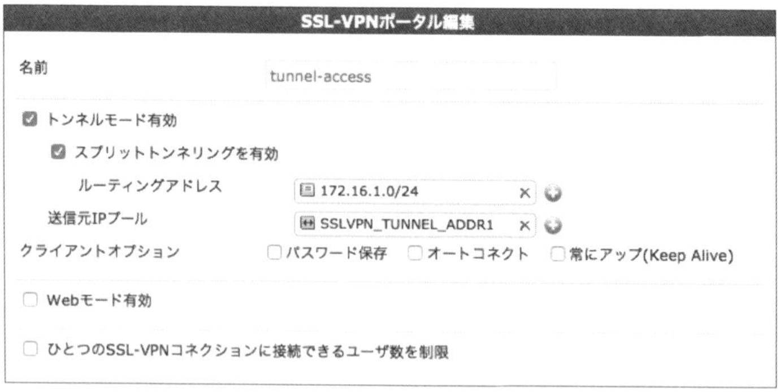

「スプリットトンネリング」とは、クライアント側が宛先に応じてSSLトンネルにトラフィックを流すか平文で送出するのかを判断する機能です。これを無効にするとすべてのトラフィックをSSLトンネルに送ろうとします。インターネットや、ローカルネットワークへのアクセスも確保しつつ、社内サーバへの暗号化通信もできるようにしたいのであれば有効にしてください。

そしてルーティングアドレスを選択します。この例では［ルーティングアドレス］に先ほど作成した「172.16.1.0/24」のネットワークオブジェクトを選択しました。これはクライアントPCから172.16.1.0/24宛の通信はSSLトンネルを通って暗号化され、FortiGateに到達するという意味になります。［送信元IPプール］には事前定義オブジェクトである「SSLVPN_TUNNEL_ADDR1」がデフォルトで選択されています。「SSLVPN_TUNNEL_ADDR1」は10.212.134.200 - 10.212.132.210の範囲のアドレスオブジェクトです。クライアントはSSL-VPNトンネルを形成する際に仮想インターフェースを起動します。その仮想インターフェースに割り当てられるIPアドレスを示しています。実際のインターフェースに割り当てられているIPアドレスやネットワークと競合してはいけません。競合する恐れがある場合は変更してください。また、12台以上のPCが同時に接続する可能性がある場合は、範囲を広げるなど適宜変更してください。

SSL-VPN設定

[WebUI]［VPN］→［SSL］→［設定］でSSL-VPNの一般設定を行います。

最上段に「SSL-VPNポリシーがありません。この設定を使って新しくSSL-VPNポリシーを作成するにはここをクリック」と書いてありますが、いったん無視してください。

［Listenするインターフェース］はSSL-VPNの接続を受け付けるインターフェースを選んでください。この例では「port2」です。［Listenするポート］は、通常SSL-VPNは「TCP443」です。ただし、FortiGateの管理GUIアクセスもデフォルトではTCP443になっています。同じTCP443を2つのサービスには利用できないのでどちらかのポート番号を変更するか、SSL-VPNアクセスするインターフェースではGUIアクセスを許可しないようにしてくださ

い。この例ではport2は管理GUIを許可しないため、このままの設定で問題ありません。管理GUI用のポート番号を変更する場合は WebUI ［システム］→［管理者］→［設定］で変更してください。

［アクセスを制限］では、特に制限を設けないように「任意のホストからアクセス許可」を選択しています。［アイドルログアウト］は「一定期間アクティブでないユーザをログアウト」を選択し、タイムアウトを設定しています。デフォルトではアクションがないと300秒でタイムアウトします。［サーバ証明書］はデフォルトではFortiGateに格納されている自己署名の証明書を利用します。購入したSSLサーバ証明書を利用したい場合は WebUI ［システム］→［証明書］→［ローカル証明書］であらかじめ証明書を取り込んでおく必要があります。

［アドレス範囲］はあらかじめトンネルモードのポータル設定で指定したのでそれを利用します。「自動的に割り当て」を選択すると［tunnel-access］で指定した範囲「10.212.134.200 - 10.212.134.210」が設定されます。

○図4-48：SSL-VPN設定

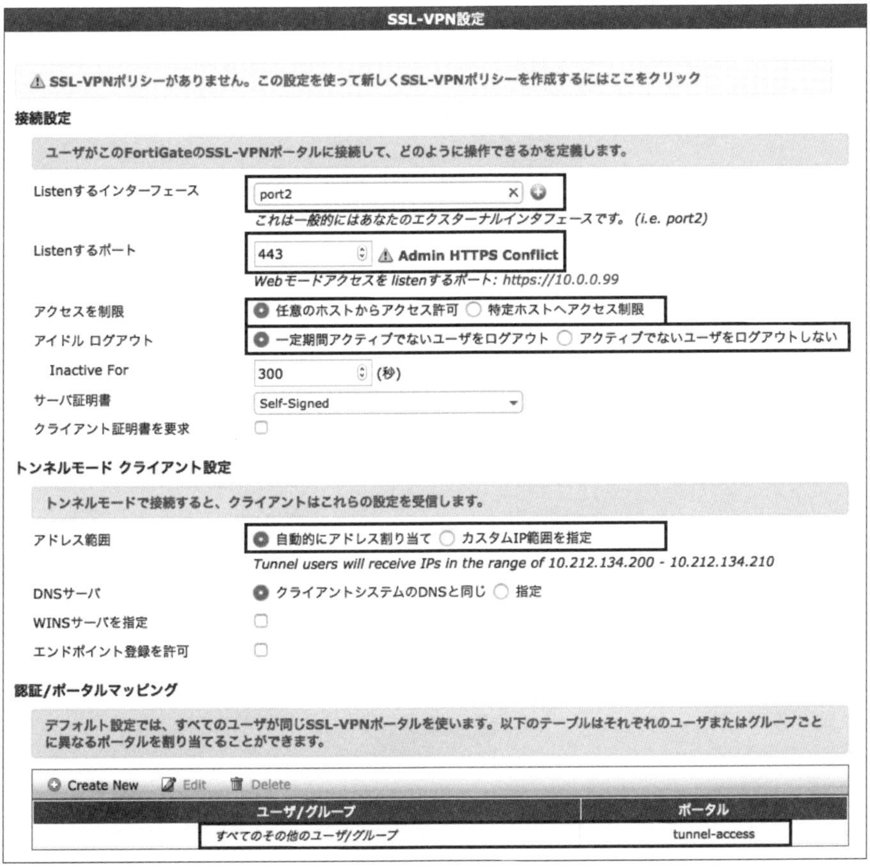

○図4-49：ファイアウォールポリシー（一部抜粋）

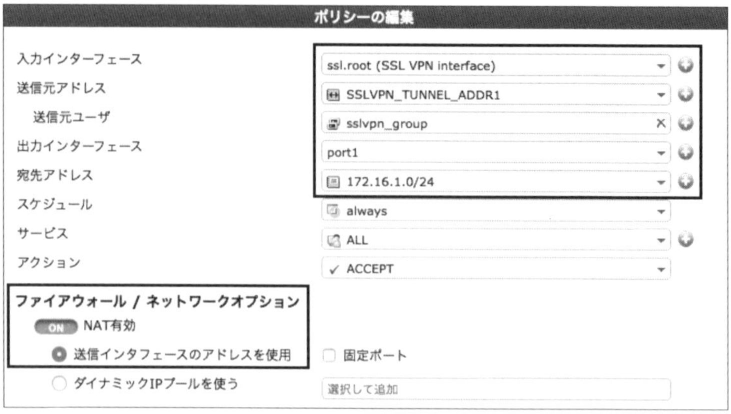

ポリシーの編集	
入力インターフェース	ssl.root (SSL VPN interface)
送信元アドレス	SSLVPN_TUNNEL_ADDR1
送信元ユーザ	sslvpn_group
出力インターフェース	port1
宛先アドレス	172.16.1.0/24
スケジュール	always
サービス	ALL
アクション	✓ ACCEPT

ファイアウォール / ネットワークオプション
- ON NAT有効
  - ● 送信インタフェースのアドレスを使用　□ 固定ポート
  - ○ ダイナミックIPプールを使う　選択して追加

　［認証／ポータルマッピング］は、ユーザグループがどのポータルを使うか設定します。この例では1つのトンネルモードのプロファイルしか使わないので図4-48のように設定します。複数のポータルを複数のユーザグループで使い分ける場合は［Create New］ボタンを押して追記してください。

　ここまで設定が終わったらいったん［適用］ボタンを押して設定を保存してください。

　次に最上段の［SSL-VPNポリシーがありません。この設定を使って新しくSSL-VPNポリシーを作成するにはここをクリック］をクリックしてください。クリックするとファイアウォールポリシーの設定画面（図4-49）が開くので、次のように設定してください。

　［入力インターフェース］は自動的に作成されているSSLトンネルインターフェース（この例では「ssl.root」）を選択します。［送信元アドレス］はクライアントPC側の仮想インターフェースに割り当てられるIPアドレス（この例では「SSLVPN_TUNNEL_ADDR1」）を選択します。［送信元ユーザ］はtunnel_accessさせたいユーザグループを設定します。この例では「sslvpn_group」です。［出力インターフェース］は宛先側のインターフェースを選択します。［宛先アドレス］はサーバ側のネットワークもしくはIPアドレスを定義します。

　［NAT］は「NAT有効」かつ「送信元インターフェースのアドレスを使用」にしているとFortiGateの出力インターフェースのIPアドレスにNAPTされます。無効でも結構です。無効にすると送信元がクライアントPCの仮想インターフェースのIPアドレス（SSLVPN_TUNNEL_ADDR1で設定したもの）のままで出力されます。接続を受け付けたサーバ側はそのIPアドレスに対するルーティングが設定されていなければなりません。サーバのデフォルトゲートウェイがFortiGateになっていればNAT無効でも特に設定を変更する必要はないでしょう。別のゲートウェイに向いている場合はルーティングを追加設定してください。この例を用いて具体的にいえば「10.212.134.200 - 10.212.134.210」（SSLVPN_TUNNEL_ADDR1）は「172.16.1.99」（FortiGateのLAN側インターフェース）にルーティングするようにサーバの設定変更が必要です。

SSL-VPNクライアント側の操作と接続の確認

クライアントPCのブラウザでFortiGateのIPアドレス宛にHTTPSで接続してください（実際の環境ではグローバルIPアドレスやDNS設定に応じてFQDNを入力することになります）。

https://10.0.0.99

FortiGateの自己署名証明書を利用している場合はブラウザに警告メッセージが出ますが、そのままログイン画面（**図4-50**）まで進んでください。［ユーザ名］と［パスワード］を入力します。

最初のログインでは**図4-51**のような画面が表示されます。トンネルモードのSSL-VPNではFortiClientのインストールが必要になります。前述したようにFortiClientには2種類あ

○図4-50：SSL-VPNログイン画面

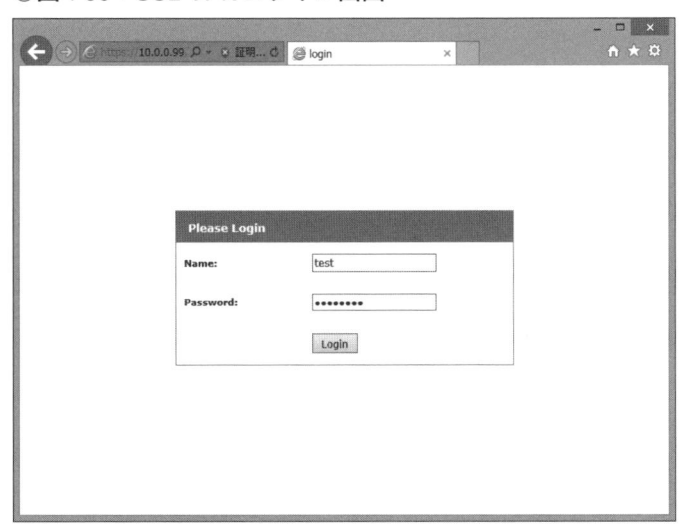

○図4-51：FortiClientのダウンロード

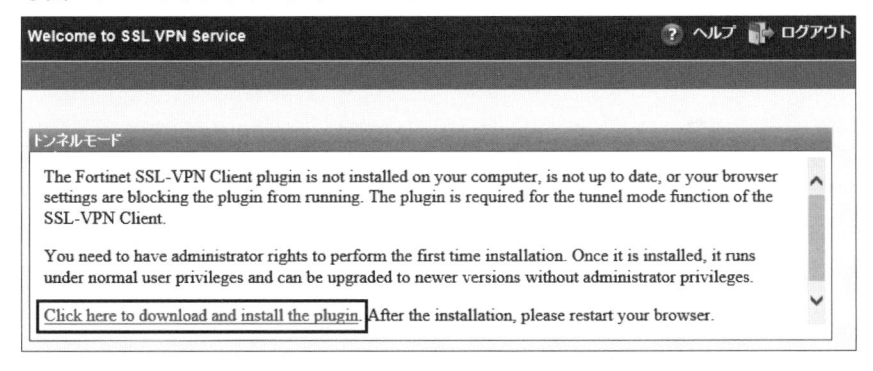

りますが、このステップでインストールされるのはFortiClient SSL-VPNです。FortiGateを介して最新のFortiClientをダウンロードすることになるので、FortiGateがインターネットに出られる環境でないとこのステップは成功しません。

もし、FortiGateがインターネットに出られない環境でSSL-VPNの初回アクセスを試さなければならない場合は、FortiGateにあらかじめFortiClient SSL-VPNをアップロードしておく方法があります。WebUI［システム］→［FortiGuard］→［SSL-VPNパッケージ情報］の［アップデート］をクリックするとアップロードできます。もちろんPCにあらかじめFortiClient SSL-VPNをインストールしておいてもかまいません。FortiClient SSL-VPNは販売代理店から入手してください。

［Click here to download and install the plugin］をクリックしてください。

管理者権限でインストールする必要があるので、［Run as administrator］をクリックしてください（図4-52）。

続いて図4-53の［Install］ボタンを押してください。

インストールログの最後に「Done!」と表示されるとインストールは完了です（図4-54）。

○図4-52：管理者権限の取得

○図4-53：インストール

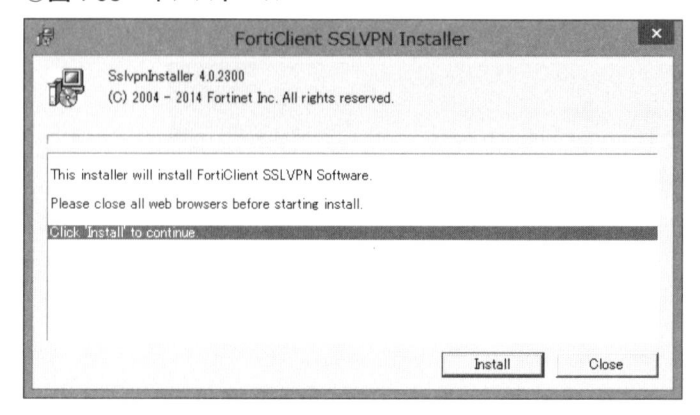

［Close］ボタンを押してください。なお、次回以降のアクセスはFortiClientのインストールは必要ありません。

ブラウザをいったん終了するか、ログアウトして再度FortiGateにアクセスし、ログインしてください。ログインすると図4-55のような表示になります。［接続］を押すとSSL-VPNのトンネルが開設されます。押さない場合でも数秒後に自動的にトンネルが開設されます。SSL-VPN接続中はこのブラウザを閉じないようにしてください。閉じてしまうとトンネルが削除されてしまいます。終了する場合はブラウザを閉じるか、［切断］ボタンを押してください。

クライアントPC上でSSL-VPNトンネルが張れているか確認してみましょう。pingやWebなどを利用してサーバまで通信可能かどうか確認してみてください。また、コマンドプロンプトで`ipconfig`コマンドを利用してPCのインターフェース情報を見ると、トンネルを確認できます。図4-56の例では「fortissl」というトンネルインターフェースが作成され、10.212.134.200のIPアドレスが割り当てられていることがわかります。

○図4-54：インストールの終了

○図4-55：トンネルモードの接続

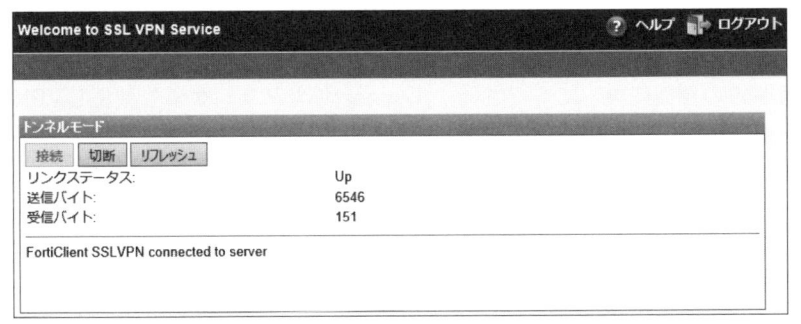

○図4-56：ipconfig出力

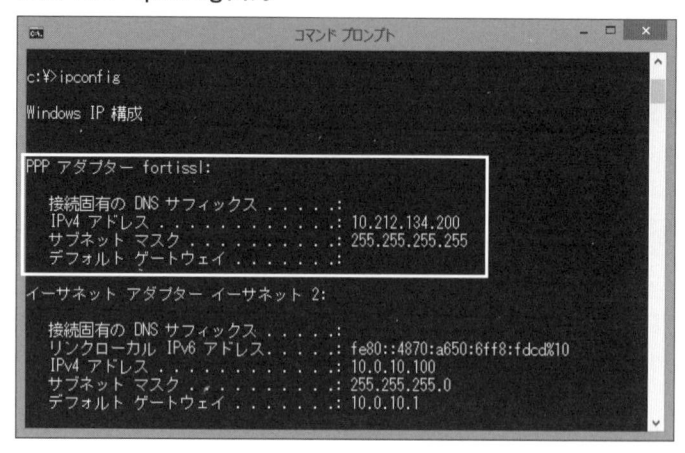

[コマンドプロンプトのスクリーンショット：ipconfigコマンドの出力。PPPアダプター fortissl のIPv4アドレス 10.212.134.200、サブネットマスク 255.255.255.255。イーサネットアダプター イーサネット2 のIPv4アドレス 10.0.10.100、サブネットマスク 255.255.255.0、デフォルトゲートウェイ 10.0.10.1]

　もう1つトンネルモードの利用方法を紹介します。トンネルモードではFortiClientのインストールが必須だと書きました。前述の例では確かにFortiClientをインストールしていましたが、結局ブラウザを利用するためFortiClientを意識することがあまりないかもしれません。しかし、ブラウザで［接続］をクリックしたときにはバックグラウンドでFortiClientが動いているのです。

　これから紹介するのはブラウザを利用せず、FortiClient SSL-VPNを利用する方法です。英語表記なのが難点ですが、ブラウザも使用せず、使い勝手がIPsecに似ているのでお勧めです。

　前述のステップを終えていれば「FortiClient SSL-VPN」（図4-57）がアプリケーションとしてインストールされているはずなのでPC上で起動してみてください。最初は設定が入っていないので、［Settings］をクリックして設定して図4-58を開きます。

　［Connection Name］は設定の名称を決めて入力してください。［Server Address］はFortiGateのIPアドレスを入力してください。また、FortiOS 4.3以前のFortiGateのデフォルト設定の名残で、このアプリケーションはTCP10443でFortiGateに接続しようとするので、TCP443を利用したい場合は末尾に「:443」を付けてください。［User Name］と［Password］を入力しておくと、毎回入力する必要はありません。また、［Do not warn about server certificate validation failure］のチェックを入れると証明書の警告メッセージが表示されません。

　［OK］を押して図4-59の画面に戻ってください。［Connect］をクリックするとSSL-VPNトンネルが開設されます。［Disconnect］で切断されます。

○図4-57：FortiClient SSL-VPN

○図4-58：FortiClient設定

○図4-59：FortiClient SSL-VPN

Part2：多層防御を実現するFortiOS設定

第5章 高度なセキュリティ

本章では主にサブスクリプション（年間購読ライセンス）を必要とするUTM機能である「アンチウィルス」「IPS」「アプリケーションコントロール」「Webフィルタ」「アンチスパム」に関して説明します。

5-1 FortiGuardアップデートの必要性

フォーティネットではFortiGuard Labという研究チームを運営しており、世界各地で情報収集を行い、脅威に対しさまざまな対抗策を講じています。対抗策はシグネチャ（定義ファイル）という形で各FortiGateに配信されるものもあれば、アクセスがあるたびにFortiGateからFortiGuardに問い合わせるものもあります。

「ファイアウォールの機能しか使わないのでアップデートやFortiGuardへの問い合わせの

〇表5-1：シグネチャの種類

配布	項目	説明
配信されるもの	アンチウィルス	シグネチャ（ウィルス定義）は1日当たり平均4回程度アップデートされ配信されます。ボットネット対策用のIPアドレスもFortiGateに配信されます。まれにアンチウィルスの検知精度向上のためにアンチウィルスエンジンが配信される場合もあります。
	IPS／アプリケーション制御	IPSのシグネチャおよびアプリケーション制御のシグネチャも定期的にアップデートされ配信されます。まれに検知精度向上のためIPSエンジンが配信される場合もあります。
	脆弱性スキャン	アタックシグネチャは定期的にアップデートされます。
	デバイス識別	デバイスやOSの定義は定期的にアップデートされます。
	Geo-IP	IPアドレスから国・地域を識別するための情報は定期的にアップデートされます。
問い合わせるもの	アンチスパム／Webフィルタ	検査対象のトラフィックを検知するとFortiGateはインターネットを経由してFortiGuardに問い合わせ、その結果によってアクションをとります。結果は一定期間キャッシュされる（Webフィルタ：デフォルト3600秒、アンチスパム：デフォルト1800秒）ので、正確には毎回問い合わせるわけではありませんが、そもそもFortiGate-FortiGuard間で疎通が取れていないと動作しない機能です。

必要はない」という場合もあるかもしれませんが、Geo-IPやデバイス識別などはログにも表示されるので、アップデートしていないと表示が正確でなくなる場合があります。また、FortiGateはサポート契約の有効期間も自動的にチェックするので基本的にインターネット接続が必須です。

アップデートにはFortiGateがFortiGuardにアクセスできる環境が必要です[注1]。利用している環境によってはプロキシサーバを仲介しないとインターネットアクセスできないようになっている場合もあります。その場合、次のようにCLIでプロキシサーバ用の設定を実施すればアップデート可能です。

ただし、プロキシを経由してDNSサーバを参照することはできず、FortiGateがDNSによる名前解決を直接実施できる環境でなければアップデートできません。プロキシサーバ経由のアップデートは次のように設定します。

```
config system autoupdate tunneling
    set status enable
    set address <IPアドレス>
    set port <使用ポート番号>
    set username <ユーザ名>
    set password <パスワード>
end
```

FortiGateを起動し、ネットワーク設定が終わったらアップデートの設定をしましょう。

まずはライセンスの確認です。[WebUI][システム]→[ダッシュボード]→[ステータス]で図5-1のようにライセンスが有効になっていることを確認してください（有効でない場合は第2章「登録（Registration）の確認」（P.50）をご覧ください）。なお、WebフィルタリングやEmailフィルタリングが"Unreachable"となっている場合は[WebUI][システム]→[ダッシュボード]→[設定]→[FortiGuard]の[Webフィルタリング]と[Emailフィルタリング]オプションで[Test Availability]をクリックしてみてください。

[WebUI][システム]→[ダッシュボード]→[設定]→[FortiGuard]を開くとアップデートの設定ができます。画面下部の青い三角ボタンを押すと設定項目が展開されます（図5-2）。

［AV&IPSダウンロードオプション］で［プッシュ型アップデートを有効にします］にチェックを入れると、FortiGuardの配信タイミングに合わせて配信されます。しかし環境によってはそこまで頻繁なアップデートはいらないという場合も多いでしょう。デフォルトでは1日に1回の定期更新になっています。更新時間はトラフィックが最も少ない時間帯を選んでください。なお、［AV&IPSダウンロードオプション］と表記されていますが、これ

注1　ただし、「FortiManager」という集中管理製品を利用すればその限りではありません。FortiManagerのみFortiGuardにアクセス可能な状態にすれば、管理しているFortiGateにシグネチャを配信できます。また、Webフィルタやアンチスパムの問い合わせもFortiManager経由で可能になります。

Part2：多層防御を実現する FortiOS 設定

〇図5-1：ライセンス情報

〇図5-2：FortiGuard 設定

にはアプリケーションコントロールも含まれます。

［WebフィルタリングとEmailフィルタリングオプション］ではFortiGuardに問い合わせたあとのキャッシュ保持時間を設定できます。また、FortiGuardに問い合わせる場合、通常はUDP 53番ポート宛に問い合わせます。これはDNSと同じなので通常は上流にファイアウォールなどがあったとしても許可されると思いますが、場合によっては疎通可能なように設定変更しなければなりません。オプションで8888番を使うこともできますが、こちらを必要とすることはまれでしょう。

第 5 章：高度なセキュリティ

○図5-3：シグネチャアップデートの確認

```
FortiGuard サービス
  Next Generation Firewall
  IPS & アプリケーションコントロール   ライセンスあり (有効期限 2015-10-02)                    ✓ (2014-12-29)
    IPS定義                        5.00589 (更新済み 2014-12-29 via 手動による更新) [アップデート]
    IPSエンジン                     3.00059 (更新済み 2014-10-30 via 手動による更新)
  ATPサービス
  アンチウイルス                    ライセンスあり (有効期限 2015-10-02)                       ✓ (2014-12-29)
    AV定義                         23.00492 (更新済み 2014-12-29 via 手動による更新) [アップデート]
    AVエンジン                      5.00159 (更新済み 2014-10-22 via 手動による更新)
  Webフィルタリング                  ライセンスあり (有効期限 2015-10-02)                       ✓
  その他のサービス
  脆弱性スキャン                    ライセンスあり (有効期限 2015-10-02)                       ✓ (2014-12-29)
    VCMプラグイン                   1.00374 (更新済み 2014-12-29 via 手動による更新) [アップデート]
  Emailフィルタリング                ライセンスあり (有効期限 2015-10-02)                       ✓
  メッセージングサービス              登録済み (有効期限 2015-10-01)                            ✓
    SMSメッセージ                   4 Allowed (0 Used)
```

○図5-4：FortiGuardの最新DB（シグネチャセット）バージョン

```
Service Updates

  AntiVirus
  DB 23.492

  Intrusion Protection
  DB 5.589

  Application Control
  DB 5.589

  Web Filtering
  DB 16.28639

  Antispam
  DB 97.42869,

  > More
```

　設定を終えたら［アップデートの実行］を押してみてください。しばらく経つとIPS／アプリケーション制御／アンチウィルスのシグネチャがアップデートされるはずです（図5-3）。IPS定義およびAV定義のバージョンと更新済みの後の日付を確認してください。なお、エンジンはめったにアップデートされないので日付が古くても驚くことはありません。
　FortiGateのシグネチャが最新かどうかはhttp://www.fortiguard.comで確認できます（図5-4）。

> アンチウィルスに関しては、ファイアウォールポリシー上でアンチウィルスが設定されていないとシグネチャのアップデートが実施されません。ご注意ください。

5-2 アンチウィルス

FortiGateのアンチウィルスを使用するうえで決定しなければならないことがいくつかあります。

■ アンチウィルスの方式〜フローベースかプロキシベースか

「プロキシベース」は以前からFortiGateでサポートされている検知方式です。トラフィックからデータを抽出し、ファイルを再構成して怪しいものかどうかチェックします。

「フローベース」はFortiOS 4.0 MR2で実装された方式で、データをストリームしながら検査する方式です。別のメーカでは「ストリームベース」と呼称されることもあります。

検知精度ではプロキシベースがまさっています。また、ウィルスを検知した時、ユーザに通知する点でも使い勝手がよいと思います。フローベースには実行速度の面で利があります。FortiOS 5.0 MR2でのフローベースは「Deep Flow」という方式を採用し、検知精度を大幅に上げています。

本書では圧倒的に導入事例の多いプロキシベースで設定を解説します。プロキシベースにはいくつかデータベース（＝シグネチャセット）の種類があります。

「Extreme」と比べてもそれほど検知率に差がありませんし、カバレッジとパフォーマンスを考慮してFortiGate-300Dではデフォルトの「Extendedデータベース」をお勧めします。

データベースを変更する場合はCLIで実行します。

```
config antivirus settings
    set default-db extended
end
```

○表5-2：プロキシベースのデータベース

データベース	説明
Normal	現在流行している影響度の高いウィルスに対するシグネチャセットです。データベースのサイズは小さく、アンチウィルスエンジンが軽快に動作できるように作られています。中身は最新のものに頻繁に入れ替わります。
Extended	"Normal"データベースを含む拡張ウィルスデータベースです。FortiOS 5.0 MR2ではほとんどの機種がデフォルトで"Extended"データベースとなっています。
Extreme	フォーティネットが保持するすべてのシグネチャセットです。

変更した後は必ずデータベースのアップデートを実施してください。

■ アンチウィルスの設定

具体的に設定方法を見てみましょう。[WebUI][セキュリティプロファイル]→[アンチウィルス]で、「default」という名称のプロファイルが表示されます。画面右上の[+]アイコンをクリックして新規にプロファイルを作成します（図5-5）。[+]アイコンが表示されていない場合は[WebUI][システム]→[設定]→[フィーチャー]で[複数設定プロファイル]を有効にしてください（下位機種では無効になっています）。

[名前]は任意の名称を設定してください。[インスペクションモード]は「プロキシ」に、[ウィルスを検知]は「ブロック」に設定します。[FortiGuard Sandboxへファイルを送って検査]はチェックは外したままにしてください。FortiCloudの契約を持っている場合はチェックを入れても結構です。FortiGateを通過する怪しいファイルをクラウド上のサンドボックスでチェックするオプションです。FortiSandboxというSandbox専用アプライアンスとの連携設定が済んでいれば、ここにFortiSandbox検査のオプションが表示されます。

[Botnet C&Cサーバへの接続を検知]はボットネットへの通信を検知／ブロックするオプションです。任意ですが、ここでは有効にして「ブロック」を選択しています。[プロトコル]は検査するプロトコルにチェックを入れてください。ここでは「HTTP」「SMTP」「POP3」「IMAP」「FTP」のすべてにチェックを入れています。

○図5-5：アンチウィルスプロファイルの作成

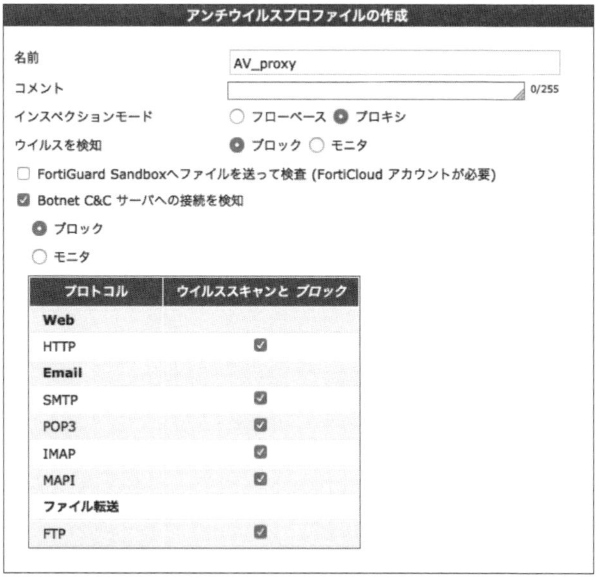

また、CLIで設定する場合は次のようになります。

```
config antivirus profile
    edit "AV_proxy"
        set inspection-mode proxy
        set scan-botnet-connections block
        set ftgd-analytics disable
            config http
                set options scan
            end
            config ftp
                set options scan
            end
            config imap
                unset archive-log
            end
            config pop3
                set options scan
            end
            config smtp
                set options scan
            end
            config mapi
                unset options
            end
end
```

デフォルトの設定ではオプションは「scan」のみになっています。スキャンしてマルウェアと判断するとドロップするオプションです。隔離設定をすることも可能（「quarantine」を追加）ですし、ドロップではなくモニターに変更（「avmonitor」に変更）することも可能です。詳細はCLIリファレンスをご確認ください。

http://docs.fortinet.com/d/fortigate-fortios-5.2-cli-reference

次にプロキシオプションを設定します。[WebUI]［ポリシー＆オブジェクト］→［ポリシー］→［プロキシオプション］です（図5-6）。

先ほどHTTPやSMTPなどのアンチウィルス検査を有効にしましたが、それらプロトコルの詳細を設定します。環境によっては例えばHTTPはプロキシを利用して8080番ポートを使っているというような場合もあるでしょう。FortiGateはデフォルトではウェルノウンポートである80番を検査するようになっているので、そういった場合にはここで設定変更が必要です。

右上の［+］アイコンで新規に作成することも可能ですが、ここでは「default」の設定を確認するだけにします。なお、インスペクションポートで「Any」を選択できますが、その場合FortiGateの負担になりかねません。できるだけ決め打ちにしたほうがよいでしょう。「,（カンマ）」を使って「80,8080」のように複数指定できます。

図5-6：プロキシオプション

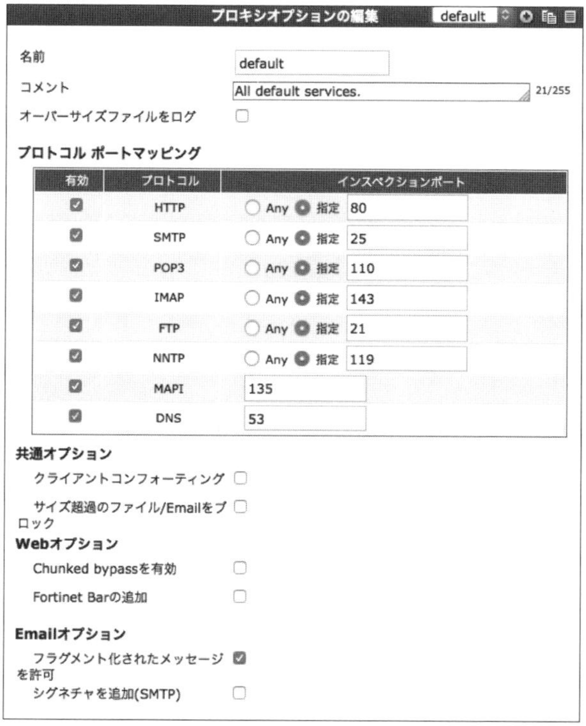

有効	プロトコル	インスペクションポート
☑	HTTP	○Any ●指定 80
☑	SMTP	○Any ●指定 25
☑	POP3	○Any ●指定 110
☑	IMAP	○Any ●指定 143
☑	FTP	○Any ●指定 21
☑	NNTP	○Any ●指定 119
☑	MAPI	135
☑	DNS	53

名前：default
コメント：All default services. 21/255
オーバーサイズファイルをログ：□

共通オプション
- クライアントコンフォーティング □
- サイズ超過のファイル/Emailをブロック □

Webオプション
- Chunked bypassを有効 □
- Fortinet Barの追加 □

Emailオプション
- フラグメント化されたメッセージを許可 ☑
- シグネチャを追加(SMTP) □

COLUMN

プロキシオプションのTips

■共通オプションの［クライアントコンフォーティング］

　プロキシベースのアンチウィルスはスキャン対象の通信が終了するまで待ち、バッファしたパケットをファイルとして再構成し検査します。そして問題なければパケットをフォワードします。こういった仕組み上、プロキシベースのアンチウィルスは時間がかかってしまうのですが、クライアントPCがその処理を待てずにセッションが途切れる場合があります。それを救ってくれるのが［クライアントコンフォーティング］オプションです。

　チェックを入れるとタイムアウトしないように少しずつパケットをクライアントに送信します。有効にすることはセキュリティ上必ずしも好ましくはありませんが、考慮すべきオプションと言えます。

■［オーバーサイズファイル／ Emailをブロック］

　バッファサイズは搭載メモリ（RAM）に依存するので、検査可能なファイルサイズ

には上限があります。デフォルトではどの機種も10MBに設定してあります。これを超えるとFortiGateはスキャンしません。スキャンしないだけではなくブロックしたい場合にはこのオプションにチェックを入れてください。

なお、スキャンファイルサイズの上限値の変更はCLIでプロトコルごとに実施します。例えばHTTPの場合は次のようになります。

```
config firewall profile-protocol-options
    edit "default"
        config http
            set oversize-limit 15
            set uncompressed-oversize-limit 20
        end
end
```

`set uncompressed-oversize-limit`のほうは圧縮ファイルを解凍した際の最大スキャンサイズの設定ですが、`set oversize-limit`を`set uncompressed-oversize-limit`より大きくすると警告が出るので、こちらも変更しておきましょう。oversize-limit ≦ uncompressed-oversize-limitとなるように設定すべきです。なお、これら上限値を大きくするとFortiGateに大きな負担をかけることになります。

また、実際のマルウェアは2MBバイト以下のものがほとんどです。可能な限り小さな値を設定したほうがパフォーマンスは良くなります。

■ファイアウォールポリシーの設定

第3章（P.56）を参考にファイアウォールポリシーを作成し、アンチウィルスプロファイルを設定します（図5-7）。

ファイアウォール設定の［サービス］で選択するプロトコルとアンチウィルスのプロファイルで有効になっているプロトコルが合っているか注意してください。

セキュリティプロファイルのアンチウィルスで先ほど作成したプロファイルを選択してください。［SSL／SSHインスペクション］オプションを選択すると、SSLで暗号化された通信も中身を検査することが可能ですが、ここではいったん説明を省略します。SSLインスペクションについてはP.152で説明します。

［ロギングオプション］は「ON」にして［セキュリティイベント］を設定してください。［すべてのセッション］を選択するとファイアウォールのログも表示されますが不要なログの取得は少なくするよう心がけましょう。

これでアンチウィルスの設定は終了です。初めてファイアウォールポリシーにアンチウィルスプロファイルを割り当てたらP.125を参考にして、必ずシグネチャのアップデートを実

行してください。

　図5-8はテスト用のウィルスであるeicarでFortiGateが適切に動作するか確認したところです。httpの場合はこのような警告画面が表示されます（他のプロトコルでも警告が出ます）。リンクをクリックするとFortiGuardのマルウェアの解説ページが表示されます。

　この警告メッセージはカスタマイズ可能です。[WebUI]［システム］→［設定］→［差し替えメッセージ］で変更します（図5-9）。

○図5-7：アンチウィルスプロファイルをファイアウォールポリシーに割り当てる

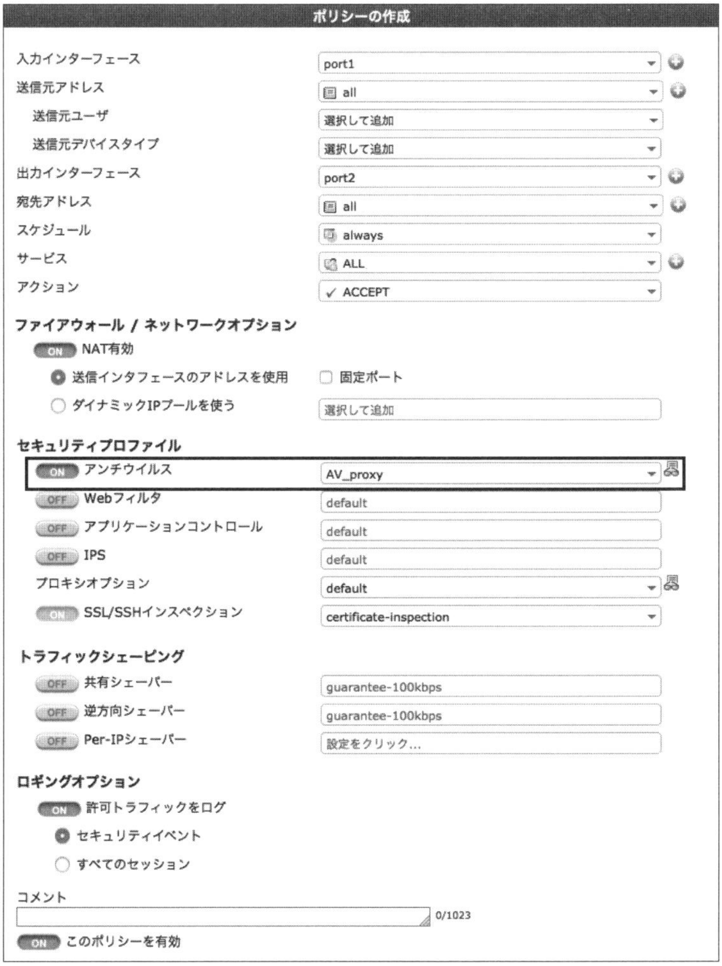

○図5-8：アンチウィルスブロックページ

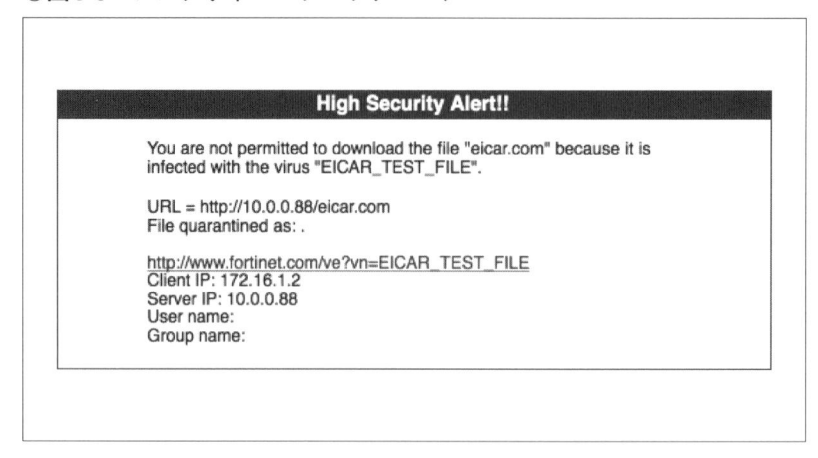

○図5-9：差し替えメッセージ

■ その他アンチウィルス関連

マルウェアのデータベースは次のWebサイトに公開されています。

http://www.fortiguard.com/encyclopedia/

PC上の怪しいファイルを検査したい場合はオンラインでスキャンできます。また、マルウェアと思われるものを報告したいという場合もこちらから可能です。

FortiGuard Labでマルウェアと判定した場合はシグネチャが作成されFortiGateに配信されます。

http://www.fortiguard.com/antivirus/virus_scanner.html

5-3 IPS

IPS（侵入防御）はFortiGateのUTM機能でアンチウィルスと同様によく利用されている機能です。アンチウィルスは基本的にファイル形式のマルウェアを検知／防御するのに対し、IPSはネットワーク攻撃を検知／防御します。

■ アタックシグネチャ

FortiGateは数千ものアタックシグネチャを保持しています。それらのシグネチャは重要度／ターゲット（サーバかクライアントか）／OSなどにより分類されています。シグネチャマッチング方式なのでチェックするシグネチャ総数はできるだけ絞ったほうが処理は高速になります。なお、FortiGateのIPSのデータベースは2種類あり、regularとextendedの2種類を選択できます。デフォルトはregularです。extendedはregularよりシグネチャの数は多いですが、前述のとおりパフォーマンスが低下します。

データベースの変更はCLIで行います。変更後はP.125を参考にシグネチャのアップデートを実行してください。

```
config ips global
    set database extended
end
```

■ IPSの設定

[WebUI]［セキュリティプロファイル］→［侵入防御］で設定します。「default」という名称のプロファイル（IPSではセンサーといいます）が表示されます。画面右上の［+］アイコンをクリックして新規にプロファイルを作成します。［+］アイコンが表示されていない

場合は WebUI［システム］→［設定］→［フィーチャー］で［複数設定プロファイル］を有効にしてください（下位機種では無効になっています）。

［+］アイコンをクリックして新規にセンサーを作成します。［名前］は任意の名称を設定してください。［OK］をクリックすると**図5-10**のような画面が表示されます。

次にシグネチャを選択する必要があります。［パターンベースのシグネチャとフィルタ］で［Create New］をクリックしてください（**図5-11**）。［センサータイプ］で「シグネチャを指定」を選択するとピンポイントで必要なシグネチャを指定できますが、この例ではカテゴリでグループ指定できる「フィルタベース」を選択します。［重要度］や［ターゲット］、［OS］のチェックボックスをON/OFFするとシグネチャの数が変わります。環境に応じて選択してください。例えばDMZのLinuxサーバ群を守るためにFortiGateを設置するのであれば［ターゲット］を「Server」にして、［OS］で「Linux」を選択します。

シグネチャを絞り込んだらアクションを決定します。「シグネチャデフォルト」は各シグネチャにデフォルトのアクションが定義してあり、それを使用することを意味します。いわ

○図5-10：IPSセンサー設定画面

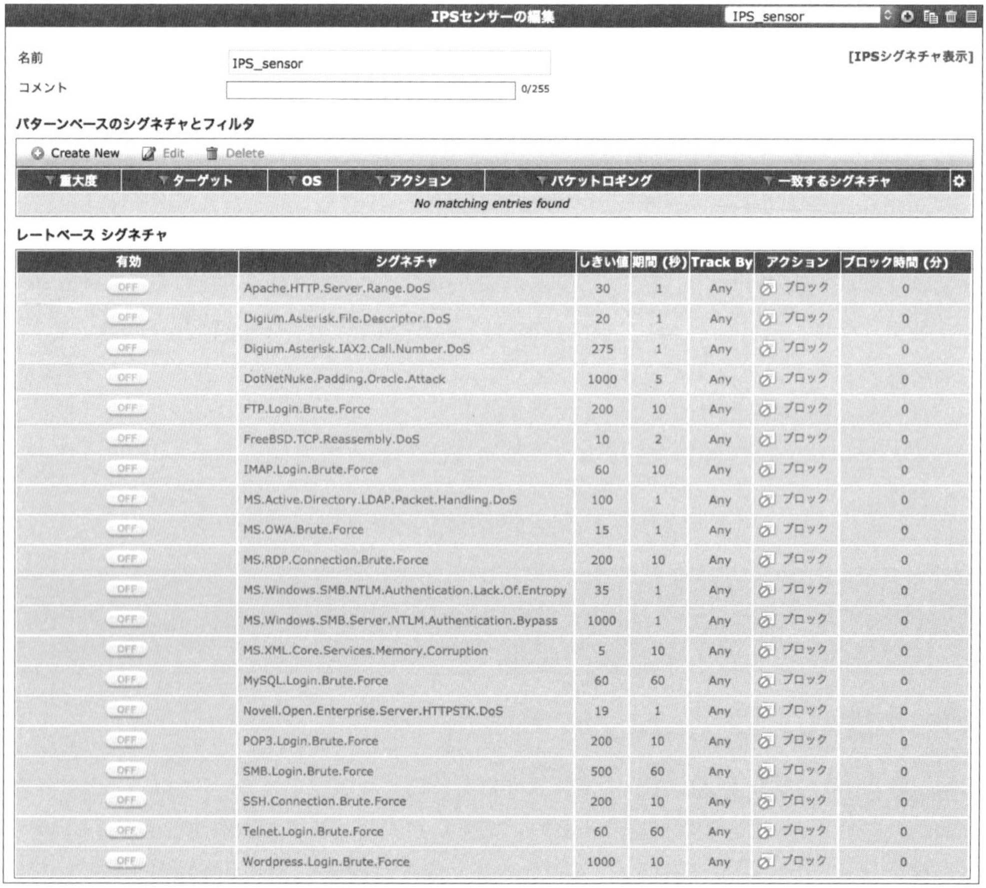

有効	シグネチャ	しきい値	期間（秒）	Track By	アクション	ブロック時間（分）
OFF	Apache.HTTP.Server.Range.DoS	30	1	Any	ブロック	0
OFF	Digium.Asterisk.File.Descriptor.DoS	20	1	Any	ブロック	0
OFF	Digium.Asterisk.IAX2.Call.Number.DoS	275	1	Any	ブロック	0
OFF	DotNetNuke.Padding.Oracle.Attack	1000	5	Any	ブロック	0
OFF	FTP.Login.Brute.Force	200	10	Any	ブロック	0
OFF	FreeBSD.TCP.Reassembly.DoS	10	2	Any	ブロック	0
OFF	IMAP.Login.Brute.Force	60	10	Any	ブロック	0
OFF	MS.Active.Directory.LDAP.Packet.Handling.DoS	100	1	Any	ブロック	0
OFF	MS.OWA.Brute.Force	15	1	Any	ブロック	0
OFF	MS.RDP.Connection.Brute.Force	200	10	Any	ブロック	0
OFF	MS.Windows.SMB.NTLM.Authentication.Lack.Of.Entropy	35	1	Any	ブロック	0
OFF	MS.Windows.SMB.Server.NTLM.Authentication.Bypass	1000	1	Any	ブロック	0
OFF	MS.XML.Core.Services.Memory.Corruption	5	10	Any	ブロック	0
OFF	MySQL.Login.Brute.Force	60	60	Any	ブロック	0
OFF	Novell.Open.Enterprise.Server.HTTPSTK.DoS	19	1	Any	ブロック	0
OFF	POP3.Login.Brute.Force	200	10	Any	ブロック	0
OFF	SMB.Login.Brute.Force	500	60	Any	ブロック	0
OFF	SSH.Connection.Brute.Force	200	10	Any	ブロック	0
OFF	Telnet.Login.Brute.Force	60	60	Any	ブロック	0
OFF	Wordpress.Login.Brute.Force	1000	10	Any	ブロック	0

ば推奨設定ではありますが、必ずしもお奨めできない場合もあります。フォーティネットでは新たな攻撃に対するシグネチャを作成し配信した場合、しばらくの間デフォルトアクションをモニタにして配信します。一般にIPSは過検知（False Positive）の多い仕組みです。特に新しく作成されたものは実際の環境でこなれておらず、正当な通信を誤って攻撃と判断してしまう可能性が高くなります。その混乱を緩和する目的でしばらくの間デフォルトアクションをモニタとしています。環境によってはアグレッシブに新たな脅威もブロックしたいということもあるでしょう。そのような場合は例えば重要度が「重大」「高」のものは「すべてブロック」アクションにして、そのほかは「すべてモニタ」アクションにするというような設定でもよいかもしれません。

「すべてモニタ」はデフォルトアクションを上書きし、攻撃を検知してもブロックせずモニタします。IPSの初期導入時、チューニングの指針を立てる際に便利なオプションです。「リセット」は該当する攻撃を検知した際にTCPリセットを返します。「隔離」は一定期間攻撃元のIPアドレスやFortiGateの攻撃者側インターフェースからのトラフィックを遮断します

○図5-11：シグネチャの選択

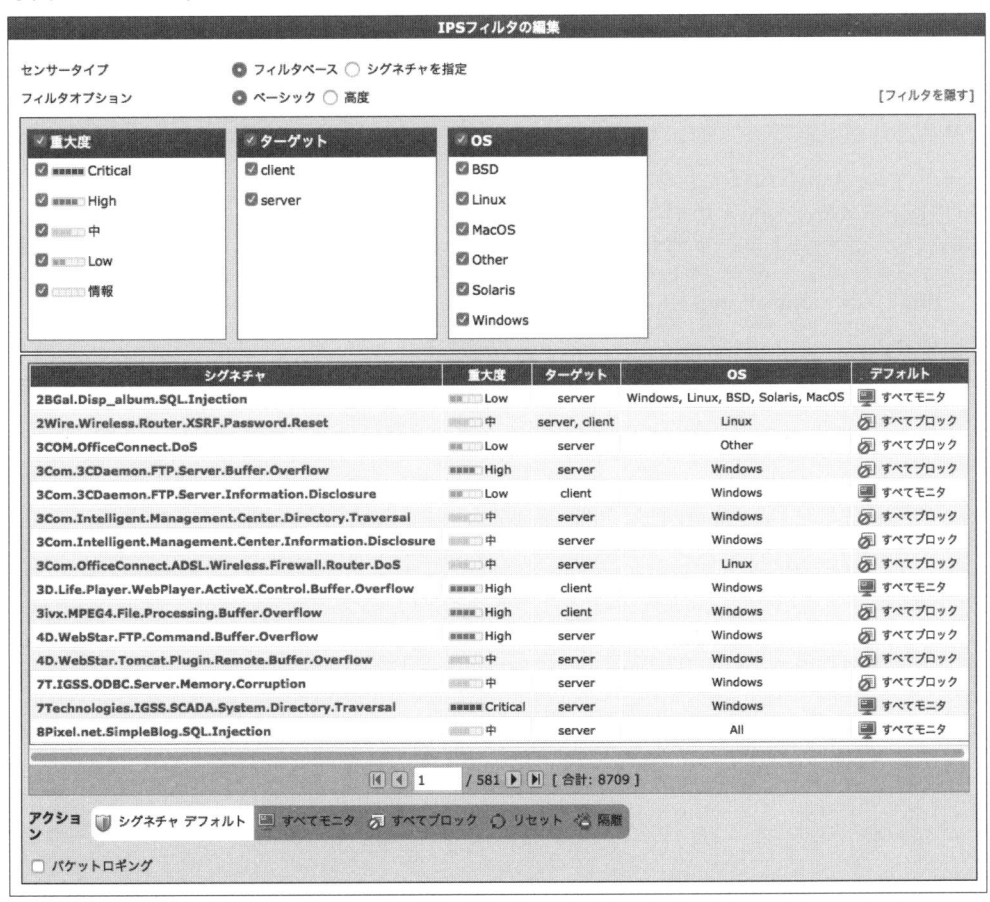

(デフォルトはIPアドレス)。

「パケットロギング」にチェックを入れると攻撃と判断した際にパケットをキャプチャします。過検知が疑われる場合などキャプチャしたパケットデータをサポートに送ることで解析できます。

例えば**図5-12**のように重要度によってアクションを変更します。

■ファイアウォールポリシーの設定

センサーを作成したらファイアウォールポリシーに割り当てます（**図5-13**）。

SSL／SSHインスペクションオプションを選択すると、SSLで暗号化された通信も中身を検査することが可能ですが、ここではいったんデフォルトのままにします。SSLインスペクションについてはP.152で説明します。

COLUMN

IPSカスタムシグネチャ

独自のアプリケーションなどユーザ環境に合わせたシグネチャを作成し、セキュリティポリシーを実施したい場合もあるでしょう。その場合はカスタムシグネチャを作成することも可能です。FortiOS 5.2ではCLIのみの操作となっています。カスタムシグネチャの作成方法は「FortiOS Handbook Security Profiles for FortiOS 5.2」の「Custom Application & IPS Signatures」をご覧ください。

http://docs.fortinet.com/uploaded/files/2181/fortigate-security_profiles-5.2.pdf

また、FortiGuardセンターにシグネチャの作成を依頼することもできます。次のURLから「Report an exploit or vulnerability」を選択してコンタクトしてください。

http://www.fortiguard.com/contactus.html

英語は苦手という方はFortiGateの購入元代理店にご相談ください。

○図5-12：重要度と対象によるアクション変更

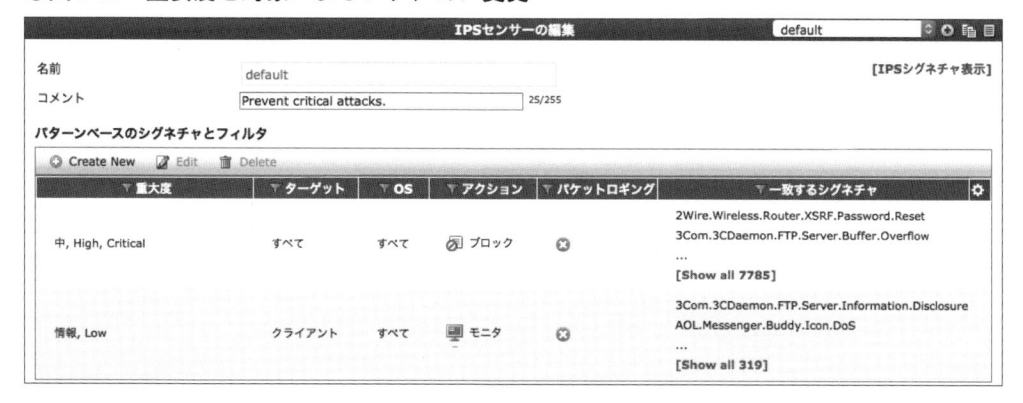

重大度	ターゲット	OS	アクション	パケットロギング	一致するシグネチャ
中, High, Critical	すべて	すべて	ブロック	✕	2Wire.Wireless.Router.XSRF.Password.Reset 3Com.3CDaemon.FTP.Server.Buffer.Overflow ... [Show all 7785]
情報, Low	クライアント	すべて	モニタ	✕	3Com.3CDaemon.FTP.Server.Information.Disclosure AOL.Messenger.Buddy.Icon.DoS ... [Show all 319]

名前：default
コメント：Prevent critical attacks. 25/255

○図5-13：IPSセンサーをファイアウォールポリシーに割り当てる

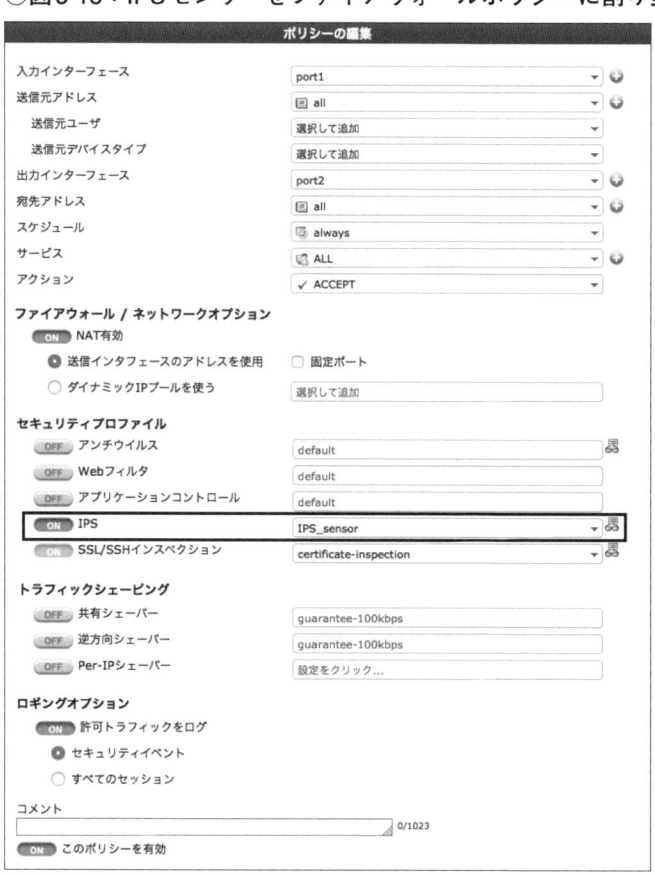

ポリシーの編集

- 入力インターフェース：port1
- 送信元アドレス：all
  - 送信元ユーザ：選択して追加
  - 送信元デバイスタイプ：選択して追加
- 出力インターフェース：port2
- 宛先アドレス：all
- スケジュール：always
- サービス：ALL
- アクション：✓ ACCEPT

ファイアウォール / ネットワークオプション
- ON　NAT有効
  - ● 送信インタフェースのアドレスを使用　□ 固定ポート
  - ○ ダイナミックIPプールを使う　選択して追加

セキュリティプロファイル
- OFF　アンチウイルス：default
- OFF　Webフィルタ：default
- OFF　アプリケーションコントロール：default
- **ON　IPS：IPS_sensor**
- ON　SSL/SSHインスペクション：certificate-inspection

トラフィックシェーピング
- OFF　共有シェーパー：guarantee-100kbps
- OFF　逆方向シェーパー：guarantee-100kbps
- OFF　Per-IPシェーパー：設定をクリック...

ロギングオプション
- ON　許可トラフィックをログ
  - ● セキュリティイベント
  - ○ すべてのセッション

コメント：0/1023

ON　このポリシーを有効

5-4 DoS防御

FortiGateのDoS防御には2種類あります。

1つはOSI参照モデルでいう第4層レベルのDoSプロテクションです。[WebUI]［ポリシー＆オブジェクト］→［DoS］で設定します（図5-14）。アンチウィルスやIPSなどと違い、プロファイルを作成して、ファイアウォールポリシーに割り当てるということはしません。ファイアウォールポリシーから独立しており、［入力インターフェース］に対する設定であることからも推測できますが、DoSポリシーはファイアウォールポリシーの前に検査されます。ASICではオフロードされずCPU処理となります。

［入力インターフェース］はDoS防御を実施したいインターフェースを選択します。［送信元アドレス］は不特定のアドレスからのアタックを防御するのが目的なので、通常は「all」を選択します。［宛先アドレス］は「all」でもかまいませんし、DMZのサーバ群のオブジェクトを選択してもかまいません。［サービス］は［アノマリ］で設定するものと合わせてください。icmp_floodの設定をするのにここでICMPが入っていなければ意味がありません。［アノマリ］は指定したいポリシーのステータスにチェックを入れ、［ロギング］の有無を選択し、［アクション］を選択してください。［アクション］には「ブロック」と「転送」があ

○図5-14：DoSポリシーの設定

第5章：高度なセキュリティ

ります。最も大切なのは［しきい値］です。1秒間に許容する値を設定してください。

■ レートベースシグネチャ

　もう1つのDoS防御機能はFortiOS 5.2から追加されたものです。こちらはIPSのセンサー（プロファイル）内で設定するOSI参照モデル第7層に対する防御です。
　OSI参照モデル第7層に対するDoS攻撃やブルートフォースアタックに対するしきい値ベースの防御を実施することが可能です。
　設定方法は WebUI ［セキュリティプロファイル］→［侵入防御］で各IPSのセンサー（プロファイル）を表示させると［レートベースシグネチャ］という設定項目があります（図5-15）。設定したいシグネチャを選んで「ON」にしてください。［期間（秒）］で決めた秒数内に「しきい値」を超えると［アクション］にしたがって処理されます。［ブロック時間（分）］は一定期間その攻撃元IPアドレスを隔離する場合にCLIで設定します。
　なお、このレートベースシグネチャ機能もASIC処理ではなくCPU処理となります。設定後は通常のIPSセンサーと同様にファイアウォールポリシーに割り当てます。
　フォーティネットではDoS専用チップを搭載した「FortiDDoS」（図5-16）という製品もリリースしています。DoS／DDoS対策を本格的に実施したい場合はこのような専用機の

○図5-15：レートベースシグネチャ

有効	シグネチャ	しきい値	期間（秒）	Track By	アクション	ブロック時間（分）
ON	Apache.HTTP.Server.ByteRange.Filter.DoS	148	1	Any	ブロック	0
OFF	Apache.HTTP.Server.DoS	200	1	Any	ブロック	0
OFF	Apache.HTTP.Server.Range.DoS	30	1	Any	ブロック	0
OFF	Digium.Asterisk.File.Descriptor.DoS	20	1	Any	ブロック	0
OFF	Digium.Asterisk.IAX2.Call.Number.DoS	275	1	Any	ブロック	0
OFF	DotNetNuke.Padding.Oracle.Attack	1000	5	Any	ブロック	0
ON	FTP.Login.Brute.Force	200	10	Any	ブロック	0
OFF	FreeBSD.TCP.Reassembly.DoS	10	2	Any	ブロック	0
OFF	GlassFish.Login.Brute.Force	200	10	Any	ブロック	0
OFF	IMAP.Login.Brute.Force	60	10	Any	ブロック	0

○図5-16：専用チップを搭載した「FortiDDoS-2000B」

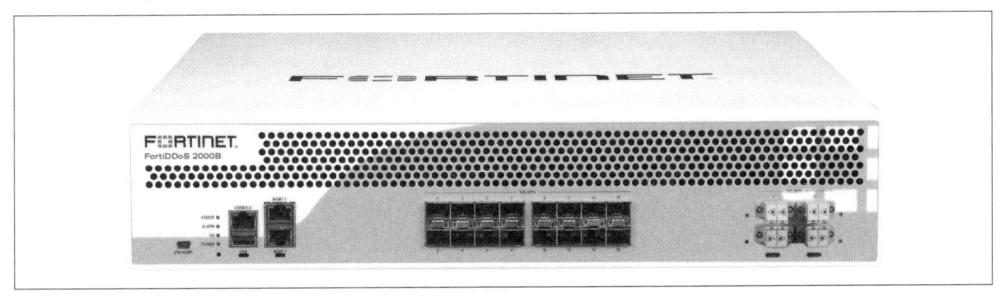

導入をお勧めします。

http://www.fortinet.co.jp/products/fortiddos/

5-5 アプリケーションコントロール（次世代ファイアウォール）

　数年前から一般に次世代ファイアウォールと言われているものが、このアプリケーションコントロールです。TCPポート80番はHTTP、443番はHTTPSのウェルノウンポートですが、Webブラウジングを目的とするHTTP／HTTPS以外でもさまざまなアプリケーションに利用されるようになりました。

　例えばSkypeに代表されるようなメッセージングサービスや各種SNSなどです。これらのサービスの利用をステートフルインスペクションファイアウォールだけで制御するのは困難です。なぜなら利用させないようにするにはTCP 80/443をブロックする必要がありますが、そうすると通常のWebアクセスも制限することになり業務に多大な支障が出てしまいます。アプリケーションコントロールはポート番号に依存せずアプリケーションを識別可能なので、こういったニーズにも対応できます。

　実のところアプリケーションコントロールはまったく新しい技術というわけではなく、既存のさまざまな技術を応用しています。最も近いのはIDS/IPSでありFortiGateもエンジンは共通です。また、IPSのライセンスを持っていればシグネチャをアップデート可能です。設定方法も似ています。

■ アプリケーション制御の設定

　[WebUI]［セキュリティプロファイル］→［Application Control］で設定します。「default」という名称のプロファイル（アプリケーション制御ではセンサーといいます）が表示されます。画面右上の［+］アイコンをクリックして新規にプロファイルを作成します。［+］アイコンが表示されていない場合は[WebUI]［システム］→［設定］→［フィーチャー］で［複数設定プロファイル］を有効にしてください（下位機種では無効になっています）。

　［+］アイコンをクリックして新規にセンサーを作成します（図5-17）。

　［名前］は任意の名称を設定してください。［カテゴリ］を見ると「Botnet」および「Proxy」がデフォルトではブロック、その他のカテゴリはすべてモニタ、「その他すべての既知のアプリケーション」と「その他すべての不明なアプリケーション」が許可になっています。FortiGuardのEncyclopediaを見れば、どのアプリケーションがどのカテゴリに属しているのか調べることができるので参照してください。

- FortiGuardのEncyclopedia
  http://www.fortiguard.com/encyclopedia/applications/

各カテゴリのアイコンをクリックすると、「許可」「モニタ」「ブロック」「リセット」「トラフィックシェーピング」のアクションを選択できます。また、「View Signatures」を選択すればそのカテゴリのシグネチャを見ることができます。
　「リセット」はIPSと同様にTCPリセットを返すオプションです。
　アプリケーションオーバーライドではカテゴリによる大まかな設定ではなく、個別のアプリケーションに対する制御が可能です。例えばTorをブロックしたい場合、[シグネチャ追加]をクリックします。検索窓に「Tor」と入力し Enter キーを押してください。アルファベット順に「tor」を含むものが表示されます。検索結果が多いのでさらに［アプリケーション名］をクリックしてさらに「tor」でフィルタをかけたものが図5-18です。
　目的の「Tor」を探して名称部分をクリックすると「選択したシグネチャ合計:1」とウィンドウの上部に表示されます。この状態で［選択したシグネチャを使用］をクリックしてください。図5-19のようにTorが追加されます。アクションはブロックになっています。ブロックの部分をクリックするとドロップダウンリストが現れるので、必要があれば他のアクションに変更してください。

○図5-17：アプリケーションセンサーの作成

〇図5-18：Torの検索

アプリケーション名	カテゴリ	テクノロジー	ポピュラリティー	リスク
Storegate	Storage.Backup	Client-Server	★★☆☆☆	■■□□□
Storm.Krackin.Botnet	Botnet	Client-Server	★☆☆☆☆	■■■■■
Storm.Worm.Botnet	Botnet	Client-Server	★☆☆☆☆	■■■■■
Tistory.Blog	Social.Media	Browser-Based	★★★☆☆	■■■□□
Tivoli.Storage.Manager	Storage.Backup	Client-Server	★★★☆☆	■■□□□
Tor	Proxy	Client-Server	★★★★★	■■■■■
Tor2web	Proxy	Browser-Based	★★☆☆☆	■■■■■
Torpig.Mebroot.Botnet	Botnet	Client-Server	★★☆☆☆	■■■■■
TorrentSpy	P2P	Peer-to-Peer	★☆☆☆☆	■■■■□
Torrentz	General.Interest	Browser-Based	★★★★☆	■■■■□
TortoiseSVN.Check.Update	Update	Client-Server	★★☆☆☆	■■□□□
Totorasa	P2P	Peer-to-Peer	★★☆☆☆	■■■■□
Totorosa	Storage.Backup	Browser-Based	★★☆☆☆	■■□□□
ToxicVector.Botnet	Botnet	Client-Server	★★☆☆☆	■■■■■
Windows.File.Sharing_Create.Directory	Network.Service	Client-Server	★★★★☆	■■□□□
Windows.File.Sharing_Delete.Directory	Network.Service	Client-Server	★★★★☆	■■□□□
Windows.File.Sharing_Open.Directory	Network.Service	Client-Server	★★★★★	■■□□□
Windows.Phone.Store	General.Interest	Browser-Based	★☆☆☆☆	■■□□□
Zoho.Creator	Business	Browser-Based	★★☆☆☆	■■□□□
Zoho.Creator_File.Upload	Business	Browser-Based	★☆☆☆☆	■■□□□

[合計: 70]

〇図5-19：アプリケーションオーバーライド

アプリケーション シグネチャ	カテゴリ	アクション
Tor	Proxy	ブロック

■ファイアウォールポリシーの設定

センサーを作成したらファイアウォールポリシーに割り当てます（図5-20）。

SSL／SSHインスペクションオプションを選択すると、SSLで暗号化された通信も中身を検査することが可能ですが、ここではいったんデフォルトのままにします。SSLインスペクションについてはP.152で説明します。

○図5-20：ファイアウォールポリシー

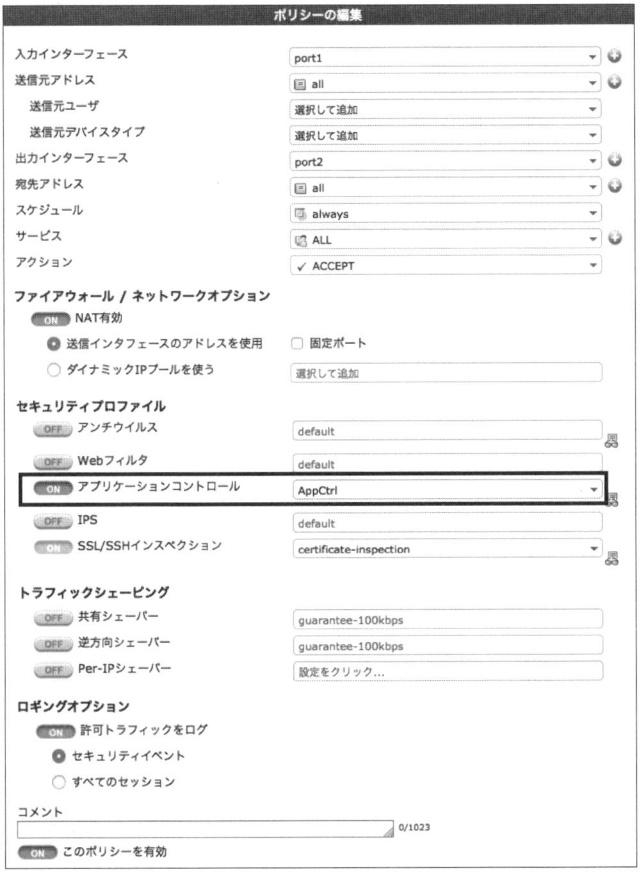

ポリシーの編集

入力インターフェース	port1
送信元アドレス	all
送信元ユーザ	選択して追加
送信元デバイスタイプ	選択して追加
出力インターフェース	port2
宛先アドレス	all
スケジュール	always
サービス	ALL
アクション	✓ ACCEPT

ファイアウォール / ネットワークオプション
- ON　NAT有効
  - ● 送信インタフェースのアドレスを使用　□ 固定ポート
  - ○ ダイナミックIPプールを使う　選択して追加

セキュリティプロファイル
- OFF　アンチウイルス　default
- OFF　Webフィルタ　default
- **ON　アプリケーションコントロール　AppCtrl**
- OFF　IPS　default
- ON　SSL/SSHインスペクション　certificate-inspection

トラフィックシェーピング
- OFF　共有シェーパー　guarantee-100kbps
- OFF　逆方向シェーパー　guarantee-100kbps
- OFF　Per-IPシェーパー　設定をクリック...

ロギングオプション
- ON　許可トラフィックをログ
  - ● セキュリティイベント
  - ○ すべてのセッション

コメント　0/1023

ON　このポリシーを有効

COLUMN

アプリケーションのカスタムシグネチャ

　IPS同様アプリケーションコントロールでもカスタムシグネチャを作成できます。P.138のコラムをご覧ください。

5-6　Webフィルタ

　アンチウィルス、IPS、アプリケーション制御と同様にWebフィルタもセキュリティプロファイルを設定します。前三者がシグネチャをダウンロードしてFortiGate内に保持する方式だったのに対して、Webフィルタは少し異なります。

WebフィルタはWebアクセスを検知するとそのURLやIPアドレスの情報をUDP53番を使用しFortiGuardに問い合わせます。FortiGuardはそのURLの属するカテゴリ番号を返信しFortiGateはそのカテゴリに設定されたアクションを実行します。悪意のあるWebサーバは特に頻繁に変更されるものなのでFortiGateはこのようにリアルタイムに情報を更新するような仕組みをとっています。一度問い合わせると3600秒間は結果をキャッシュするようになっています（変更可能）。

こういった仕組みになっているのでWebフィルタ機能を利用する場合はFortiGateが直接インターネットにアクセスできる環境が必須となります。DNSと同じUDP53（オプションでUDP8888に変更可）で問い合わせます。唯一FortiGateが直接インターネットにアクセスしなくてもいいケースは集中管理アプライアンス「FortiManager」と連携している時だけです。

■Webフィルタの設定

[WebUI]［セキュリティプロファイル］→［Webフィルタ］で設定します。「default」という名称のプロファイルが表示されます。画面右上の［+］アイコンをクリックして新規にプロファイルを作成します（図5-21）。［+］アイコンが表示されていない場合は[WebUI]［システム］→［設定］→［フィーチャー］で［複数設定プロファイル］を有効にしてください（下位機種では無効になっています）。

［名前］は任意の名称を設定してください。［インスペクションモード］は最も精度が高いデフォルトの「プロキシ」を選択します。［FortiGuardカテゴリ］はチェックを入れて有効にし、各カテゴリに対する設定を行います。各カテゴリで右クリックすると「許可」「ブロッ

○図5-21：Webフィルタプロファイル

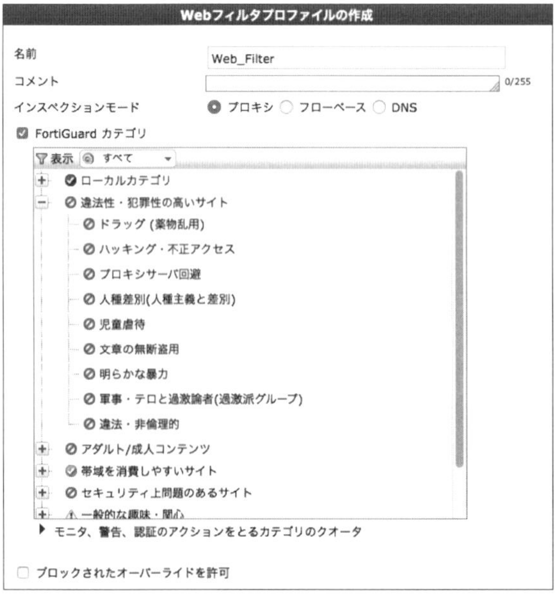

ク」「モニタ」「警告」「認証」から選択できます。また、例えばブロックをいったん選んでもう一度右クリックすると「カスタマイズ」を選択できるようになります。これはブロックしたときにWebブラウザに表示されるメッセージを編集したい場合に利用します（WebUI ［システム］→［設定］→［差し替えメッセージ］→［FortiGuardブロックページ］と同じ設定です）。「警告」は警告メッセージが表示されますが、設定した時間までは閲覧可能です。その後は再び警告メッセージが表示されます。「認証」はユーザ認証をパスすれば閲覧可能にする設定です。第3章「3-7：ユーザ認証」（P.76）で解説した例は、認証を受けた後に別のWebフィルタプロファイルが割り当てられましたが、ここでの認証設定は一時的にそのカテゴリだけを許可します。

［ブロックされたオーバーライドを許可］はここでは設定しません。設定方法は第3章「3-7：ユーザ認証」の「LDAP（AD）＋Webフィルタオーバーライド」（P.80）をご覧ください。

■ファイアウォールポリシーの設定

プロファイルを設定したらファイアウォールポリシーに割り当てます（**図5-22**）。

○図5-22：ファイアウォールポリシー

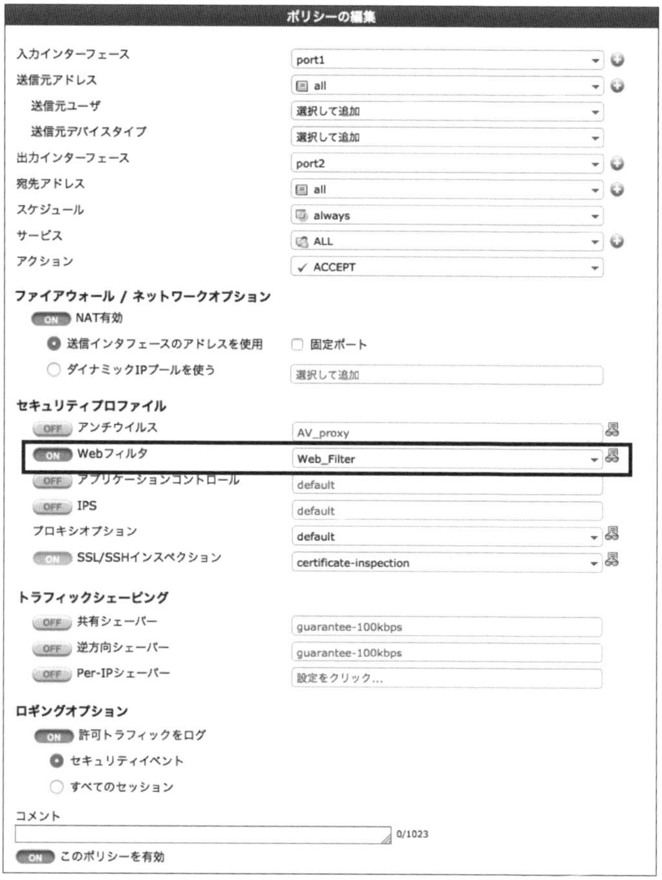

ウェルノウンポートとしてHTTPはTCP80番、HTTPSはTCP443番を利用しますが、お使いの環境によっては異なるポート番号を使用しているかもしれません。そのような場合はプロキシオプションを変更して、同じファイアウォールポリシーに割り当ててください。プロキシオプションについてはP.130をご覧ください。また、SSL／SSHインスペクションについてはP.152をご覧ください。

COLUMN

Webフィルタープロファイルの設定オプションTips

［URLフィルタを有効］にチェックを入れるとURLのブラックリスト、ホワイトリストを記述できます。シンプルにURLを記述したり、正規表現やワイルドカードで記述します。

アクションは次のものを選択できます。

- 許可：サイトを許可し、ログを生成しない
- ブロック：ブロックしてログを生成する
- モニタ：サイトを許可し、ログを生成する
- 除外（Exempt）：サイトを除外（許可）し、UTMを実施せずにログを生成する

［有効 Webコンテントフィルタ］を有効にするとWebサイト内の文字列を検索し、結果に応じてアクション可能です（Webページ内を検索するのでそれなりの負荷がかかります）。

レーティングオプションの［レーティングエラー時発生時にWebサイトを許可する］というオプションはデフォルトで無効になっています。通常はこのままで結構ですが、例えばうっかりサブスクリプションの年次更新を忘れてしまった場合などFortiGuardへの問い合わせができなくなってしまいます。その場合、このオプションが無効になっているとすべてのWebサイトが表示されません。そのような緊急時にのみ一時的に有効にして利用するオプションです。

COLUMN

FortiGuardのカテゴリ

　FortiGuardのカテゴリは78に分かれています。制限したいWebサイトがFortiGuardのカテゴリでは何に分類されているのか、確認はFortiGuard Centerから行います。

　次のWebサイトの［URL/IP Rating & Info］にURLもしくはIPアドレスを入力してみてください。

http://www.fortiguard.com/static/webfiltering.html

　例えば「www.fortinet.com」を検索してみると、「Information Technology」というカテゴリに属していることがわかります（図5-A）。

　検索したサイトの属しているカテゴリが適切でない場合、このページにある［Submit Review Request］をクリックし、必要事項を記入すると再度カテゴリを検討するようにリクエスト可能です。

○図5-A：URL/IP Rating & Info

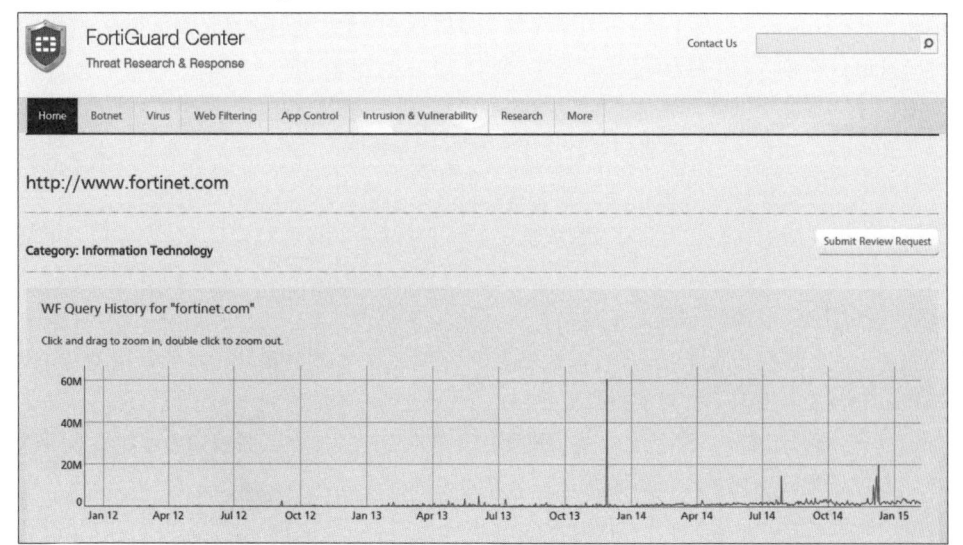

5-7 アンチスパム（Emailフィルタ）

FortiGateにはIMAP、POP3、SMTPに対するアンチスパム（Emailフィルタ）機能が備わっています。ただし、アクションとしてはメールにスパムとわかるようなタグをつけて（MIMEヘッダor件名）転送、もしくはメールのドロップ（SMTPのみ）のいずれかです。

よくあるアンチスパムアプライアンスのように、いったんスパムメールをシステム内に隔離し、受信者に定期的にレポートする（ユーザはそれをもとにリリースしたり削除したりする）というような機能はありませんのでご注意ください。そのようなアンチスパムシステムが必要な場合はFortiMailというメールアンチウィルス／アンチスパム製品があるので、そちらを検討してください。

http://www.fortinet.co.jp/products/fortimail/

FortiGateのアンチスパムは送信者IP評価とスパムシグネチャデータベースを利用します。また、「URLチェック」「IPアドレスチェック」「Eメールチェックサムチェック」が利用可能です。

■Emailフィルタの設定

FortiOS 5.2.2においてEmailフィルタはデフォルトではGUI上に表示されていません。[WebUI]［フィーチャー］→［セキュリティフィーチャー］で［Emailフィルタ］を「ON」にして［適用］を押してください。

[WebUI]［セキュリティプロファイル］→［Emailフィルタ］を表示します（図5-23）。「default」という名称のプロファイルが表示されます。画面右上の［+］アイコンをクリックして新規にプロファイルを作成します。［+］アイコンが表示されていない場合は[WebUI]［システム］→［設定］→［フィーチャー］で［複数設定プロファイル］を有効にしてください（下位機種では無効になっています）。

［名前］は任意の名称を設定してください。［インスペクションモード］は、デフォルトの「プロキシ」を選択します。［スパム検知とフィルタリングを有効］にチェックを入れ、IMAP／POP3／SMTPに対する設定を行います。［スパムアクション］は「タグ」および「転送」から選択します。SMTPのみ「破棄」を選択可能ですが、誤検知の可能性も皆無ではないので通常は選択されないオプションです。"転送"はスパム検知を行わないことを意味しています。

［タグの挿入箇所］はメールを受け取ったユーザがスパムとわかるように件名にタグを入れるか、メールのMIMEヘッダにタグを入れるかどちらかを選択してください。［タグのフォーマット］はタグとして挿入する文字列を設定します。

◯図5-23：Emailフィルタプロファイル

FortiGuardスパムフィルタリング

　FortiGuardスパムフィルタリングは要件に合わせてチェックしてください。［IPアドレスチェック］は送信元のIPアドレスがブラックリストにないかどうかFortiGuardに問い合わせます。［URLチェック］はメール本文内のURLがブラックリストにないかどうかFortiGuardに問い合わせます。［Email内のフィッシングURLを検出］はメール本文内のハイパーリンクがフィッシングサイトかどうか問い合わせます。もしフィッシングサイトのリストに入っていた場合はスパムとみなし、ハイパーリンクを削除します（URLは残します）。［Emailチェックサムのチェック］はメールのチェクサムがブラックリストにないかどうかに問い合わせます。［スパム報告］は、もしFortiGateが誤ってスパム判定した場合、FortiGuardにこのメールがスパムではないことを通知したくなるでしょう。これをチェックするとFortiGateはメール本文にFortiGuardへのリンクを追加し、ユーザがスパムの誤判定を簡単に申告できるようにします。なお、このリンクの説明文は WebUI ［システム］→［設定］→［差し替えメッセージ］からカスタマイズ可能です。

　ローカルスパムフィルタリングの項目はFortiGuardと関連しない設定項目です。［HELO DNSルックアップ］はHELOコマンドに含まれるドメイン名をFortiGuardが名前解決し、失敗したらスパムと判定します。SMTPにのみ有効な設定です。［Return Email DNSチェック］はreply-toに記載されているメールアドレスのドメインをFortiGateが名前解決し、失敗した場合にスパム判定します。reply-toに記載がない場合はFromフィールドに対し名前解決を実施します。

ブラック／ホワイトリスト

メールアドレスのブラックリスト／ホワイトリスト、IPアドレスのブラックリスト／ホワイトリストを設定できます。「Mark as Spam」はスパムと判定し、各プロトコルの設定（［Enable Spam Detection and Filtering］の設定）に従います。「Mark as Clear」はホワイトリスト設定となり、スパム判定しません。「Mark as Reject」はメールを破棄します。メールアドレスのブラックリスト／ホワイトリストはワイルドカードでの表記と正規表現での記述方法を選択可能です。

その他にもCLIで「Trusted IP address」（信頼できる送信元IP）や「Banned Word」（禁止語句）などの設定が可能です。

■ ファイアウォールポリシーの設定

プロファイルを設定したらファイアウォールポリシーに割り当てます（図5-24）。

ウェルノウンポートとしてSMTPはTCP25番、POP3はTCP110番、IMAPはTCP143番を利用しますが、お使いの環境によっては異なるポート番号を使用しているかもしれません。そのような場合はプロキシオプションを変更して、同じファイアウォールポリシーに割り当ててください。プロキシオプションについてはP.130をご覧ください。また、SSL／SSHインスペクションについてはP.152をご覧ください。

5-8 SSLインスペクション

FortiGateはSSLを復号化して中身を検査する機能を持っています（図5-25）。SSLインスペクションを有効にした状態でSSLサイトへ接続すると、FortiGateがそのサーバとのSSLセッションを終端し、クライアントへそのSSLセッションを中継します。

FortiGateはクライアントへ新たなSSLセッションを確立するために、オリジナルのサーバ証明書をFortiGateが持っているCA証明書（デフォルトではFortinet_CA_SSLProxy）で署名し、これをクライアントへ提供します。いわば偽の証明書を即席で作ってクライアント側に提供しているわけです。クライアント側ではFortinet CAで署名された証明書を信頼しないため、SSLインスペクション経由でSSLサイトにアクセスすると図5-26のような警告メッセージが表示されます。［このサイトの閲覧を続行する］を選択すればサイトを見ることは可能です。

こういった警告メッセージを表示させたくない場合、2つの方法があります。

1つはパブリックな証明書発行機関から入手したCA証明書をFortiGateにインストールする方法。こちらはコストがかかるのでハードルの高い方法と言えます。

もう1つは各クライアントPCにFortiGateのCA証明書を「信頼されたルート証明機関」として格納する方法です。

2番目の方法をWindows 8で実施する場合の手順を説明します。WebUI［システム］→［証明書］→［ローカル証明書］で「Fortinet_CA_SSLProxy」を選択し、ダウンロードアイコ

○図5-24：ファイアウォールポリシー

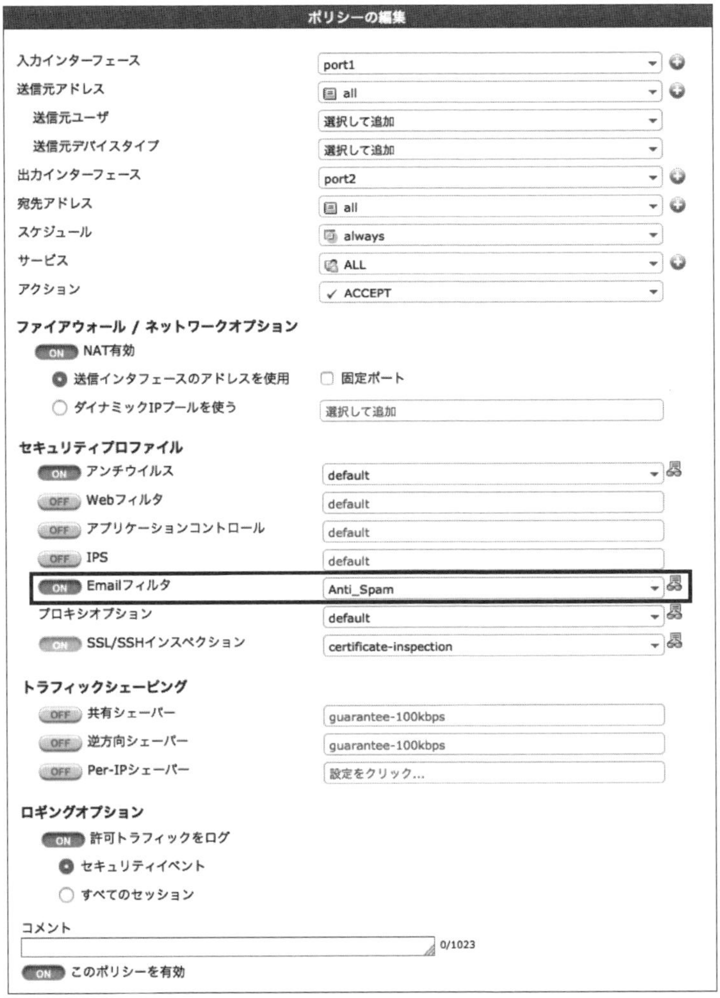

ンをクリックしてPC上にダウンロードします（図5-27）。

　ダウンロードした証明書をダブルクリックして、図5-28の［証明書のインストール］を実行してください。

　証明書のインポートウィザード（図5-29）が表示されます。保存場所は要件に合わせて選択してください。証明書ストアでは「証明書をすべて次のストアに配置する」を選択し、「信頼されたルート証明機関」を選択してください。

　完了するとセキュリティ警告が表示されますが［はい］を選択してインストールを終了してください。

Part2：多層防御を実現するFortiOS設定

○図5-25：SSLインスペクション

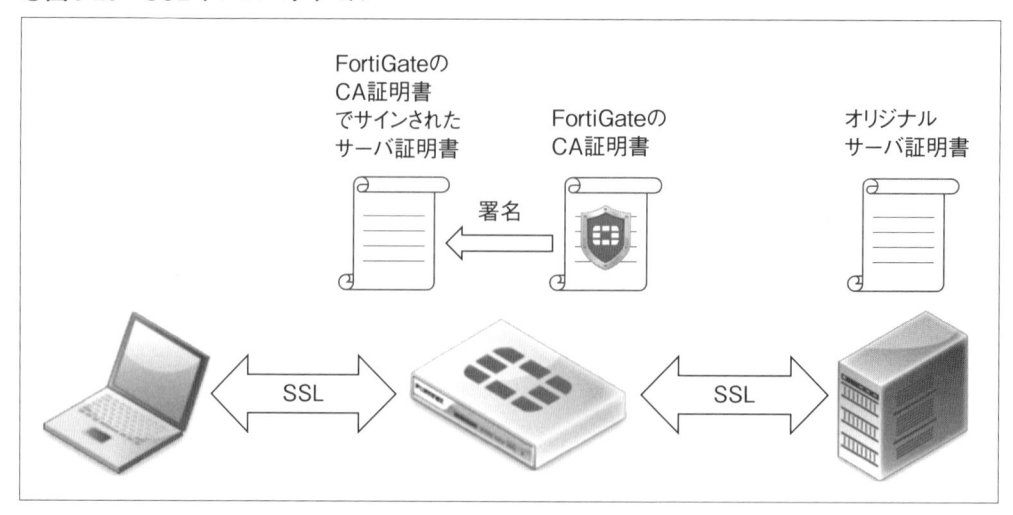

○図5-26：ブラウザの警告画面（Internet Explorerの例）

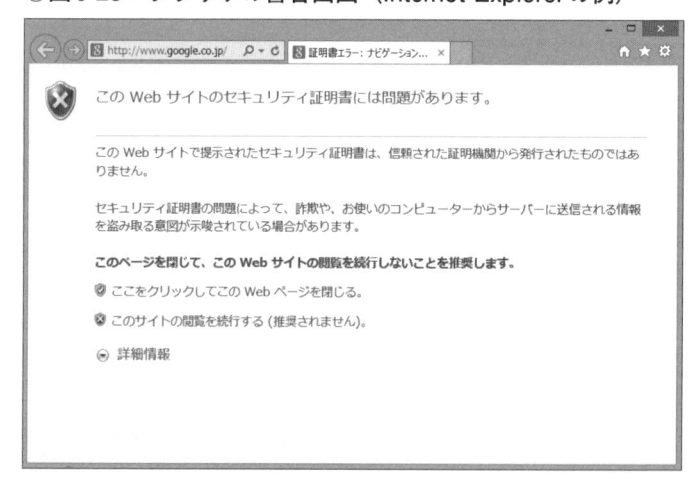

○図5-27：Fortinet_CA_SSLProxy

名前	サブジェクト	ステータス	コメント	参照
Fortinet_CA_SSLProxy	C = US, ST = California, L = Sunnyvale, O = Fortinet, OU = Certificate Authority, CN = FortiGate CA, emailAddress = support@fortinet.com	OK	これはSSLインスペクションが新しいサーバ証明書を…	2
Fortinet_Factory	C = US, ST = California, L = Sunnyvale, O = Fortinet, OU = FortiGate, CN = FGT3HD3914800554, emailAddress = support@fortinet.com	OK	この証明書は工場出荷時からハードウェアに組み込まれ…	0
Fortinet_Factory2		NOT AVAILABLE	このユニットでは使用できません	0
Fortinet_Firmware	C = US, ST = California, L = Sunnyvale, O = Fortinet, OU = FortiGate, CN = FortiGate, emailAddress = support@fortinet.com	OK	この証明書はファームウェアに組み込まれており、す…	1
Fortinet_SSLProxy	C = US, ST = California, L = Sunnyvale, O = Fortinet, OU = FortiGate, CN = FortiGate Server, emailAddress = support@fortinet.com	OK		4
Fortinet_Wifi	OU = Domain Control Validated, OU = PositiveSSL, CN = auth-cert.fortinet.com	OK	This certificate is embed…	1

○図5-28：証明書のインストール

○図5-29：証明書のインポートウィザード

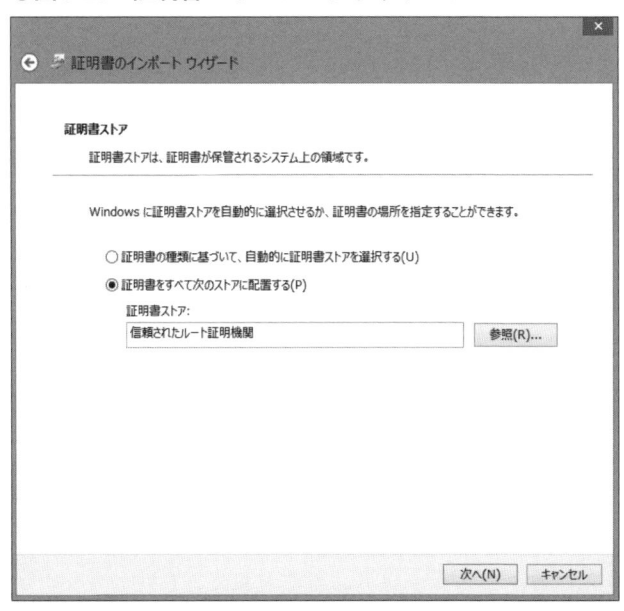

○図5-30：SSLインスペクション（一部抜粋）

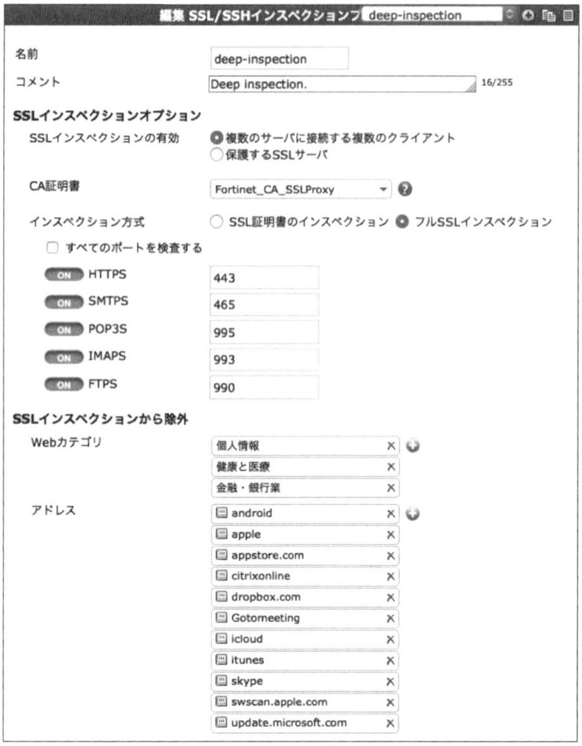

■ SSLインスペクションの設定

　SSLインスペクションは各UTM機能と組み合わせて設定します。組み合わせ可能なものはアンチウィルス／IPS／アプリケーションコントロール／Webフィルタ／アンチスパム／DLPです。
　まず WebUI ［ポリシー＆オブジェクト］→［ポリシー］→［SSL/SSHインスペクション］を確認してください（図5-30）。
　ページ右上のドロップダウンリストをクリックすると「certificate-inspection」と「deep-inspection」という2つのプロファイルがあります。「certificate-inspection」はWebフィルタで簡易的なSSLインスペクションを実施する場合に使用可能です。証明書のCN名でそこがどういった種類のサイトかFortiGuard Webフィルタのカテゴリマッチングを行います。それ以外で利用することはありません。Webフィルタ以外の機能と組み合わせてもSSLインスペクションを実施できません。
　「deep-inspection」というプロファイルがSSLを暗号／復号するフルインスペクション用の設定です（新規に作成する場合は「インスペクション方式」を「フルSSLインスペクション」に設定してください）。HTTPS／SMTPS／POP3S／IMAPS／FTPSの各ポート番号を確認してください。例えばHTTPSはデフォルトでは443となっていますが、これは

○図5-31：ファイアウォールポリシー

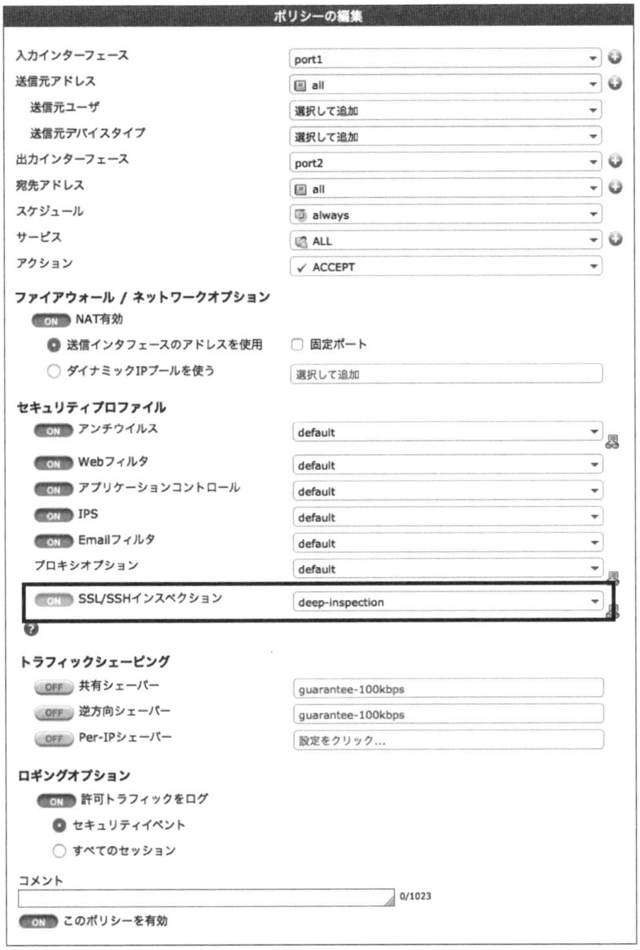

TCP443番宛の通信をSSLインスペクション対象とするという設定です。カンマで区切ればポート番号は追加できます。環境にしたがって必要があれば変更してください。また、［SSLインスペクションから除外］ではSSLインスペクションを実施しないカテゴリやドメインを設定可能です。

本章の「5-2：アンチウィルス」から「5-7：アンチスパム」で見てきたように、利用するUTMのプロファイルを設定し終えたらファイアウォールポリシーに割り当てますが、その際にSSL／SSHオプションを選択してください（図5-31）。前述したようにWebフィルタ以外は「certificate-inspection」を選んでも意味がないので、「deep-inspection」（あるいは新規作成したフルSSLインスペクションのプロファイル）を選択してください。

なお、FortiOS 5.2ではファイアウォールポリシーで何かSecurity Profileを選ぶと、SSL／SSHインスペクションが有効になってしまい、GUIではOFFにできません。「certificate-inspection」を選んでおけばWebフィルタ以外は実質的にSSL／SSHインスペクションを

実施しないのですが、きちんと無効にしたい場合はCLIから実行してください。

```
config firewall policy
    edit <ポリシー番号>
        unset ssl-ssh-profile
    end
end
```

第6章 高可用性（HA）

FortiGateは機器の冗長化やインターフェースの冗長化などの機能を持っており、機器障害やネットワーク障害を回避できます。この章では機器の冗長化に関して機能概要と設定方法を解説します。

6-1 冗長方式

FortiGateは次の4つの方式で機器を冗長構成にすることが可能です。

■FGCP（FortiGate Cluster Protocol）

FGCPとはFortiGateの冗長化専用プロトコルで、古くからFortiGateに実装され、標準の冗長化方式となっています。FGCPを利用したクラスタ構成では他のネットワークノードからは1台のFortiGateのように見えます。

FGCPを使ったHAではTCP／UDP／ICMP／IPsec／NATを含めIPv4／IPv6トラフィックのセッションフェイルオーバーが可能です。また、アクティブ／パッシブ構成だけではなく、アクティブ／アクティブ構成でUTM機能のパフォーマンスの向上を図ることも可能です。さらにVDOMと組み合わせてバーチャルクラスタ構成をとることもできます。FortiGateで実際によく利用されているのはこのFGCPを使った冗長化です。

■FGSP（FortiGate Session Life Support Protocol）

FortiGate同士を冗長化しますが、切り替えは外部のロードバランサやルータに頼る構成です。FortiGateはセッションの同期を行い、フェイルオーバーが起こった際にも途切れることなく既存のセッションをハンドリングします。また、インターフェースのIPアドレスなどそれぞれのFortiGateに固有なもの以外の設定を同期します。

■VRRP

サードパーティーのルータなどとVRRPグループを構成することができます。FortiGate同士でも可能です。クラスタを構成する機器のハードウェアやファームウェアが同一でなくともよいというメリットがあります。

■ FRUP（FortiGate Redundant UTM protocol）

FortiGate-100Dなどの一部のモデルでサポートされている冗長方式です。

6-2 FGCPによる冗長化

　本書ではFortiGateの冗長化方式としてデファクトスタンダードとなっているFGCPによる冗長化を解説します。FGCPによるHAを構成するには次の条件を満たしていなければなりません。

- 同一のハードウェア構成であること
- 同じバージョン（ビルド）のファームウェアで動作していること
- 同じオペレーティングモード（NAT／ルートモードorトランスペアレントモード）で動作していること
- 同じVDOMモード（VDOMの有効／無効）で動作していること
- クラスタ参加機器は4台までであること
- ハートビートインターフェース（専用ポートを推奨）を設定すること

　FGCPによるHAを設定したFortiGateは他のノードを発見し、クラスタを構成するようにネゴシエーションします。クラスタ構成のFortiGateはハートビートインターフェースを通じてセッション情報や設定を同期します。クラスタはFGCPをマスタユニットの選定やデバイスやセッション、リンクのフェイルオーバーに使用します。

■ アクティブ／パッシブとアクティブ／アクティブ

　FGCPによるHAクラスタには「アクティブ／パッシブ（アクティブ／スタンバイ）」と「アクティブ／アクティブ」という2つの方式があります（図6-1）。

　アクティブ／アクティブは選定されたマスタユニットが他のFortiGateにトラフィック処理をロードバランスする方式です。このモードはアンチウィルスやIPSなど負荷の高い処理を分散してパフォーマンスをよくするために利用されます。ファイアウォールのみしか利用しない場合には向きません。

　本書では一般的によく利用されるアクティブ／パッシブ構成について説明します。

　FGCPによるHAでは、インターフェース情報も含めて設定を同期します（クラスタで同一のIPアドレスを持ち、仮想MACアドレスをマスタ機が名乗ることでフェイルオーバー（切り替わり）を実現します。

　フェイルオーバーはマスタ機のダウンやリンクの切断により起こります。クラスタはマスタ機のリンクダウンをポートモニタリングやリモートIPモニタリングにより検出します。

　FGCPのセッションフェイルオーバーはTCP、SIP、IPsec VPNを引き継ぐことができま

○図6-1：アクティブ／パッシブとアクティブ／アクティブ

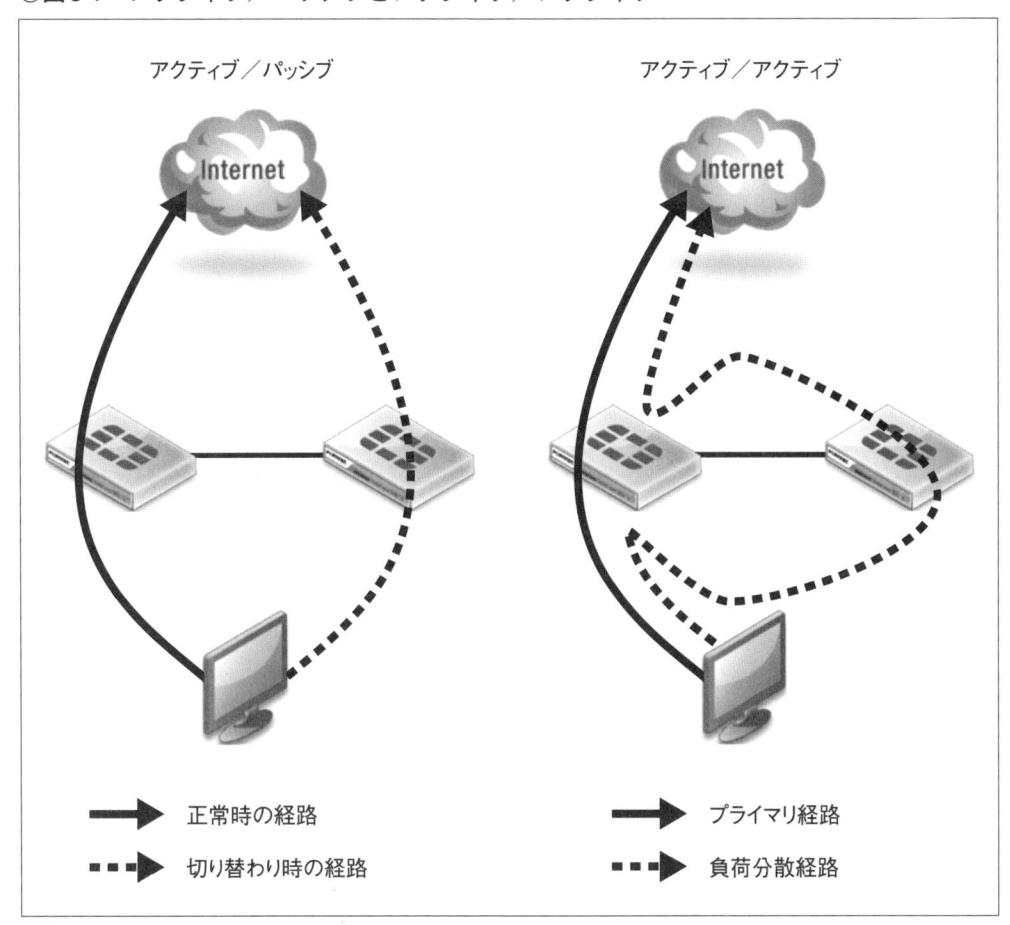

○表6-1：FGCPのセッションフェイルオーバー

分類	項目
デフォルトでセッション同期するもの	TCP、SIP、IPsec VPN
その他セッション同期可能なもの	ICMP、UDP
セッション同期しないもの	SSL-VPN、マルチキャストなど

す（**表6-1**）。また、ICMPやUDPも引き継ぐように設定できます。マルチキャストやSSL-VPNのセッションを引き継ぐことはできません。セッションフェイルオーバーを実現するためにはFortiGateが処理したセッション情報を常に同期する必要があります。これはトラフィックが多ければ多いほど負荷の高い処理となりパフォーマンスに影響があります。必要がなければできるだけ利用しないことをお勧めします。

　なお、FortiASIC-NPを搭載している機器でセッション同期を実施する場合は、NP配下の

Part2：多層防御を実現する FortiOS 設定

ポートをハートビートポートに指定してください。非NPポートと比較してパフォーマンスが劇的に良くなります。

> **COLUMN**
>
> ## FGCPを利用した構成
>
> 本書の設定例では解説しませんが、FGCPを利用した構成には次のようなものもあります。
>
> ○図6-A：バーチャルクラスタ
>
> ※どちらかに問題があった場合はフェイルオーバーし、片寄せになる。

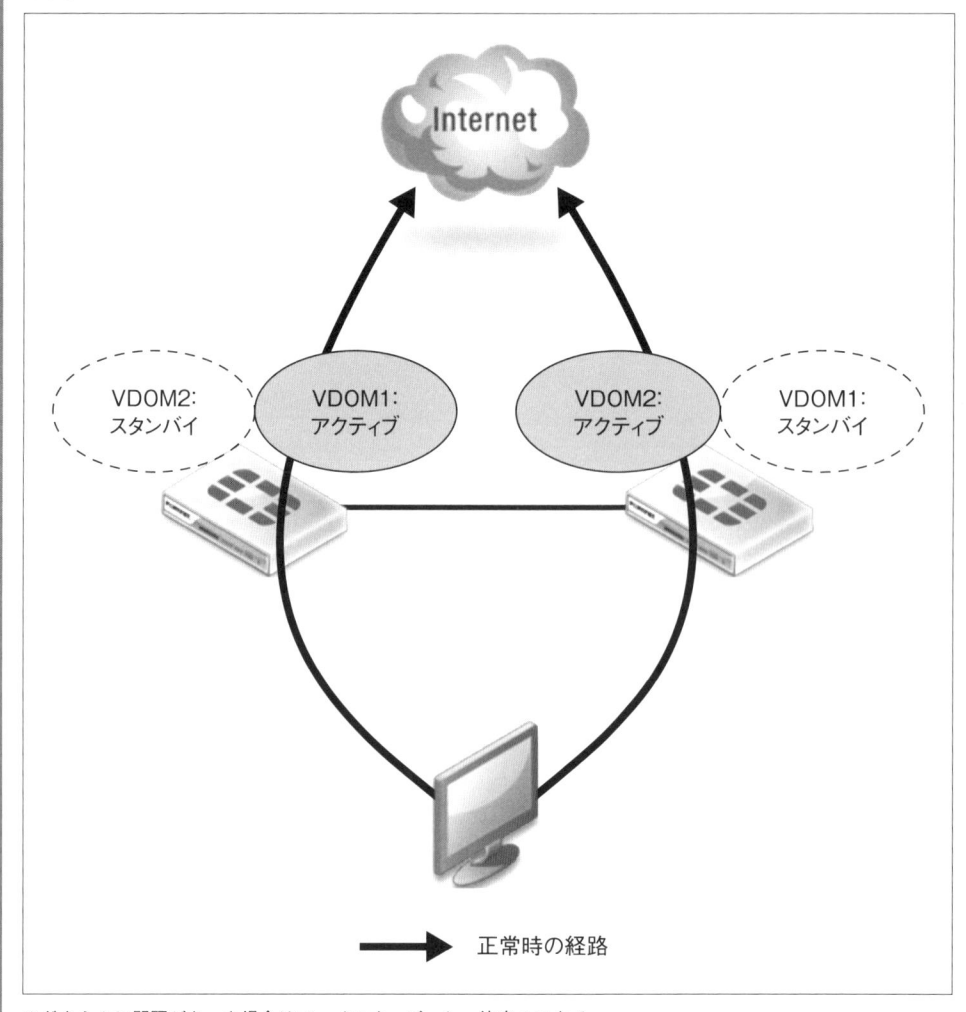

■ バーチャルクラスタ

複数のVDOMを有効にした状態で、VDOMごとにマスタとなるFortiGateを指定することで、起動しているFortiGateを無駄なく利用できる機能です。

■ フルメッシュHA

IEEE 802.3ad Link Aggregation、もしくは冗長インターフェース（Redundant Interface）を利用し、複数のスイッチにたすき掛けにすることで単一障害ポイントを避ける構成をとることができます。

6-3 クラスタの管理

■ コンフィグ同期

GUIおよびCLIでマスタ機器の設定を変更した場合は自動的に他の機器にも反映されます。ただし次のような各機器でユニークな設定は同期されません。

- FortiGateのホスト名
- HAオーバーライド
- HAデバイスプライオリティ
- バーチャルクラスタ1とバーチャルクラスタ2のデバイスプライオリティ
- PINGサーバ、デッドゲートウェイディテクションのHAプライオリティ設定
- HA Reserved Management Interfaceのインターフェース設定
- HA Reserved Management Interfaceのデフォルトルート設定
- dynamic weighted load balancingのしきい値とhigh and low watermarks

■ HA構成でのファームウェアのアップグレード

GUIおよびCLIでアップグレードを実施するとスレーブユニットから自動的に実施し、ダウンタイムを極小化します。

■ スレーブのFortiGateの管理

シリアルコンソール接続でそれぞれのCLIにアクセスすることができます。マスタのCLIからスレーブのCLIに切り替える方法もあります（P.170参照）。また、Reserved Management Interfaceを利用することでSNMPや独立したCLI／GUIにアクセスできます（P.179参照）。

6-4 FGCPによる機器冗長化（HA）の設定

設定例は図6-2のトポロジに基づいて解説します。

使用機器はプライマリ、セカンダリとも「FortiGate-300D」です。HAを構成する場合は同一のモデル（オプション構成やジェネレーションも含めて）および同一のファームウェアでなければなりません。また、UTM機能などを利用する場合やVDOM拡張ライセンスを利用する場合なども双方で同一のものを用意する必要があるのでライセンスは2台分用意してください。

■ プライマリ機器（FGT-A）の設定

プライマリとして使用するFortiGateに電源を入れ、表6-2の設定を行ってください。
また、port1およびport2は各スイッチに接続しておきます。

○図6-2：アクティブ／パッシブのネットワークトポロジ

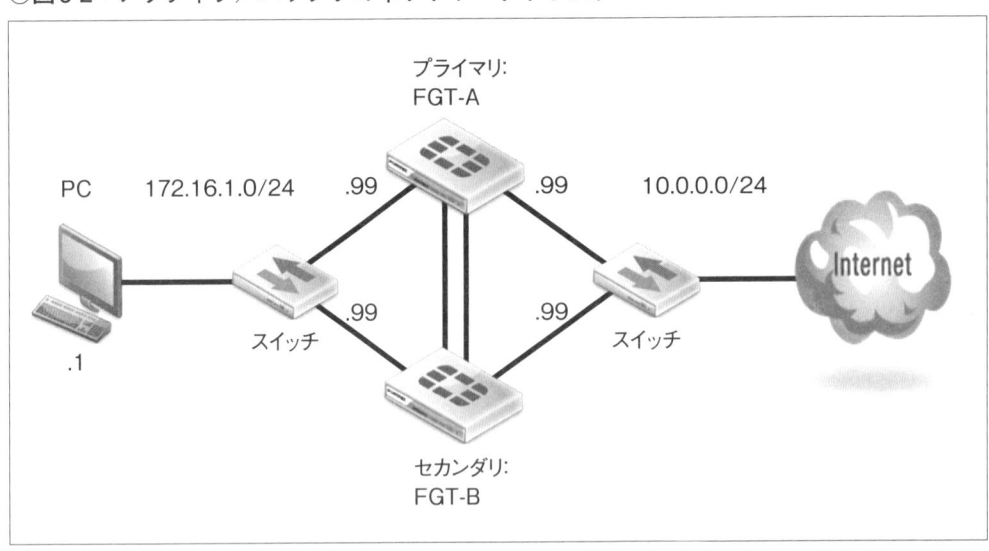

○表6-2：プライマリ機器（FGT-A）の設定

項目	設定内容
ホスト名	FGT-A
port1	IPアドレス：172.16.1.99/24 HTTPSによるGUIアクセス許可
port2	IPアドレス：10.0.0.99/24
その他	時刻設定やGUIの日本語化など必要な項目。第2章FortiGateの基本設定を参考にしてください。

HAの設定

[WebUI]［システム］→［設定］→［HA］で図6-3のように設定します。

［モード］は「アクティブ・パッシブ」です。このデバイスをプライマリとしたいので［デバイスのプライオリティ］は「200」にします。このフィールドには0～255の値を入力できます。高いほうがマスタとして選定されやすくなります。なおプライオリティが高いほうが常にマスタになるわけではありません（詳細はP.173をご覧ください）。

［クラスタメンバに管理ポートを予約］は、無効のままにします。管理ポートとはP.179で後述するReserved management interfaceのことです。［グループ名］は任意の名称を入力し、［パスワード］は任意のパスワードを入力してください。［セッションピックアップを有効にする］にはセッション同期を試すのでチェックを入れてください。多量の新規セッションを同期させる場合は、セッション同期専用のLinkを設けることも可能です（session-sync-dev）。

［ポートモニタ］はリンクのアップ／ダウン監視対象となるポートにチェックを入れます。「port1」と「port2」にチェックを入れてください。通常トラフィックが流れるポートを指定します。

［ハートビートインターフェース］はクラスタが互いを認識し、同期するためのハートビー

○図6-3：HAの設定（プライマリ）

○図6-4：HAクラスタ

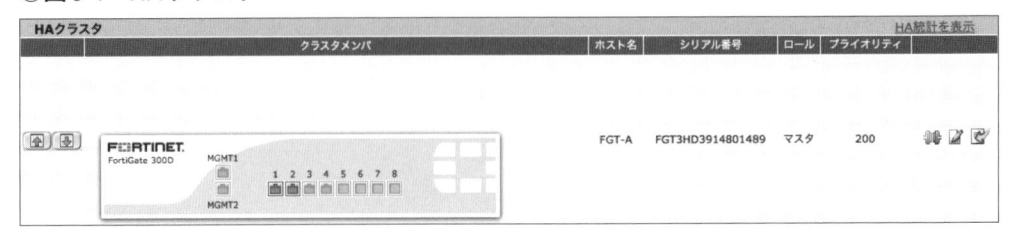

ト通信を行うポートです。専用のセグメントを用意することを推奨しています。2台構成の場合、通常はイーサネットケーブルを直結するのでポートモニタの監視対象にしません。ハートビートインターフェースは冗長構成が取れるので（推奨）、この例では2つのインターフェースを使用します。「port3」と「port4」にチェックを入れプライオリティはそれぞれ「100」と「50」にしてください。プライオリティ値が高いほうがプライマリとなります。

［適用］ボタンを押すと図6-4のような画面が表示されます。セカンダリの設定をしていないのでFGT-Aしか表示されません。また、他のメンバが存在しないためロール（役割）はマスタとなります（最初に「スレーブ」と表示されますが、すぐに「マスタ」に変わります）。

> FortiGate-200シリーズ以下の製品ではデフォルトでスイッチポート（複数のポートがまとまって1つのポートとして扱われるもの）を持っているものがあります。スイッチポートはハートビートおよびモニタポートに指定しないでください。他の機種の場合でもソフトウェアスイッチを構成した際は同様にサポートされません。
> また、FortiOS 5.2からHAでのDHCPおよびPPPoEをサポートしています。DHCPおよびPPPoEインターフェースを利用する場合はまずHAを構成してからインターフェースの設定してください。

■ セカンダリ（FGT-B）の設定

セカンダリ機器はマスタ機のコンフィグを同期するので、最小限の設定でかまいません。ただし、NAT／ルートorトランスペアレントモード、VDOM有効／無効、FortiOSのバージョンやハードウェア構成など同一にしてHA構成の前提条件はクリアしておいてください。

PCをMGMT1ポートに接続してセカンダリ機器の電源を投入してください。他のポートはまだケーブルに接続しないでください。ブラウザにMGMT1のデフォルトであるhttps://192.168.1.99を入力してGUIにアクセスしてください（PC側のIPアドレスを事前に合わせておいてください）。

ログイン後に表6-3の設定を実施してください。

○表6-3：セカンダリ（FGT-B）の設定

項目	設定内容
ホスト名	FGT-B
その他	GUIの日本語化。（マスタの設定を同期するのでわざわざ設定しなくてもかまいませんが、以降の説明を日本語GUIベースで説明するため）

○図6-5：HAの設定（セカンダリ）

HAの設定

[WebUI] ［システム］→［設定］→［HA］で設定します。［モード］は「アクティブ・パッシブ」です（図6-5）。

このデバイスをセカンダリにしたいので［デバイスのプライオリティ］は「100」としてください。［クラスタメンバに管理ポートを予約］は無効のままにします。管理ポートとはP.179で後述するReserved management interfaceのことです。

［グループ名］と［パスワード］はプライマリと同じものを入力してください。［セッションピックアップを有効にする］はセッション同期を試すのでチェックを入れてください。また、［ポートモニタ］はプライマリ同様に「port1」と「port2」にチェックを入れてください。［ハートビートインターフェース］はプライマリ同様に「port3」と「port4」にチェックを入れプライオリティはそれぞれ「100」と「50」にしてください。

［適用］ボタンを押すと図6-6のような画面が表示されます。まだハートビートポートを結線していないのでFGT-Bしか表示されません。また、他のメンバを認識していないため

Part2：多層防御を実現する FortiOS 設定

○図6-6：HAクラスタ

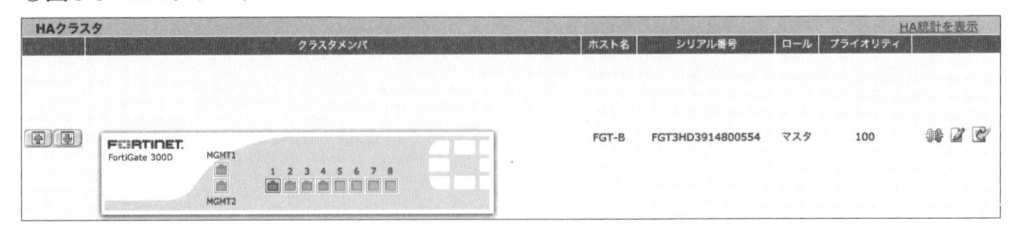

○図6-7：セカンダリへのコンソール接続

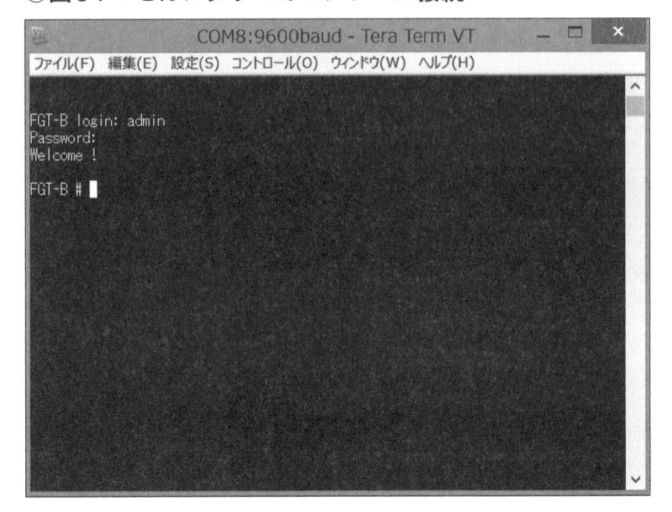

ロール（役割）はマスタとなっています（最初は「スレーブ」と表示されますが、すぐに「マスタ」に変わります）。

結線

　それぞれのポートをイーサネットケーブルで接続する前に、シリアルコンソールケーブルをセカンダリに接続して、HAのコンフィグ同期の状況をモニタする準備をしましょう。

　PCにシリアルコンソールケーブルを接続し、ターミナルエミュレータ（**図6-7**）を起動します。シリアルコンソールの接続方法は第2章（P.27）を参考にしてください。

　準備ができたらFGT-AとFGT-Bのプライマリハートビートポートとして指定したport3同士をイーサネットケーブルで接続します。

　ハートビートポートが接続されるとコンフィグの同期が始まりターミナルエミュレータ上に次のような表示が順次現れます。

第6章：高可用性（HA）

```
slave's configuration is not in sync with master's, sequence:0
slave's configuration is not in sync with master's, sequence:1
slave's external files are not in sync with master, sequence:0. (type IDS)
slave's external files are not in sync with master, sequence:1. (type IDS)
slave's external files are not in sync with master, sequence:0. (type CERT_LOCAL)
slave's external files are not in sync with master, sequence:1. (type CERT_LOCAL)
slave's external files are not in sync with master, sequence:2. (type CERT_LOCAL)
slave's external files are not in sync with master, sequence:3. (type CERT_LOCAL)
slave's external files are not in sync with master, sequence:4. (type CERT_LOCAL)
slave succeeded to sync external files with master
slave's configuration is not in sync with master's, sequence:0
slave's configuration is not in sync with master's, sequence:1
slave's configuration is not in sync with master's, sequence:2
slave's configuration is not in sync with master's, sequence:3
slave's configuration is not in sync with master's, sequence:4
slave starts to sync with master
logout all admin users
```

　最初は証明書などのexternal fileを同期し始め、slave succeeded to sync external files with masterで完了しています。次にコンフィグを同期します。最後のlogout all admin users後に同期されます。この表示の後セカンダリのport1、port2をスイッチに接続し、port4もプライマリと直接結線します。また、PCもIPアドレスを172.16.1.1にしてスイッチに接続します。図6-2（P.164）の構成をとります。

　PCからhttps://172.16.1.99にアクセスしてみてください。 WebUI ［システム］→［設定］→［HA］で図6-8のようにそれぞれマスタ／スレーブという役割が割り当てられています。

　念のため、CLIでスレーブのコンフィグが同期されているか確認してみましょう。スレーブに直接シリアルコンソールケーブルを接続して確認してもかまいませんが、マスタからスレーブのCLIにアクセスする方法を教えます。

　まずマスタのCLIにログインします。接続方法はシリアル接続でもTelnet／SSHでもGUIのコンソールを利用してもかまいません。

○図6-8：HAクラスタ

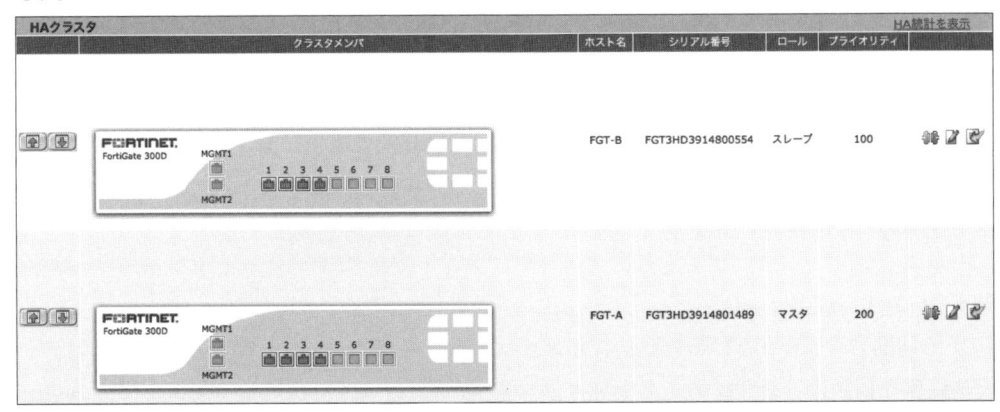

「execute ha manage ?」と入力します。

```
FGT-A # execute ha manage
<id> please input peer box index.
<1> Subsidary unit FGT3HD3914800554
```

「1」がSubsidary Unit（要するにスレーブ）なので、「execute ha manage 1」と入力します。

```
FGT-A # execute ha manage 1
```

プロンプトが「FGT-B $」に変わり、スレーブのCLIに切り替わりました。

```
FGT-B $
```

例えば設定していないはずのport1にマスタと同じ設定が入っていることが確認できれば、設定の同期が成功しているとみなせます。

```
FGT-B $ show system interface port1
config system interface
    edit "port1"
        set vdom "root"
        set ip 172.16.1.99 255.255.255.0
        set allowaccess ping https http
        set type physical
        set snmp-index 3
    next
end
```

■フェイルオーバーとセッション同期の確認

今回の例では「セッションピックアップ」を有効にしています。セッションピックアップとはセッション情報（具体的にはファイアウォールのセッションテーブル）をクラスタで同期する機能のことを言います。

セッションピックアップを有効にするとデフォルトではTCPのセッションテーブルが同期されます。CLIでsession-pickup-connectionlessを有効にするとICMPやUDPも同期しますが、そもそもセッションという考え方がないプロトコルのセッションテーブル情報を同期する意味はあまりないと思います。なお、UTM機能を有効にしているファ

○図6-9：マスタの確認

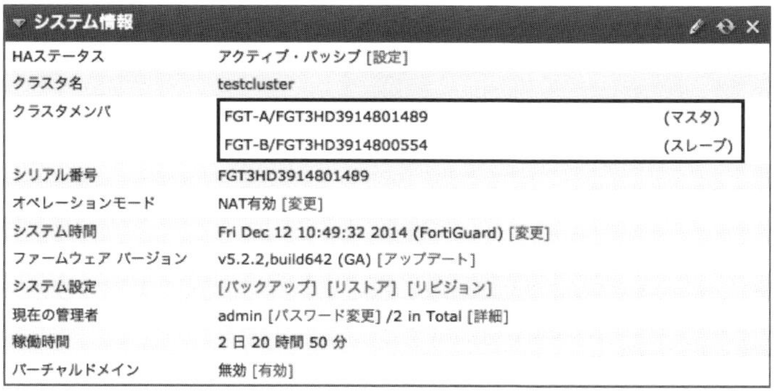

システム情報	
HAステータス	アクティブ・パッシブ [設定]
クラスタ名	testcluster
クラスタメンバ	FGT-A/FGT3HD3914801489　　　　　　　　　（マスタ） FGT-B/FGT3HD3914800554　　　　　　　　　（スレーブ）
シリアル番号	FGT3HD3914801489
オペレーションモード	NAT有効 [変更]
システム時間	Fri Dec 12 10:49:32 2014 (FortiGuard) [変更]
ファームウェア バージョン	v5.2.2,build642 (GA) [アップデート]
システム設定	[バックアップ] [リストア] [リビジョン]
現在の管理者	admin [パスワード変更] /2 in Total [詳細]
稼働時間	2 日 20 時間 50 分
バーチャルドメイン	無効 [有効]

イアウォールポリシーで許可された通信のセッションは同期しません。

　まず、どちらのFortiGateがマスタになっているか確認します。[WebUI]［システム］→［ダッシュボード］→［ステータス］→［システム情報］で確認できます（図6-9）。もちろん[WebUI]［システム］→［設定］→［HA］でも確認可能です。

　CLIを利用する場合は、次のコマンドでどちらの機器がマスタになっているか確認できます。

```
FGT-A # diagnose sys ha status
HA information
Statistics

   ... 中略 ...

vcluster 1, state=work, master_ip=169.254.0.1, master_id=0:
FGT3HD3914801489, 0. Master:200 FGT-A(prio=0, rev=0)
FGT3HD3914800554, 1.  Slave:100 FGT-B(prio=1, rev=1)
```

　次にPCからFortiGateを介してTCP通信を行います。HTTPのようにすぐにセッションを切ってしまうものではなく、Telnet／SSHやリモートデスクトップなどがよいでしょう。

　少々わかりづらいですが、図6-10はFortiGate-300Dの先にFortiGate-60Dを配置し、172.16.1.1のPCからTelnetで接続しているところです。Telnetセッションを張った後、FGT-Aのport2のケーブルを抜き、フェイルオーバーを発生させました。セッション同期を行っているのでフェイルオーバー後もTelnetは切れず、コマンドも通常どおり受け付けています。

　この検証でポートモニタしているポートの抜線によりフェイルオーバーが起き、セッション同期も問題ないことがわかります。その他のポートの抜線、機器のシャットダウンによりフェイルオーバーがきちんと行われるか同様の方法で確認してみてください。

〇図6-10：Telnetによるフェイルオーバー／セッション同期確認

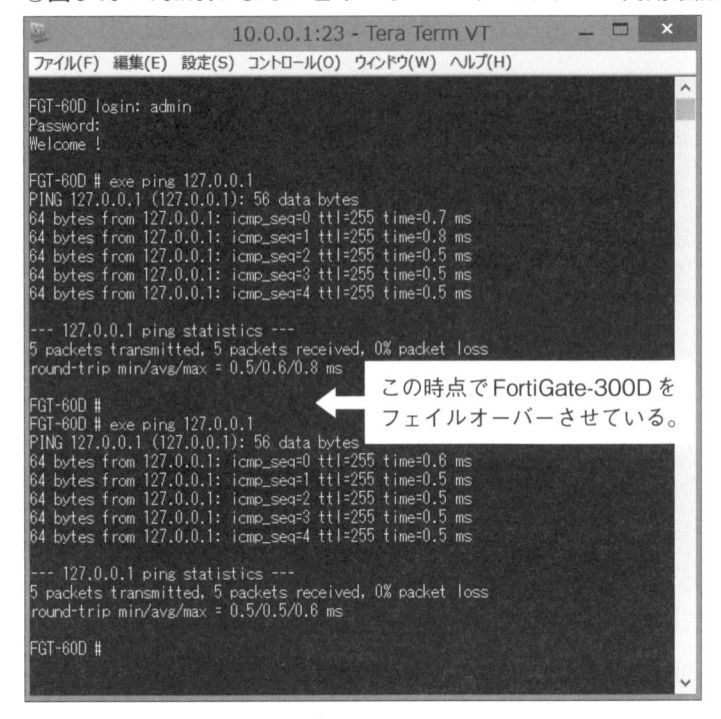

```
FGT-60D login: admin
Password:
Welcome !

FGT-60D # exe ping 127.0.0.1
PING 127.0.0.1 (127.0.0.1): 56 data bytes
64 bytes from 127.0.0.1: icmp_seq=0 ttl=255 time=0.7 ms
64 bytes from 127.0.0.1: icmp_seq=1 ttl=255 time=0.8 ms
64 bytes from 127.0.0.1: icmp_seq=2 ttl=255 time=0.5 ms
64 bytes from 127.0.0.1: icmp_seq=3 ttl=255 time=0.5 ms
64 bytes from 127.0.0.1: icmp_seq=4 ttl=255 time=0.5 ms

--- 127.0.0.1 ping statistics ---
5 packets transmitted, 5 packets received, 0% packet loss
round-trip min/avg/max = 0.5/0.6/0.8 ms

FGT-60D #
FGT-60D # exe ping 127.0.0.1
PING 127.0.0.1 (127.0.0.1): 56 data bytes
64 bytes from 127.0.0.1: icmp_seq=0 ttl=255 time=0.6 ms
64 bytes from 127.0.0.1: icmp_seq=1 ttl=255 time=0.5 ms
64 bytes from 127.0.0.1: icmp_seq=2 ttl=255 time=0.5 ms
64 bytes from 127.0.0.1: icmp_seq=3 ttl=255 time=0.5 ms
64 bytes from 127.0.0.1: icmp_seq=4 ttl=255 time=0.5 ms

--- 127.0.0.1 ping statistics ---
5 packets transmitted, 5 packets received, 0% packet loss
round-trip min/avg/max = 0.5/0.5/0.6 ms

FGT-60D #
```

← この時点でFortiGate-300Dをフェイルオーバーさせている。

■フェイルオーバー

フェイルオーバーはモニタのリンクダウンやハードウェアの故障、何らかの原因でFGCPハードビートが送信されなくなったときなどに起こります。フェイルオーバーの際にはログメッセージが出力されます。またSNMPトラップやEメールによるアラート設定もできます。

■マスタの選定

次のような場合にマスタ選定が行われます。

- FortiGateがクラスタを構成したと認識した時
- マスタ機器がダウンした時（ハードウェア故障など）
- モニタインターフェースがアップ／ダウンした時。接続／切断した時

マスタの選出方法は図6-11のとおりになっています。
　ageとは各機器が正しくHAを構成してからの経過時間のことを指します。機器の再起動もしくはモニタポートの接続断でリセットされます。FortiGateのHAではageをもとに基本的に長く正常稼働している機器をマスタとし、フラッピング（マスタがバタバタと切り替

第6章：高可用性（HA）

○図6-11：HAのマスタ選定（デフォルト）

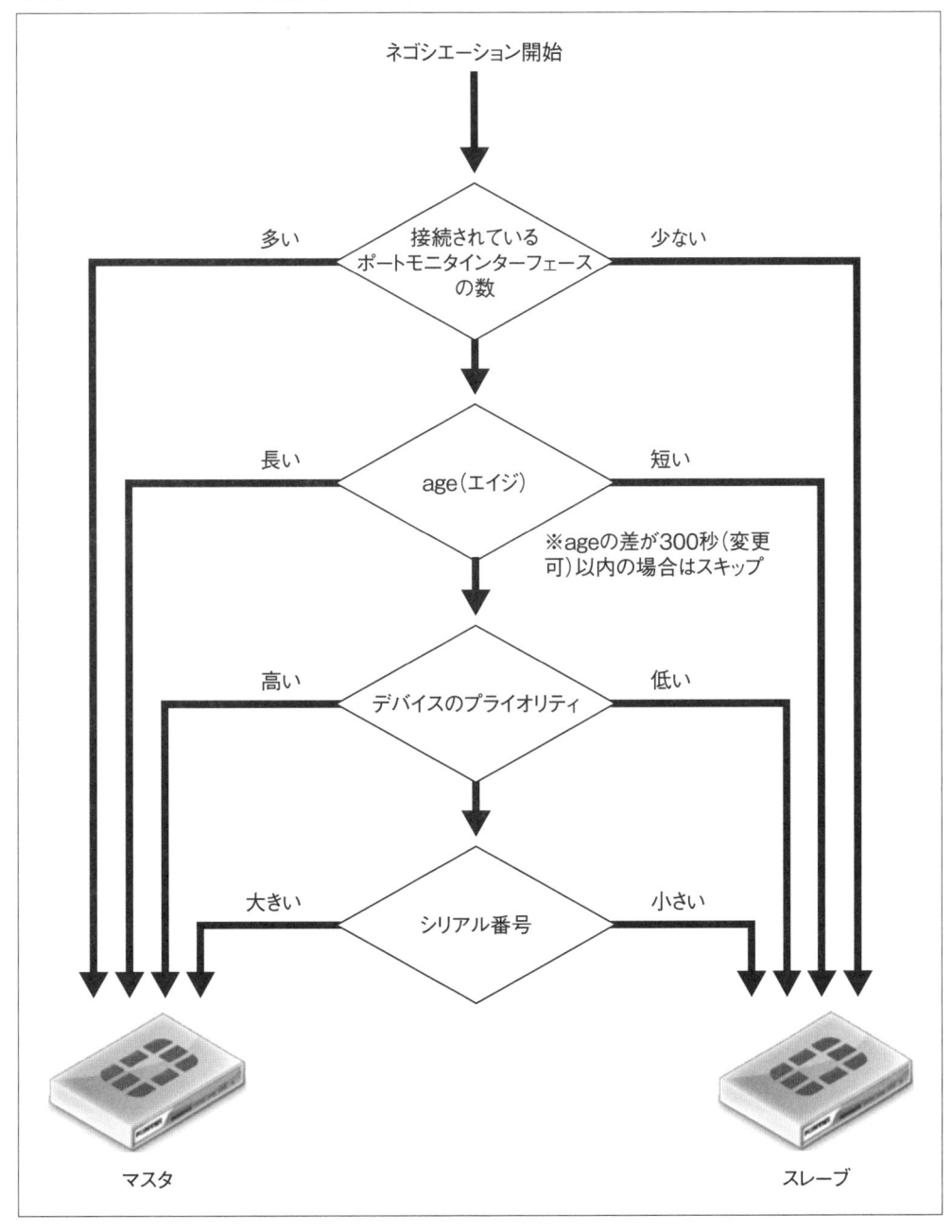

ネゴシエーション開始

接続されているポートモニタインターフェースの数
- 多い → マスタ
- 少ない → スレーブ

age（エイジ）
- 長い → マスタ
- 短い → スレーブ

※ageの差が300秒（変更可）以内の場合はスキップ

デバイスのプライオリティ
- 高い → マスタ
- 低い → スレーブ

シリアル番号
- 大きい → マスタ
- 小さい → スレーブ

173

わること）が起きないように設計されています。ただし、各機器のageの差が300秒（デフォルト）以内の場合はマスタ選定の要素にならず無視されます。

　無視されるageの差分は次のコマンドで設定変更可能です。

```
config system ha
    set ha-uptime-diff-margin 300
end
```

■ ageの差分確認

　各機器が保持しているageそのものの値は確認することができませんが、差分を確認できます。

　以下はマスタ機器での diagnose sys ha dump-by all-vcluster コマンドの出力結果です。

```
FGT-A # diagnose sys ha dump-by all-vcluster
           HA information.
vcluster id=1, nventry=2, state=work, digest=2.82.dc.75.5d.8f...
ventry idx=0,id=1,FGT3HD3914801489,prio=200,0,claimed=0,override=0,flag=0x01,time=0,mon=0     ┐
    mondev=port2,50port1,50                                                                    ├ ①
ventry idx=1,id=1,FGT3HD3914800554,prio=100,0,claimed=0,override=0,flag=0x00,time=111,mon=0   ② 
```

　①の部分がコマンドを実施した機器つまりFGT-Aの情報です。こちらは常にtime=0となります。②はスレーブつまりFGT-Bの情報です。Time=111となっています。10分の1秒単位なので、マスタとスレーブで11.1秒のageの差があることになります。

　スレーブ側で同じコマンドの出力を見てみましょう。

```
FGT-B # diagnose sys ha dump-by all-vcluster
           HA information.
vcluster id=1, nventry=2, state=standy, digest=2.82.dc.75.5d.8f...
ventry idx=1,id=1,FGT3HD3914800554,prio=100,0,claimed=0,override=0,flag=0x01,time=0,mon=0     ┐
    mondev=port2,50port1,50                                                                    ├ ③
ventry idx=0,id=1,FGT3HD3914801489,prio=200,0,claimed=1,override=0,flag=0x00,time=-111,mon=0  ④ 
```

　③がFGT-Bの情報で、④がFGT-Aの情報です。差分がtime=−111とマイナス表記になっています。マイナス表記の場合は対向機器（FGT-A）のほうがageが長いことを意味します。この例では差分が300秒以内なので、マスタ選定にageは考慮されません。

○図6-12：HA統計を表示

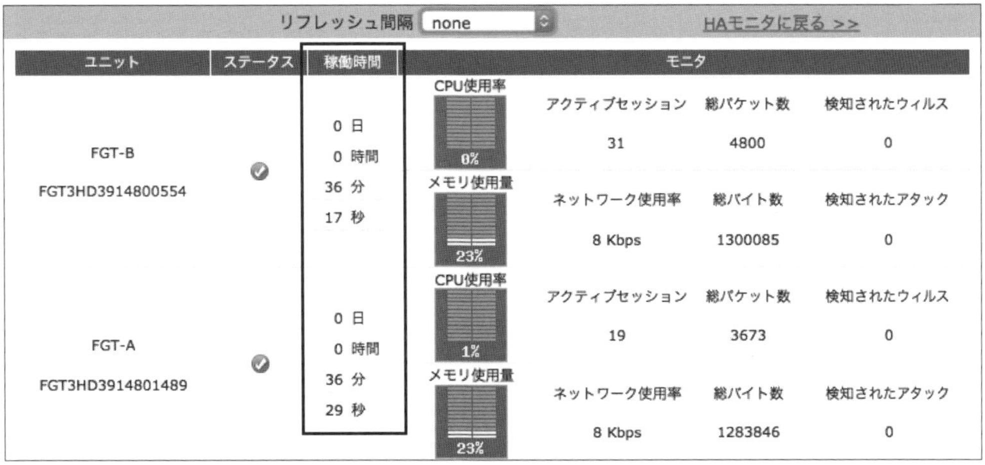

ユニット	ステータス	稼働時間	モニタ
FGT-B FGT3HD3914800554	✓	0 日 0 時間 36 分 17 秒	CPU使用率 0% / メモリ使用量 23% / アクティブセッション 31 / 総パケット数 4800 / 検知されたウイルス 0 / ネットワーク使用率 8 Kbps / 総バイト数 1300085 / 検知されたアタック 0
FGT-A FGT3HD3914801489	✓	0 日 0 時間 36 分 29 秒	CPU使用率 1% / メモリ使用量 23% / アクティブセッション 19 / 総パケット数 3673 / 検知されたウイルス 0 / ネットワーク使用率 8 Kbps / 総バイト数 1283846 / 検知されたアタック 0

■ ageの強制リセット

`diagnose sys ha reset-uptime`コマンドでその機器のageをリセットすることができます。ただし、マスタ機で実施するとフェイルオーバーが発生する場合があるので気を付けてください。実行後、`diagnose sys ha dump-by all-vcluster`を実行すると差分が変化していることがわかるでしょう。

なお、この`diagnose sys ha reset-uptime`コマンドはあくまでテンポラリのもので、[WebUI][システム]→[ダッシュボード]→[ステータス]のシステム情報内の稼働時間、および[WebUI][システム]→[HA]で[HA統計を表示]の稼働時間は変化しません（図6-12）。きちんとageをリセットしたい場合は機器を再起動してください。

■ HAオーバーライド

HAオーバーライドという設定を有効にすると、マスタ選定の際にデバイスのプライオリティがageより優先されます（図6-13）。これによりデバイスプライオリティの高い機器がマスタに選出されやすくなりますが、一方でフェイルバック（切り戻し）によるフラッピングも起きやすくなるので注意が必要です。

CLIで次のように設定することでオーバーライドを有効にできます。この設定は同期されないので必要があれば各機器で設定してください。オーバーライドを有効にするとHAマスタ選定のネゴシエーションが増え切り替わりも多くなるため、デフォルトでは無効になっています。

```
config system ha
    set override enable
end
```

○図6-13：HAのマスタ選定（HAオーバーライド有効）

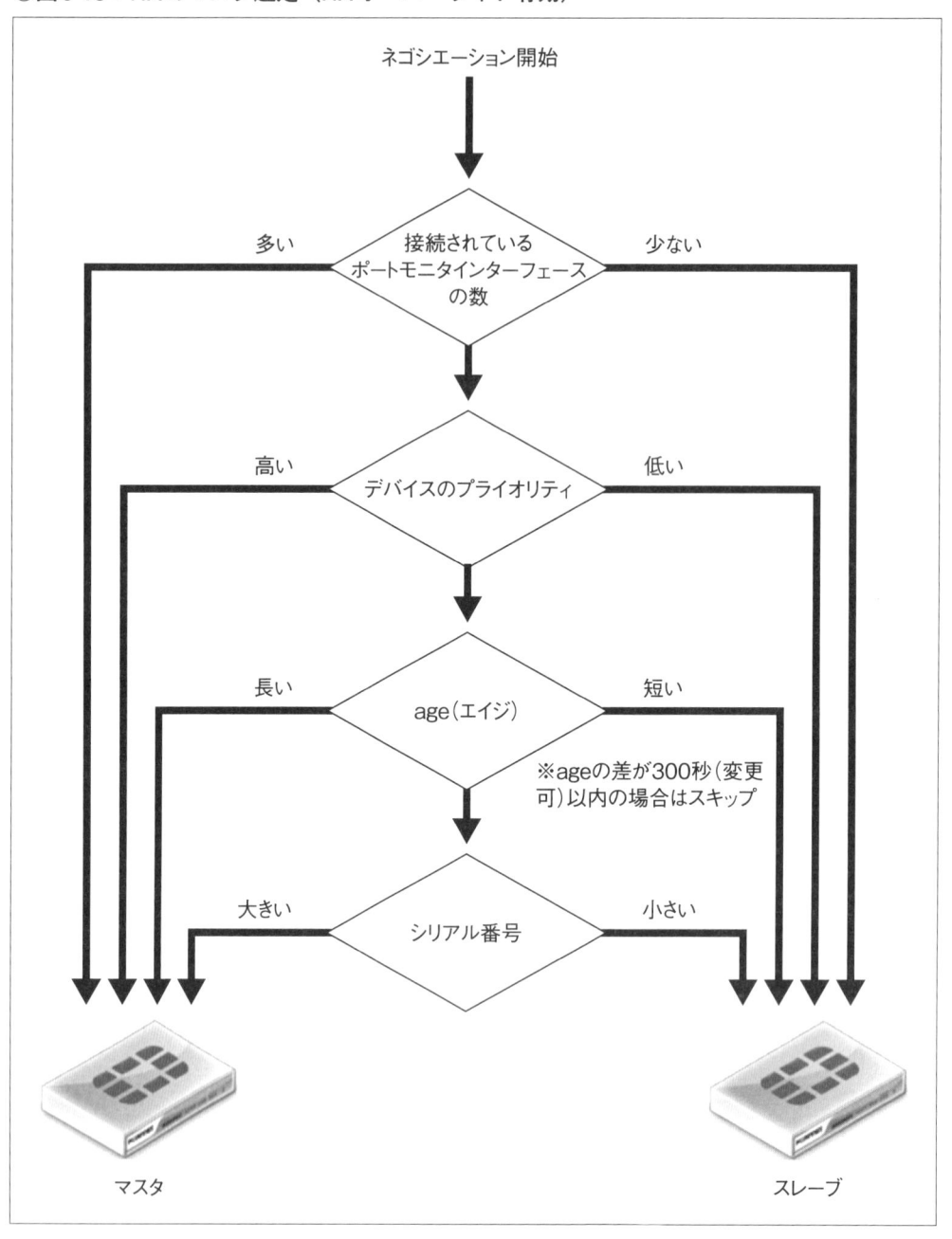

COLUMN

HAのTips

■ FortiGate HAの混乱ポイント

　オーバーライドが無効（デフォルト）の場合、機器が復帰してもユーザはフェイルバックが起きないことを期待するでしょう。

　例えばマスタFGT-Aのモニタポートを抜線するとスレーブFGT-Bがマスタに昇格します。その後ケーブルを挿しなおしてFGT-Aが正常復帰した場合はどうなるでしょうか。

　現在マスタになっているFGT-Bのほうがageは長いので、再マスタ選出は行われずFGT-Aはスレーブとしてクラスタに参加すると考える人が多いのではないでしょうか。しかし、FGT-Bも再起動やケーブル断から復帰したばかりでageの差分が300秒以内の場合、マスタ選定が行われデバイスプライオリティの設定やシリアル番号の多寡によりFGT-Aが再度マスタに選出される場合があります。5分（300秒）以上待ってからケーブルを挿しなおせばこういった混乱は起きません。

■ 仮想MACの確認

　FGCPによるHAは基本的にIPアドレスも含めて同じ設定を共有します。同じIPアドレスを持ったネットワーク機器が存在すると、通信がうまくできないはずですが、各インターフェースは仮想MACアドレスをもち、arp要求に対してマスタが仮想MACを応答することでうまくその問題を回避しています。

　マスタ機でFortiGateのNICの情報を見ると仮想MACと実MACを見ることができます。

```
FGT-A # diagnose hardware deviceinfo nic port1
Current_HWaddr   :00:09:0f:09:00:02    ←仮想MACアドレス
Permanent_HWaddr:08:5b:0e:90:cd:68     ←実MACアドレス
```

　また、フェイルオーバー時にはFortiGateがGratuitous ARP（G-ARP）を送信し、周りの機器のarpテーブルやCAMテーブルの情報を更新するように促すことで素早く切り替わるようにしています。

　G-ARPは切り替わり時に1回、その後8秒間隔で5回（デフォルト）まで送出するようになっています。次のコマンドで変更も可能です（最大60回まで。間隔は1〜20秒）。

```
config system ha
    set gratuitous-arps enable
    set arps 5
    set arps-interval 8
end
```

　G-ARPを正しく認識しないネットワーク機器もあるため、強制的にLinkをDown／UpさせMACアドレステーブルを再学習させる、link-failed-signal 機能もあります。CLIで設定可能です。

■ FGCP
FortiGateのHA用プロトコルFGCPはデフォルトで次のように動作します。

- 200ミリ秒間隔でハートビートを送る
- 6回連続でハートビートをロストしたら切り替える
- リンクローカルIP（169.254.0.x）を使用するのでハートビートインターフェースにIPアドレスを設定する必要はない

　これらの値は変更できますが、通常は変更することはありません。

```
config system ha
    set hb-interval 2
    set hb-lost-threshold 6
    set helo-holddown 20
end
```

COLUMN

スレーブ機の監視をするには

　本文でも触れたようにFGCPによるHAは一部を除いて設定を同期します。しかし、スレーブ機に対してリモートから管理アクセスや監視をしたいという要求があるでしょう。その場合はReserved management interfaceを設定します。平たく言えば、管理用のインターフェースを設定しそのインターフェースは同期せず独立した設定を保持するやり方です。

　WebUI ［システム］→［HA］で［クラスタメンバに管理ポートを予約］にチェックを入れ、インターフェースを選択します。例えば「port5」を選択した場合、port5の設定は同期されずマスタ機／スレーブ機で別々のIPアドレスを割り当てて、GUIなどでリモートアクセスできます。

　また、Reserved management interfaceの設定を行うとSNMPによる各機器の状態監視が可能です。

　なお、Reserved management interfaceに指定されたインターフェースは通常のFortiGateのインターフェースと違ってスタティックルーティングやファイアウォールポリシーに表示されません。Reserved management interfaceと異なるセグメントからアクセスする場合は送信元NATしないと疎通できないので注意が必要です。

　例えばport5（IPアドレス：192.168.1.99/24）がReserved management interfaceの場合です。他のインターフェースを経由してport5にアクセスすることはできません（図6-B）。ファイアウォールポリシーでport5を選択することができず、許可ポリシーを設定できないからです。

　他のポートを経由せずにアクセスする場合、図6-Cの例では1.1.1.1を送信元とするアクセスにport5は応答できません。なぜなら1.1.1.0/24に対するルート情報を持っておらず、スタティックルート設定もできないからです。ルータで送信元NATすれば通信可能です。

○図6-B：Reserved management interfaceの例

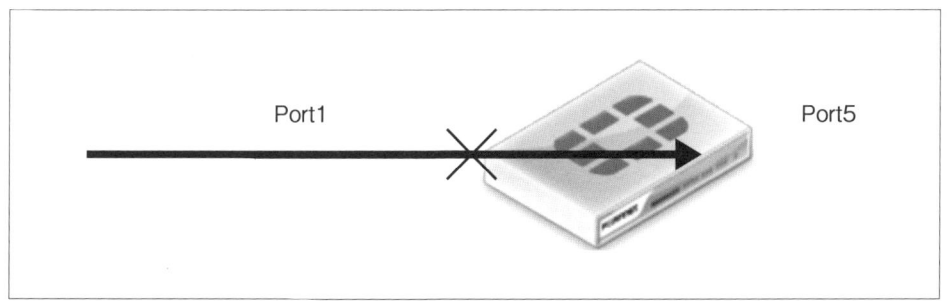

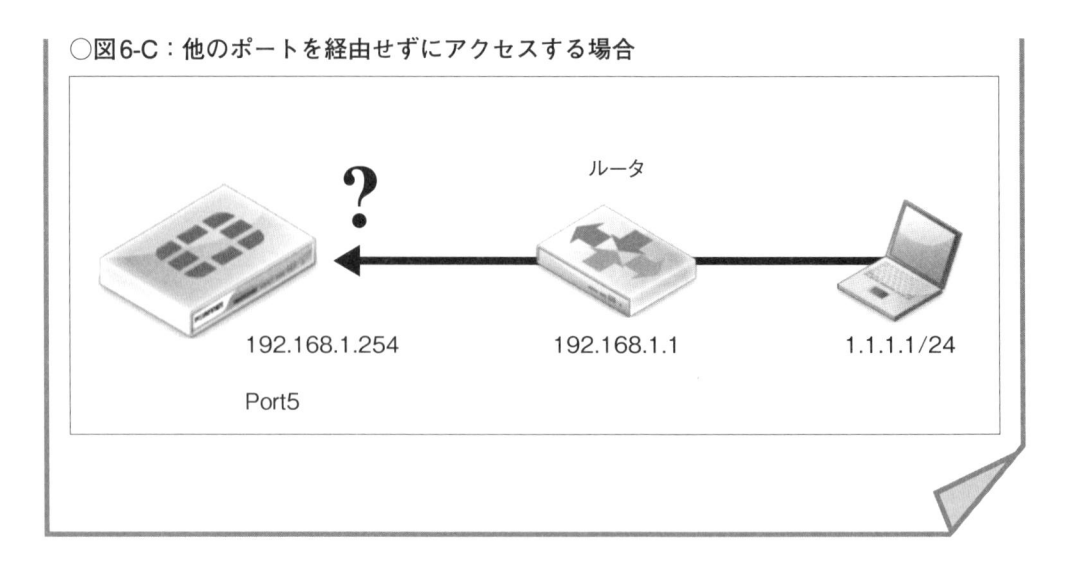

○図6-C：他のポートを経由せずにアクセスする場合

192.168.1.254
Port5

ルータ
192.168.1.1

1.1.1.1/24

第7章 仮想システム（VDOM）

VDOM（Virtual Domain）は10年以上前からFortiGateに搭載されている機能で、仮想的にインスタンスを分割し、1つのハードウェアでありながらまるで複数のFortiGateが動作しているように見せることができます。10仮想システム（＝10VDOM）までは無償で利用できます。

7-1 VDOMの基本

■ VDOMの利点

VODMの利点は次のとおりです。

- ラックスペースや電源を節約でき、ケーブリングの煩雑さを避けられます。
- セキュリティポリシーの異なるドメインを10VDOMまで無償で構成できます。そのため複数台のファイアウォールの更改の際など集約が可能です。
- 1000シリーズ以上のFortiGateには有償の拡張VDOMライセンスが用意されています。
- 最大500VDOMまで拡張可能でMSSP（マネージドセキュリティサービスプロバイダ）やクラウドサービスの事例が多くあります。
- UTMライセンスは機器単位で購入するのでVDOMをいくつ使っても追加の費用はかかりません。
- VDOM間リンク（Inter-VDOMリンク）を作成することも可能で、柔軟にVDOM同士を接続できます。

■ マネージメントVDOM

VDOMを構成するとデフォルトで「root VDOM」というVDOMが作成されます。通常はそのroot VDOMがマネージメントVDOMとなり、SNMP／ロギング／アラートメール／FortiGuardとの通信／NTPによる時刻同期動作などを担当します。

■ 管理者権限

そのVDOMだけを管理する管理者を作成できます。各VDOM管理者は他のVDOMの設定を閲覧したり変更したりすることはできません。

○図7-1：VDOM構成のネットワークトポロジ

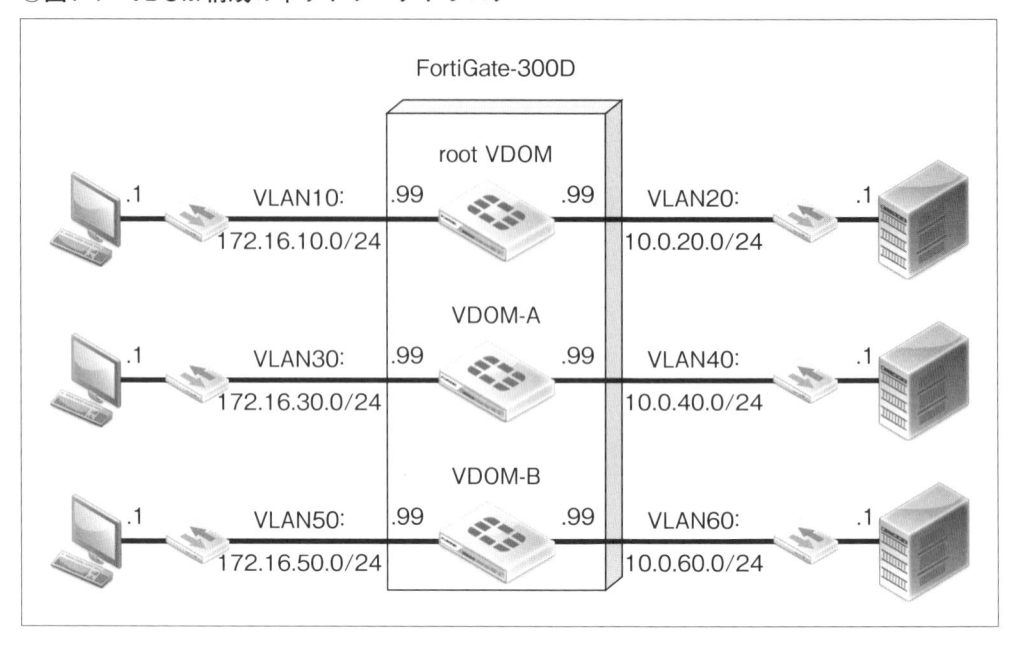

7-2 VDOMの利用方法

■ VDOMの有効化

VDOMを有効にするにはCLIでの操作が必要です。

```
config system global
    set vdom-admin enable
end
```

上記コマンドを実施すると次のようにいったんログオフするように促されます。yと入力し、ログオフしてください。

```
You will be logged out for the operation to take effect
Do you want to continue? (y/n)
```

再度CLIでログオンするとVDOMが有効になっています。

○図7-2：ログインディレクトリ

```
ログインディレクトリ ─┬─ #config global
                    │
                    └─ #config vdom ── #edit vdom ── 各VDOM
```

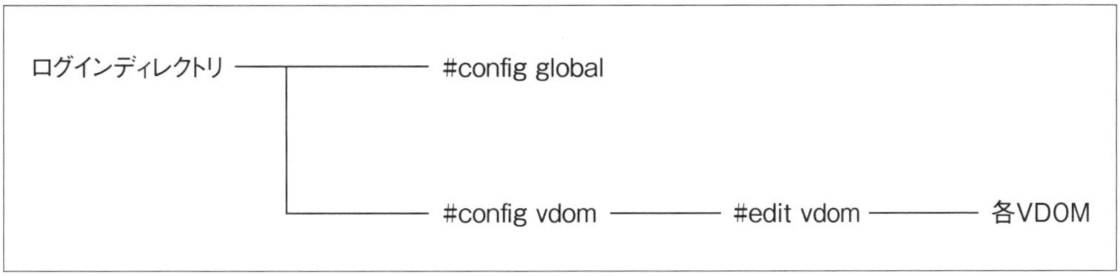

VDOMが有効になるとCLIの体系が少し変更されています。大まかな階層構造は**図7-2**のようになっています。CLIでログインした場所をここでは「ログインディレクトリ」と表現しています。

`#config global`以下ではFortiGate全体に影響する設定を行います。この部分の設定ができるのはsuper adminになります。

config global以下で可能な主な設定項目を列挙します。

```
config system global          ←ホスト名やシステムタイムなど
config system interface       ←インターフェースの設定
config system admin           ←管理者設定
config system ha              ←HAの設定
config system central-management  ←FortiManagerとの連携設定
config system fortiguard      ←FortiGuardとの連携設定
config log xxxx               ←ローカルログ、syslog、FortiAnalyzerの設定
config system email-server    ←Eメールアラート設定
config system session-helper  ←セッションヘルパー設定
config system ntp             ←ntp設定
config system fortisandbox    ←FortiSandboxとの連携設定
```

図7-1のトポロジにしたがって設定していきます。まずは172.16.10.99のIPアドレスを持ったVLANインターフェースを作成したいと思います（VDOM利用時は必ずしもVLAN必須というわけではありません。物理ポートをそれぞれ割り当ててもかまいません）。

次のようにCLIで設定してください。

```
config global
config system interface
    edit "VLAN10"         ←VLAN10という名称のインターフェースを作成する
        set vdom "root"   ←インターフェースはいずれかのVDOMに紐付ける必要がある
        set ip 172.16.10.99 255.255.255.0
        set allowaccess ping https ssh   ←必要な管理アクセスを有効にする
        set interface "port1"   ←物理ポート「port1」に割り当てる
        set vlanid 10     ←VLAN IDは「10」
    next
end
end
```

これでWebUIでアクセスするFortiGate側の準備は整いました。スイッチやルータでIEEE802.1qタグVLANを設定してPCからFortiGateにアクセス可能にしてください。

設定が終わったらPC（172.16.10.1）からhttps://172.16.10.99にアクセスしてみてください。

図7-3の画面はPCからFortiGateにアクセスし、ホスト名／GUIの日本語化／タイムゾーンの変更を実施したところです。左側ペインを見ると［グローバル］と［バーチャルドメイン］に分かれていることに気づくでしょう。図7-3ではグローバル部分を表示させています。バーチャルドメイン部分をクリックすると各VDOMの設定が可能ですが、今はまだroot VDOMしかありません。なお、グローバルの部分はFortiGate全体の閲覧／編集権限を持ったsuper adminでログインしなければ表示されません。

○図7-3：グローバル

■ VDOMの作成

[WebUI]［グローバル］→［VDOM］の［Create New］でVDOMを作成します（図7-4）。

［名前］は任意の名称を付けてください。［オペレーションモード］は「NAT／ルートモード」か「トランスペアレントモードモード」を選択します。この例ではNAT有効（NAT／ルートモード）を選択します。「VDOM-A」と「VDOM-B」の2つのVDOMを作ってください。

次に各VDOMにインターフェースを割り当てます。今回の例では物理インターフェースではなくVLANインターフェースを作成して割り当てていきます。

[WebUI]［グローバル］→［ネットワーク］→［インターフェース］の［Create New］をクリックします（図7-5）。

［インターフェース名］は任意の名称を付けてください。［タイプ］は「VLAN」を、［イ

○図7-4：VDOMの作成

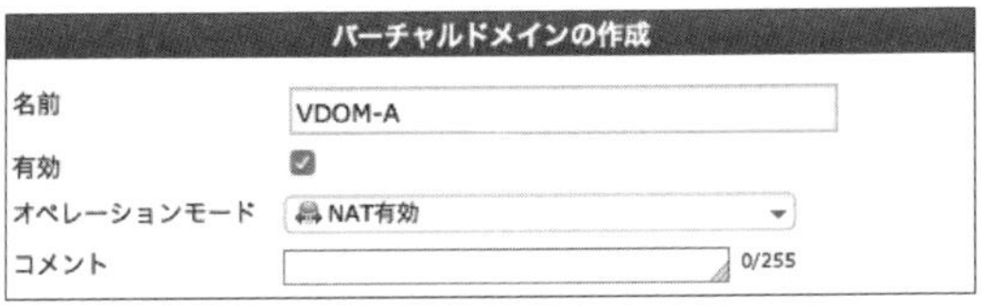

名前	VDOM-A
有効	☑
オペレーションモード	NAT有効
コメント	0/255

○図7-5：VLANインターフェースの作成

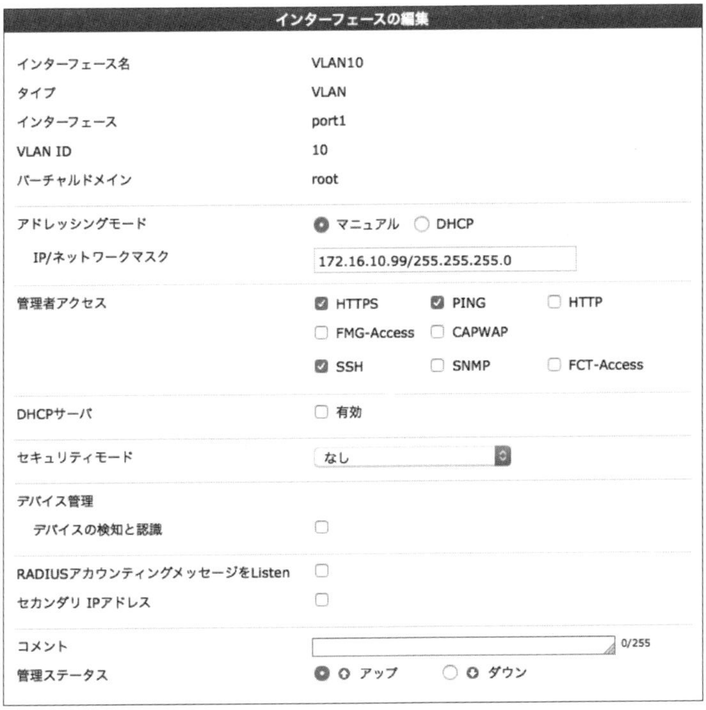

インターフェース名	VLAN10
タイプ	VLAN
インターフェース	port1
VLAN ID	10
バーチャルドメイン	root
アドレッシングモード	● マニュアル ○ DHCP
IP/ネットワークマスク	172.16.10.99/255.255.255.0
管理者アクセス	☑ HTTPS ☑ PING ☐ HTTP ☐ FMG-Access ☐ CAPWAP ☑ SSH ☐ SNMP ☐ FCT-Access
DHCPサーバ	☐ 有効
セキュリティモード	なし
デバイス管理 デバイスの検知と認識	☐
RADIUSアカウンティングメッセージをListen	☐
セカンダリ IPアドレス	☐
コメント	0/255
管理ステータス	● アップ ○ ダウン

ンターフェース］では物理インターフェースを選択します。［VLAN ID］にはVLAN IDを入力します。［バーチャルドメイン］はVLANインターフェースがどのVDOMに属するか指定します。指定するとそのVDOMのファイアウォールポリシーなどで選択できるようになります。［アドレッシングモード］は「マニュアル」を選択してください。［IP／ネットワークマスク］はネットワークトポロジにしたがってIPアドレスとサブネットマスクを入力してください。その他は任意項目ですが、GUIでアクセスできるように管理アクセスに［HTTPS］のチェックを入れておいてください。

表7-1のように各VLANインターフェースを設定してください。

○表7-1：各VLANインターフェースの設定

インターフェース名	タイプ	インターフェース	VLAN ID	バーチャルドメイン	アドレッシングモード	IP/ネットワークマスク
VLAN10	VLAN	port1	10	root	マニュアル	172.16.10.99/24
VLAN20	VLAN	port2	20	root	マニュアル	10.0.20.99/24
VLAN30	VLAN	port1	30	VDOM-A	マニュアル	172.16.30.99/24
VLAN40	VLAN	port2	40	VDOM-A	マニュアル	10.0.40.99/24
VLAN50	VLAN	port1	50	VDOM-B	マニュアル	172.16.50.99/24
VLAN60	VLAN	port2	60	VDOM-B	マニュアル	10.0.60.99/24

○図7-6：インターフェース設定の確認

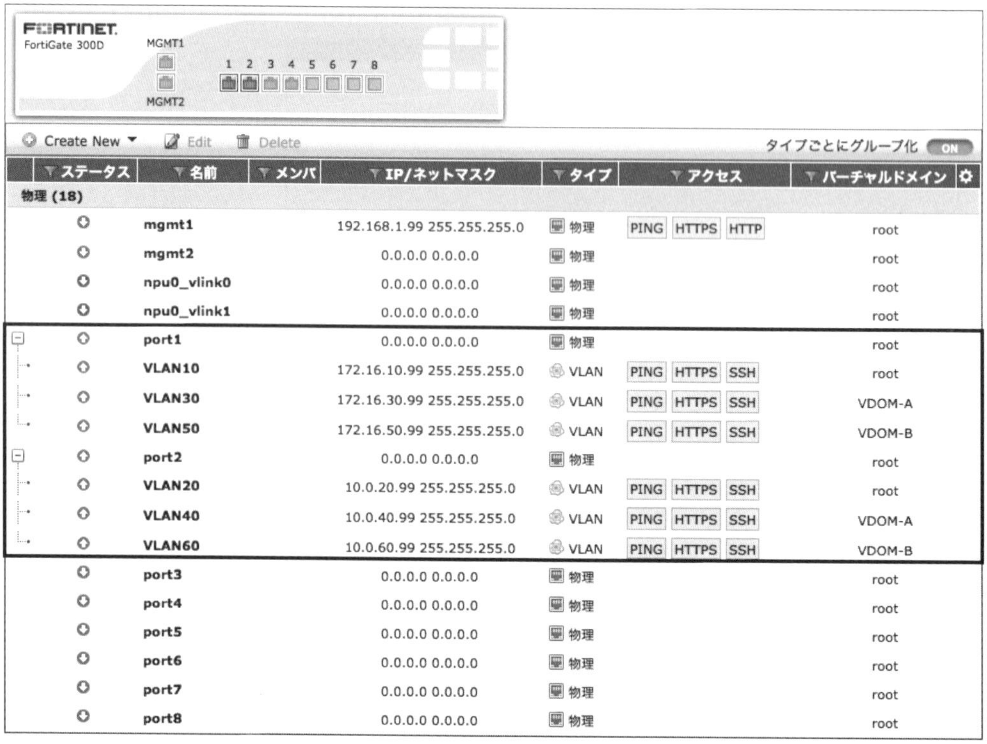

[WebUI]［グローバル］→［ネットワーク］→［インターフェース］で図7-6のような表示になっていれば正しく設定できています。

また、[WebUI]［グローバル］→［VDOM］→［VDOM］でも確認してみてください。図7-7のように各VDOMに正しくVLANインターフェースが割り当てられているでしょうか。

■ VDOM管理者の作成

各VDOM専用の管理者を作成します。なお、デフォルトで用意されている管理者「admin」は削除できません。また、すべてのVDOMおよびグローバル領域にリード／ライト権限を持った「super admin」という役割も変更できません。

あらかじめ管理者プロファイルを確認しておきます。[WebUI]［グローバル］→［管理者］→［管理者プロファイル］で「prof_admin」をダブルクリックしてください。VDOM専用管理者には図7-8のプロファイルを利用します（もちろん新規に作成しても結構です）。すべてリード／ライト権限になっています。変更したい部分があれば変更してください。

[WebUI]［グローバル］→［管理者］→［管理者］で［Create New］をクリックし、VDOM専用管理者を作成します。［管理者］はユーザ名を設定してください。この例ではFortiGate上にユーザデータベースを作成するので、［タイプ］は「レギュラー」を選択してください。［パスワード］は管理者用のパスワードを設定してください。［管理者プロファイル］は権限を特定のVDOMに限定したいので「prof_admin」を選択してください。［バーチャルドメイン］はデフォルトで「root」が入っていますが、削除して各VDOMを選択してください。図7-9、7-10のように、VDOM-AおよびVDOM-Bそれぞれの専用管理者を作成してください。

現在はsuper adminである「admin」でGUIにアクセスしていると思います。比較するためにその状態で[WebUI]［バーチャルドメインをクリックして、図7-11の左側ペインを見ておいてください。VDOM-A、VDOM-B、rootすべてのVDOMを見ることができ、ツリーを展開すると設定も可能です。

図7-1（P.182）のネットワークトポロジ図を参考に172.16.30.1のPCからhttps://172.16.30.99にアクセスできる環境を整えてください。アクセスできたら先ほど作成したVDOM-A用の管理者「adminA」でログインします（図7-12）。

VDOM専用の管理者でログインすると、まるでVDOM無効時のFortiGateにログインし

○図7-7：作成したVDOMの確認

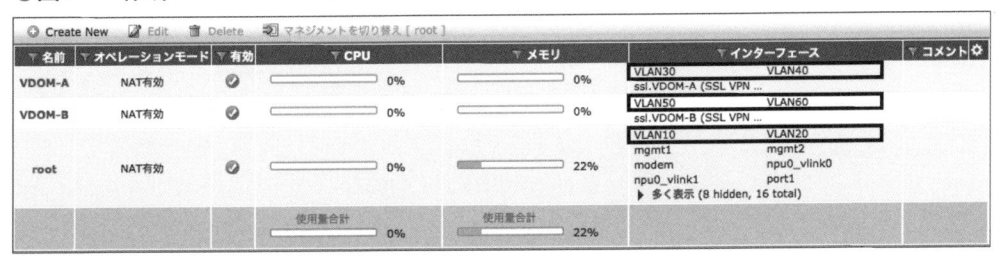

Part2：多層防御を実現するFortiOS設定

○図7-8：管理者プロファイル「prof_admin」

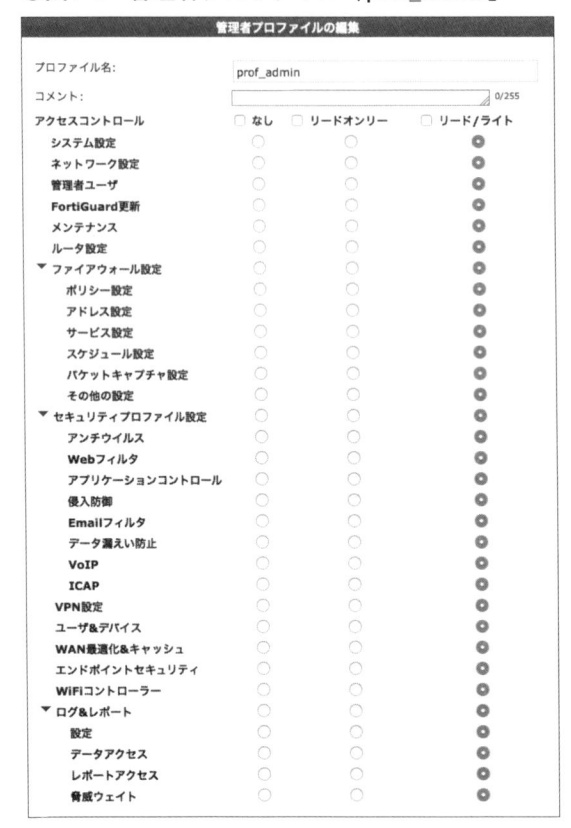

○図7-9：VDOM-A用管理者の作成

○図7-10：VDOM-B用管理者の作成

○図7-11：adminでログイン時のGUI

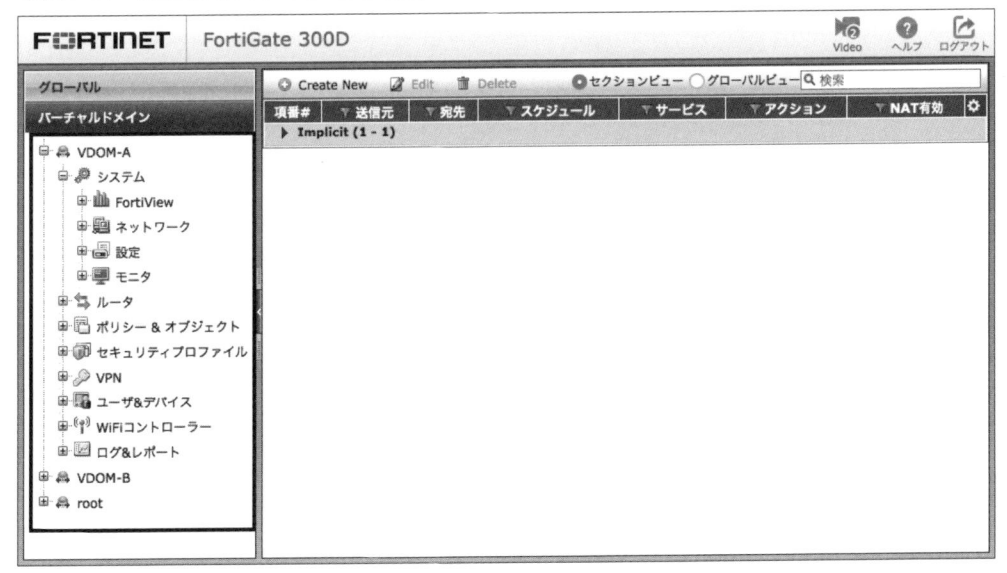

Part2：多層防御を実現する FortiOS 設定

○図7-12：VDOM-Aログイン画面

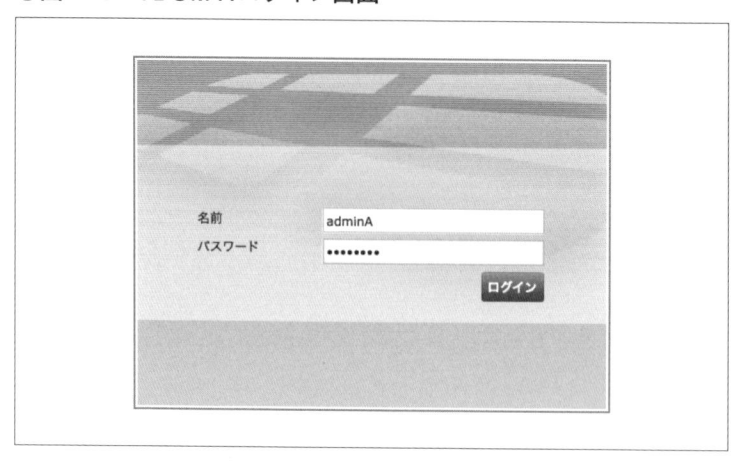

○図7-13：VDOM管理者でログインした時のGUI

○図7-14：CLIアクセス

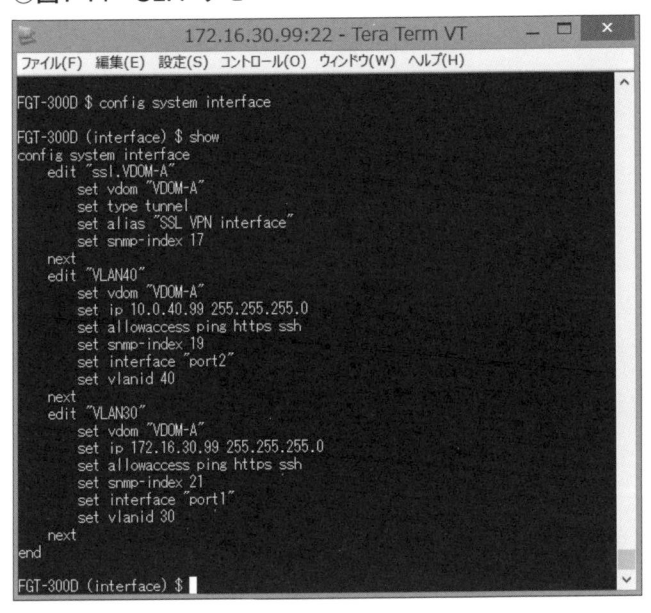

```
FGT-300D $ config system interface

FGT-300D (interface) $ show
config system interface
    edit "ssl.VDOM-A"
        set vdom "VDOM-A"
        set type tunnel
        set alias "SSL VPN interface"
        set snmp-index 17
    next
    edit "VLAN40"
        set vdom "VDOM-A"
        set ip 10.0.40.99 255.255.255.0
        set allowaccess ping https ssh
        set snmp-index 19
        set interface "port2"
        set vlanid 40
    next
    edit "VLAN30"
        set vdom "VDOM-A"
        set ip 172.16.30.99 255.255.255.0
        set allowaccess ping https ssh
        set snmp-index 21
        set interface "port1"
        set vlanid 30
    next
end

FGT-300D (interface) $
```

ているようなGUIに変化していることに気づくでしょう（図7-13）。他のVDOMは見えません。また、他のVDOMに属するネットワークインターフェースも表示されません。

ではCLIでのアクセスはどうでしょうか。

図7-14はSSHで172.16.30.99にアクセスし、adminAでログインしたところです。プロンプトはsuper adminを表す#ではなく$になっています。図7-2（P.183）の階層の説明にあったconfig globalやconfig vdomの階層は見えません。ネットワークインターフェースを一覧表示させるとVLAN30、VLAN40、それから各VDOMに必ず作成されるSSL-VPNの仮想トンネルインターフェースの3つだけが見えます。

VDOM内での各種設定方法はVDOM無効時とあまり変わりません。VDOM-Bにもアクセスしてファイアウォールポリシーを作成したり、UTMやルーティングの設定をしてみてください。

7-3 VDOMの運用

■ リソースの配分

FortiGateでVDOMを使用した場合にCPUやメモリの使用量を各VDOMに配分することはできません。その代わり、セッションやトンネル数などの上限を決めることができます。[WebUI]［グローバル］→［VDOM］→［グローバルリソース］で設定可能です。設定可能な項目は図7-15のとおりです。

○図7-15：グローバルリソース

リソース	設定された最大値	デフォルトの最大値	現在の使用量
セッション	0	0	33
VPN IPsec フェーズ1 トンネル	2000	2000	0
VPN IPsec フェーズ2 トンネル	2000	2000	0
ダイアルアップ トンネル	0	0	0
ファイアウォール ポリシー	10000	10000	2
ファイアウォール アドレス	10000	10000	31
ファイアウォール アドレスグループ	2500	2500	0
ファイアウォール カスタムサービス	0	0	261
ファイアウォール サービスグループ	0	0	12
ファイアウォール ワンタイムスケジュール	0	0	0
ファイアウォール繰り返しスケジュール	0	0	6
ローカルユーザ	0	0	1
ユーザグループ	0	0	1
SSL-VPN	0	0	0
コンカレント Explicitプロキシ ユーザ	8000	8000	0
ディスククオータをログ	45070	112673	137

○図7-16：Maximum Values 説明文

LEGEND	
Black cells	Objects with global limits.
Gray cells	Objects with VDOM limits.
0	Objects with no hard limit, such as objects limited by system memory.
INT	Objects that are limited by the number of available interfaces. This number includes both physical and virtual interfaces.
-	Unsupported features.

○図7-17：FortiGate-300DのMaximum Values（一部抜粋）

Interfaces	NAT/Route mode	8192
	Transparent mode	254

■システム上限／VDOM上限

　機器のサイジングをする際の指標の1つに「Maximum Values」があります。設定項目のソフトウェア上の上限値を一覧にしたもので、http://docs.fortinet.com/fortigate/reference で閲覧可能です。オンライン版とPDF版があり、このMaximum Valuesにはシステム全体の上限値と各VDOMの上限値があります。

　説明文（図7-16）には「黒く塗られたセルはGlobal Limit（システム全体の最大値）で灰色のセルはVDOM Limit（VDOMごとの最大値）」という記述があります。

　図7-17はFortiGate-300DのMaximum Valuesの一部です。背景が黒いので、NAT／ルートモードではシステム全体で最大8192インターフェースを利用できるという意味になります。これは物理ポート、VLANポートなど関係なくカウントされます。また、トランスペアレントモードでは背景が灰色なのでVDOMごとに254インターフェースという上限値になります。

○図7-18：グローバルでのバックアップ／リストア

○図7-19：VDOMでのバックアップ／リストア

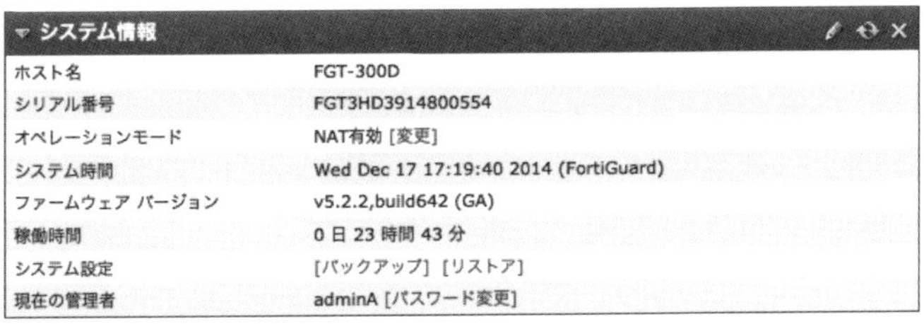

■ VDOMのバックアップ／リストア

FortiGateはシステム全体のバックアップ／リストアも可能ですが、各VDOMだけのバックアップ／リストアも可能です。

Super adminでログインしている場合、[WebUI][グローバル]→[ダッシュボード]→[ステータス]のシステム情報内の[システム設定]→[バックアップ]→[リストア]から実施します（図7-18）。ここではシステム全体のバックアップかVDOMのみのバックアップか選択できます。

VDOM管理者でログインしている場合は[WebUI][システム]→[ダッシュボード]→[ステータス]のシステム情報内の[システム設定]→[バックアップ]→[リストア]から実施します（図7-19）。ここからはVDOMのバックアップ／リストアのみになります。なお、VDOMのみのコンフィグはリストアしてもシステム再起動を必要としません。

■ VDOM間リンク（Inter-VDOMリンク）

VDOM間リンクはFortiGateのVDOMの構成の柔軟性を特徴づける機能です。

Super adminでログインし、[WebUI][グローバル]→[ネットワーク]→[インターフェース]で[Create New]の右側にある黒い三角をクリックすると[VDOMリンク]が選択できます（図7-20）。

例えばVDOM-AとVDOM-B間で通信を行う場合、図7-21のようにVDOMリンクを作成します。①VDOM-Aを選択してください。②VDOM-A側のVDOMリンクインターフェースにIPアドレスを設定してください。③VDOM-Bを選択してください。④VDOM-A側のVDOMリンクインターフェースにIPアドレスを設定してください。②と同一セグメントでないと通信できません。

◯図7-20：VDOMリンクドロップダウンリスト

◯図7-21：VDOMリンク

◯図7-22：VDOMリンクを利用したファイアウォールポリシー

　作成すると各VDOMのファイアウォールポリシーでVDOMリンクのインターフェースを選択できるようになります（図7-22）。今回の設定ではVDOM-Aではvlink_A2B0、VDOM-Bではvlink_A2B1を利用できます。もちろんルーティングの設定も可能です。

　VDOMリンクを利用すると柔軟にネットワークを設計できます。図7-23のようにスタティックルーティングやポリシーベースルーティング、NATなどを利用して複数のVDOMをまたいでトラフィックを処理させることができます。

　しかし、VDOMリンクには注意点もあります。まず、複数のVDOMを通過する通信はそれだけCPUやメモリなどのシステムリソースを消費するということです。2つのVDOMを

○図7-23：柔軟なネットワーク

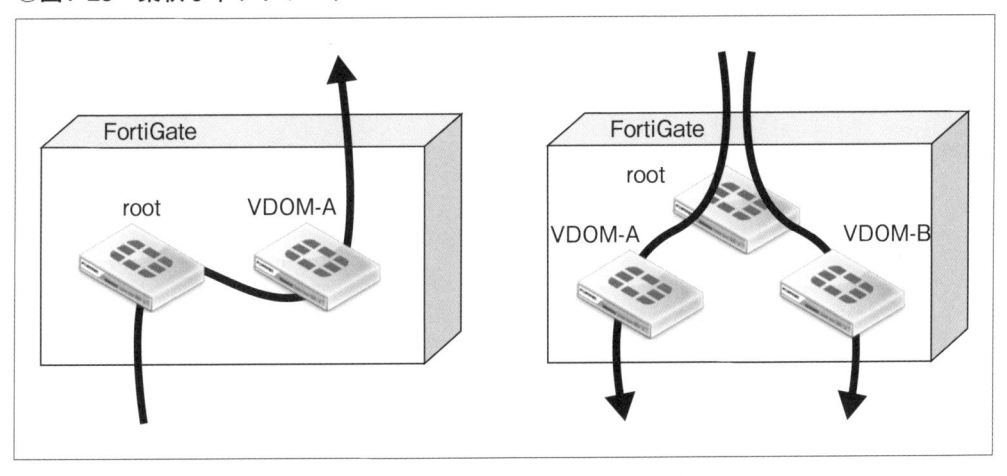

○図7-24：VDOMにFortiASIC-NP配下の物理ポートを割り当てる

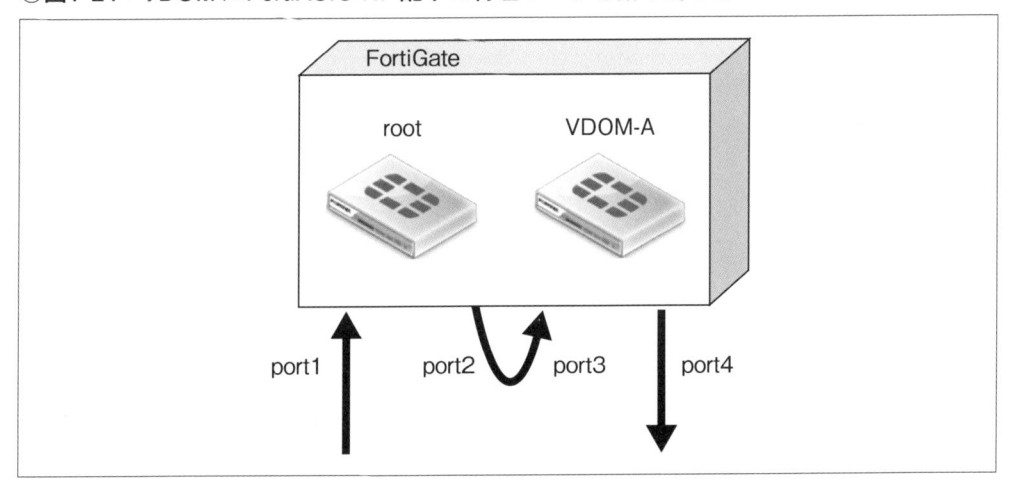

またぐ場合、1つのセッションの開設処理が2つのVDOMで行われるので、CPUの負担が重くなります。また、セッションテーブルもそれぞれのVDOMで作成されるのでメモリの消費は2倍になります。

　もちろんUTM処理をそれぞれで実施する場合も大きなインパクトがあります。したがってこういった構成をとる場合は慎重にサイジングしなければなりません。

　次にVDOMリンクを通る通信は基本的にファイアウォールのファストパス処理は実施されないという点です。これには2つの解決策があります。

　1つはVDOMリンクを作るのではなく、それぞれのVDOMにFortiASIC-NP配下の物理ポートを割り当て、そのインターフェースを物理的にイーサネットケーブルで接続する方法です。図7-24の例ではroot VDOMにport1とport2が割り当てられ、VDOM-Aにport3とport4が割り当てられています。port1～port4がFortiASIC-NP配下のポートであればファ

イアウォールが高速処理されます。

　もう1つの解決策はビルトインのVDOMリンクを利用することです。バージョンによりますが（現在のところNP4とNP6のみ）、FortiASIC-NPを搭載したモデルにはそのNPの数に応じてビルトインのハードウェアアクセラレーション対象VDOMリンクが存在します。

　FortiGate-300DはNP6が1つ搭載されているので、ビルトインVDOMリンクは1つ（インターフェースとしては2つ）です。WebUI ［グローバル］→［ネットワーク］→［インターフェース］で「npu0_vlik0」と「npu1_vlink1」の2つが見えるはずです（図7-25）。

　利用方法はVDOMリンクを作成する場合とほぼ同様です（図7-26）。

　［バーチャルドメイン］は割り当てるVDOMを選択します。［IP／ネットワーク］はIPアドレスおよびネットマスクを設定します。双方のvlinkが通信可能なアドレス体系（同一セグメント）にしてください。［管理アクセス］は任意ですが、疎通確認のためにPINGを受け付けるように設定しておくとよいでしょう。［管理ステータス］はダウン（administrative down）になっているのでアップにしてください。なお、システム全体をトランスペアレントモードにしてアップにするとループが発生しFortiGateがダウンしてしまう場合があるので注意してください。

■ 各VDOMのログ

　FortiGateのローカルディスクにログを保存している場合は、GUIから管理者権限に応じてログを閲覧できます。super adminはすべてのログを、VDOM限定のadminはそのVDOMのログのみ見ることができます。

○図7-25：ビルトインVDOMリンク

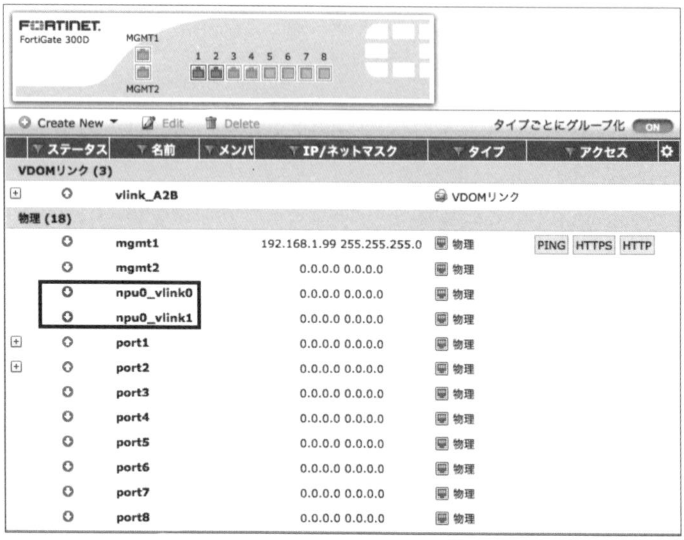

では外部にログを送信する場合はどうなるでしょうか。先にも触れたように外部へのログはマネージメントVDOM（デフォルトではroot VDOM）が担当します。したがってSyslogサーバはマネージメントVDOMと疎通できる環境になければなりません。

送信されるログですが、実際に送信された2つのログを見てみましょう。vd=という箇所があり、それぞれ、rootとVDOM-Aとなっていることがわかります。このvd=でどのVDOMのログか判断可能です。

```
Dec 18 11:24:22 172.16.1.99 date=2014-12-18 time=11:24:19 devname=FGT-
300D devid=FGT3HD3914800554 logid=0000000013 type=traffic subtype=forward
level=notice vd=root srcip=1.1.1.1 srcport=30000 srcintf="VLAN10"
dstip=2.2.2.2 dstport=20 dstintf="VLAN20" sessionid=30000 action=accept
policyid=1 dstcountry="France" srccountry="Australia" trandisp=noop
service="tcp/20" proto=6 duration=10 sentbyte=2000 rcvdbyte=1000
sentpkt=0 rcvdpkt=0 utmaction=block countweb=1 crscore=60
craction=4194312

Dec 18 11:24:27 172.16.1.99 date=2014-12-18 time=11:24:24 devname=FGT-
300D devid=FGT3HD3914800554 logid=0001000014 type=traffic subtype=local
level=notice vd=VDOM-A srcip=172.16.30.1 srcport=55310 srcintf="VLAN30"
dstip=172.16.30.99 dstport=443 dstintf="VDOM-A" sessionid=46962
action=close policyid=0 dstcountry="Reserved" srccountry="Reserved"
trandisp=noop service="HTTPS" proto=6 app="Web Management(HTTPS)"
duration=26 sentbyte=4589 rcvdbyte=12040 sentpkt=21 rcvdpkt=15
```

○図7-26：VDOMリンクの利用方法

ログおよびレポーティングアプライアンスであるFortiAnalyzerと連携し、ログを送る場合もVDOM情報を含めて送信しています。各VDOMに特化したビューやレポートを作成することができます（図7-27）。

○図7-27：FortiAanlyzerのログビュー

#	日付/時刻	デバイスID	アクション	送信元IP	宛先IP	サービス	送信/受信
1	21:50:50	FGT3HD3914800554	close	172.16.30.1	172.16.30.99	HTTPS	13 KB / 38 KB
2	21:50:26	FGT3HD3914800554	close	172.16.30.1	172.16.30.99	HTTPS	13 KB / 41 KB
3	21:49:55	FGT3HD3914800554	close	172.16.30.1	172.16.30.99	HTTPS	13 KB / 38 KB
4	21:49:31	FGT3HD3914800554	close	172.16.30.1	172.16.30.99	HTTPS	13 KB / 41 KB
5	21:49:05	FGT3HD3914800554	close	172.16.30.1	172.16.30.99	HTTPS	12 KB / 40 KB
6	21:48:40	FGT3HD3914800554	close	172.16.30.1	172.16.30.99	HTTPS	13 KB / 41 KB
7	21:48:11	FGT3HD3914800554	close	172.16.30.1	172.16.30.99	HTTPS	13 KB / 43 KB
8	21:47:50	FGT3HD3914800554	close	172.16.30.1	172.16.30.99	HTTPS	1 KB / 573 B
9	21:47:45	FGT3HD3914800554	close	172.16.30.1	172.16.30.99	HTTPS	12 KB / 34 KB
10	21:47:30	FGT3HD3914800554	close	172.16.30.1	172.16.30.99	HTTPS	1 KB / 573 B
11	21:47:25	FGT3HD3914800554	close	172.16.30.1	172.16.30.99	HTTPS	13 KB / 47 KB
12	21:46:50	FGT3HD3914800554	close	172.16.30.1	172.16.30.99	HTTPS	1 KB / 573 B
13	21:46:50	FGT3HD3914800554	close	172.16.30.1	172.16.30.99	HTTPS	13 KB / 39 KB
14	21:46:45	FGT3HD3914800554	close	172.16.30.1	172.16.30.99	HTTPS	1 KB / 573 B

第8章 セキュア無線LAN

この章ではFortiGateとFortiAPを利用したWiFiインフラの構築方法を解説します。FortiAPの仕様を説明したあとに、ワイヤレスネットワークを構成するための各種設定方法や接続／疎通確認方法まで見ていきます。

8-1 FortiAPの仕様

FortiGateはワイヤレスLANコントローラ機能を持っており、アクセスポイント「FortiAP」（**図**8-1）を集中管理できます。また、自身もアクセスポイントとなる製品「FortiWiFi」（**図**8-2）シリーズもあります（**表**8-1）。FortiWiFiはFortiGateの兄弟機であり、FortiGate＋アクセスポイントと考えればわかりやすいでしょう。

本章ではFortiWiFiは使用せず、「FortiAP-221C」と「FortiGate-300D」を利用して解説します。

FortiAP-221CはIEEE 802.11acも実装した安価なシンAPです。シン（Thin）APは無線コントローラから集中管理することができ、1台1台設定／管理する手間がかからないので複数のAPを導入する場合に向いています。量販店などで販売されている個々に設定が必要なものはシック（Thick）APと呼ばれます。FortiAP-221Cの仕様は**表**8-2のとおりです。

○図8-1：FortiAP221C

○図8-2：FortiWiFi-60D

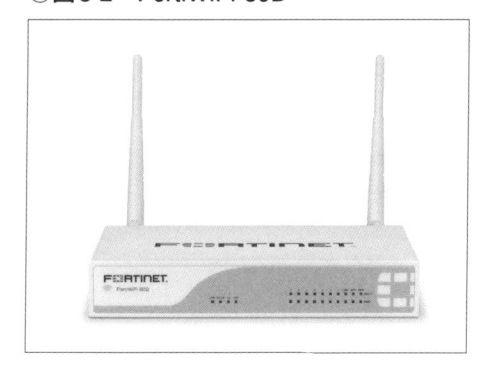

Part2：多層防御を実現するFortiOS設定

○表8-1：FortiWiFi／FortiAPのラインナップ

FortiWiFi	FortiAP
FortiWiFi-30D	FortiAP-11C
FortiWiFi-60D	FortiAP-221C
FortiWiFi-90D	FortiAP-320C

○表8-2：FortiAP-221Cの仕様（概要）

項目	説明
用途	屋内
ラジオ数	2
アンテナ数	4（内蔵）
対応する周波数帯	2.4GHz（1-13ch）、5GHz（W52/W53/W56）
Radio1	2.4GHz（IEEE 802.11b/g/n）※
Radio2	5GHz（IEEE 802.11a/n/ac）
スループット	Radio1-最大300Mbps、Radio2-最大867Mbps
PoE（Power over Ethernet）	IEEE 802.3af（12.9W）

詳細な仕様はhttp://www.fortinet.co.jpをご覧ください。
※5GHz帯のモニタは可能ですが、APとしては動作しません。

■ サポートされるAPの数

　FortiGateはモデルにより、管理できるFortiAPの数が決まっています。FortiGate-300Dの場合は512台までFortiAPを管理可能です。ただし、これはremote-APモードを含んだ数です。通常はnormal-APモードで動作しますが、その場合、256台までとなっています。
　他のモデルのFortiAPサポート数は次URLの「製品機能一覧」、もしくは各モデルのデータシートで確認できます。

http://www.fortinet.co.jp/doc/fortinet-ProductMatrix.pdf

8-2 各種設定方法

■ ワイヤレスネットワークの構成

　FortiGateでSSIDの設定をする場合、トラフィックモードは表8-3のオプションを選択できます。
　本章では図8-3のようなローカルブリッジモードを構成例として説明します。
　有線端末、無線端末、FortiAPすべてを172.16.1.0/24のネットワークに参加させる構成とします。表8-2のとおり、FortiAP-221CはPoE IEEE 802.3af対応です。ケーブルの長さや

表8-3：トラフィックモードのオプション

オプション	説明
トンネルモード	CAPWAPの管理セッションだけでなく、CAPWAPトンネルで送信されたユーザデータをFortiGateが必ず終端します。そのためFortiGateの処理負荷が高くなります。FortiASIC-NPはCAPWAPをオフロードしますが、現在のところNP6限定の機能です。Captive Portalで認証したい場合はトンネルモードを選択します。
ローカルブリッジモード	FortiGateがFortiAPを管理するセッションはCAPWAPで実施しますが、一部（802.1x認証など）を除きユーザデータはFortiAPで折り返すことを許可するモードです。同一SSID配下の端末はAPを経由してデータをやり取りし、同一セグメントの有線端末へもアクセスします。なお、ルーティングが必要な場合はFortiGateのセキュリティポリシーをかけられます。
ワイヤレスメッシュ	APは通常イーサネットケーブルでFortiGateと接続されますが、この構成では他のAPを経由して接続することが可能になります。
スプリットトンネリング	トラフィックの宛先に応じてトンネルモード、ローカルブリッジモードを選択できる構成です。CLIでのみ設定可能です。

図8-3：ネットワークトポロジ

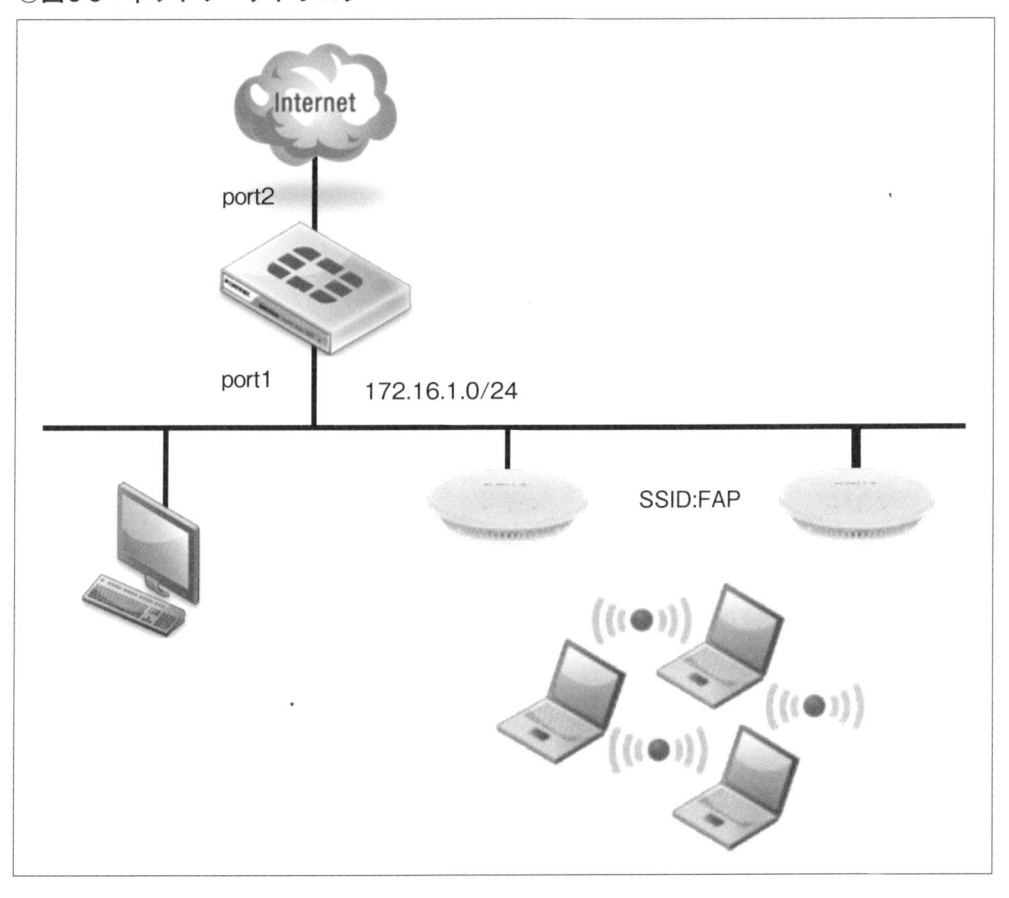

取り回しを考えて電源はパワーインジェクター（別売）やPoEスイッチから供給するのが最も手軽でしょう。FortiGateのPoEモデルやFortiSwitch PoEの購入を検討してもよいかもしれません。なお、これらを用意できない場合は別売りの電源アダプタを購入しなければなりません。

■ワイヤレスLANコントローラ機能の使用国の設定（重要）

FortiGateはデフォルトでは米国の基準に合わせた設定となっているため、日本の電波法に適した設定に変更しなければなりません。CLIから次のように設定してください。

```
# config wireless-controller setting

FGT-300D (setting) # set country JP      ←国コードを"JP"に設定

FGT-300D (setting) # end
This operation will also clear channel settings of all the existing wtp
profiles.
Do you want to continue? (y/n)y      ←既存のプロファイルを消すかどうかの確認（「y」を入力）

Modified wtp profiles with number of channel changes:
```

設定が終わったら念のため再度確認してください。

```
FGT-300D # show wireless-controller setting
config wireless-controller setting
    set country JP      ←「JP」となっていればOK
end
```

なお、WiFi機能を内蔵しているFortiWiFiは日本仕様で出荷されているのでこの作業は必要ありません。日本仕様かどうかは外箱や本体のシールにFortiWiFi-xx-Jと型番の末尾に"J"があることでわかります。

■ワイヤレスLANコントローラ機能の有効化

本書で利用しているFortiGate-300DはデフォルトでワイヤレスLANコントローラ機能が有効になっています。もし利用しているFortiGateでGUI上に"WiFiコントローラ"が表示されていない場合は WebUI ［システム］→［設定］→［フィーチャー］で［WiFiコントローラ］を有効にしてください。

■インターフェースでのCAPWAP許可

FortiAPが接続するインターフェースでは「CAPWAP」というWiFiコントロールプロト

○図8-4：インターフェースの編集

○図8-5：インターフェースの作成

コルを受け付ける必要があります。今回の例ではport1に有線も無線も収容するので、port1でCAPWAPを有効にしてください。

[WebUI]［システム］→［ネットワーク］→［インターフェース］で「port1」をダブルクリックし、「CAPWAP」にチェックを入れてください（図8-4）。また、FortiAPも含めて各端末にDHCPでIPアドレスを配布したいので、図8-4のようにDHCPサーバを設定してください。

■ WiFiプロファイルの設定

[WebUI]［WiFiネットワーク］→［SSID］で［Create New］をクリックします（図8-5）。

タイトルが［インターフェースの作成］となっています。要するにSSIDごとの仮想インターフェースを作成します。［インターフェース名］は任意の名称を付けてください。強制ではありませんが、SSIDと同一のほうがわかりやすいと思います。［タイプ］は「WiFi

SSID」を、[トラフィックモード]はこの例では「FortiAPのインターフェースでローカルブリッジ」を選択します。[SSID]は任意の名称を付けてください。また、ここではPSKによる暗号化を行うので[セキュリティモード]は「WPA2 Personal」を選択します。さらにCaptive Portalを利用してユーザ認証することもできます（トンネルモードのみ）。IEEE 802.1x認証を行うときは「WPA2 Enterprise」を選択します。[事前共有鍵]はパスワードを入力します。

■FortiAPプロファイルの作成

[WebUI][WiFiコントローラ]→[WiFiネットワーク]→[FortiAPプロファイル]で[Create New]をクリックしてください（図8-6）。

[名前]は任意の名称を付け、[機種]はFortiAPに合わせて選択します。この例では「FortiAP221C」です。

FortiAP-221Cは2つのラジオを持っているので、無線1、無線2のそれぞれを設定します。表8-4にしたがって設定してください。

■FortiAPの接続

FortiAPは工場出荷状態ではDHCPクライアント機能が有効になっており、起動すると「マ

○図8-6：ForiAPプロファイル

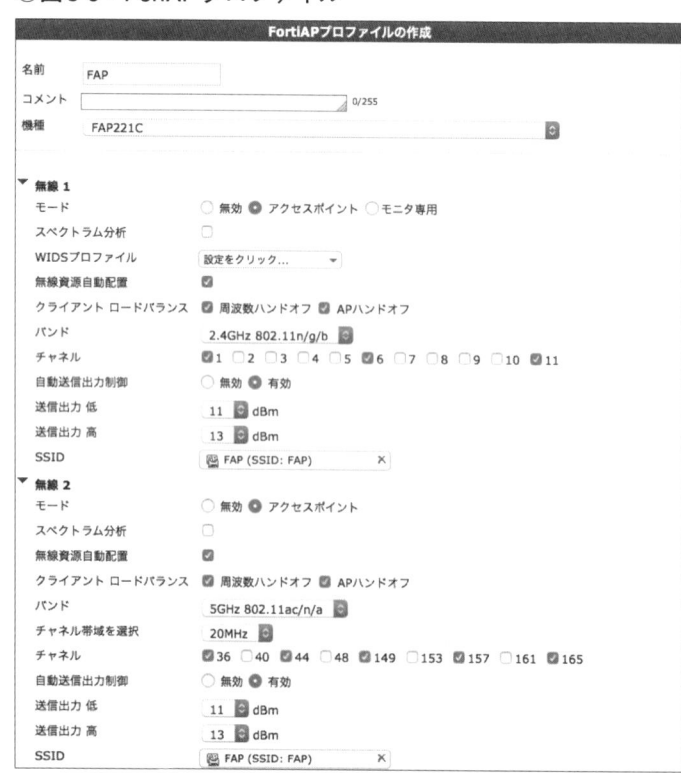

ルチキャスト」「ブロードキャスト」「ユニキャスト」「DHCP」などによりWiFiコントローラを探索します。

　FortiAPを電源（もしくはPoEスイッチ）に接続し、FortiGateと疎通可能な状態にしてください。今回の例ではFortiGateとFortiAPを同一のセグメントに配置するので、FortiAP側に特に設定は必要なくブロードキャストでFortiGateを探します。FortiAP-221CのLEDを確認してください。一番右の電源LEDが緑色の点滅から点灯状態に変わると起動終了です。FortiAPの各LEDの状態はクイックスタートガイドに記載があります。

http://docs.fortinet.com/uploaded/files/1775/FortiAP-221C-QuickStart.pdf

○表8-4：無線1と無線2の設定

項目	無線1の設定値	無線2の設定値	補足
モード	アクセスポイント	アクセスポイント	「モニタ専用」オプションは後述のWIDSや不正APの検知精度を上げるためのモニタに特化したモードです。
スペクトラム分析	無効	無効	無線の混雑状況などを確認したい場合に選択します。必要なときのみ有効にします。
WIDS	無効	無効	無線に特化したIDS（侵入検知）および不正アクセスポイント検出機能です。
無線資源自動配置	有効	有効	FortiAPが最適なチャネルを周期的に自動で判断する機能です。無線の干渉がある場合に効果があります。
周波数ハンドオフ	有効	有効	2.4GHz帯あるいは5GHz帯いずれかが混雑している場合に他方へクライアントを誘導する機能です。
APハンドオフ	有効	有効	特定のアクセスポイントにクライアントが集中している場合に別のアクセスポイントに接続するようにロードバランスする機能です。
バンド	2.4GHz帯（デフォルト）	5GHz帯（デフォルト）	周波数帯を選択します。
チャネル	（デフォルト）	（デフォルト）	利用するチャネルを選択してください。干渉しないように近いチャネルは利用しないようにします。
自動送信出力制御	有効	有効にして送信出力の下限／上限が設定できます。	
送信出力（低）	11dBm	11dBm	一般的なオフィスでは11～13dBmが適当ですが、環境に合わせてチューニングしてください。
送信出力（高）	13dBm	13dBm	
SSID	FAP	FAP	先ほど設定したSSIDを選択します。

○図8-7：非管理状態

○図8-8：FortiAPの承認とプロファイル割り当て

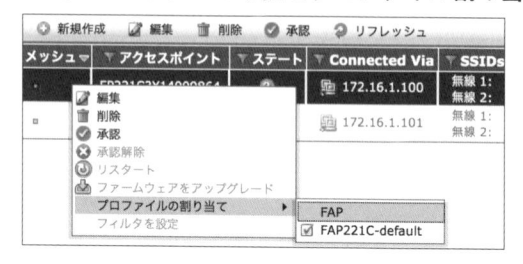

○図8-9：FortiAP管理状態

[WebUI]［WiFiコントローラ］→［マネージドアクセスポイント］→［マネージドFortiAP］を表示すると図8-7のように表示されているはずです。「?」マークが表示されているのはまだこのFortiGateの管理下にないからです。

各FortiAPを管理可能にします。それぞれのオブジェクト上で右クリックし、まずプロファイルの割り当てを選択して「FAP」を割り当てます（図8-8）。その後再度右クリックし［承認］をクリックします。

FortiAPのLEDを確認してください。右から2番目「!」のLEDがオレンジ色に光ります。その後すべてのLEDが緑色に点灯すれば正常に設定が完了しているはずです。

[WebUI]［WiFiコントローラ］→［マネージドアクセスポイント］→［マネージドFortiAP］の表示をリフレッシュしてみてください。図8-9のようになっていますか？

FortiAPのファームウェアのアップグレードもFortiGateのGUIからできます。[WebUI]［WiFiコントローラ］→［マネージドアクセスポイント］→［マネージドFortiAP］の「FortiAP」を右クリックし、［ファームウェアをアップグレード］を選択してください。ダイアログボックスが開きます。あらかじめPCにFortiAPのファームウェアイメージを保存しておく必要があります。最新のファームウェアイメージは購入元の代理店から入手します。

■ファイアウォールポリシーの作成

SSIDは仮想インターフェースとして設定されるのでFortiGateのファイアウォールポリ

○図8-10：ファイアウォールポリシー

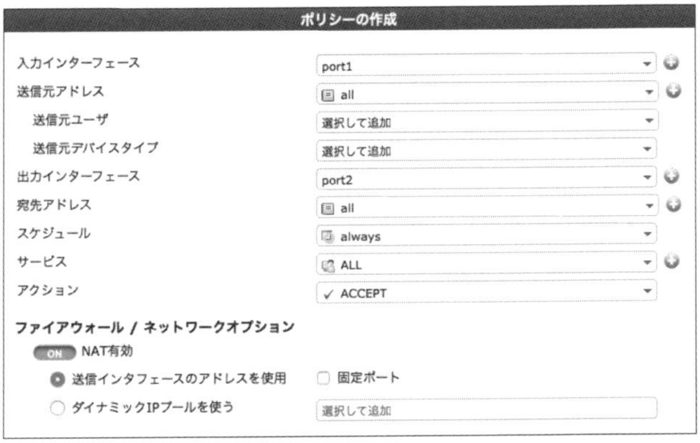

○図8-11：クライアントモニタ

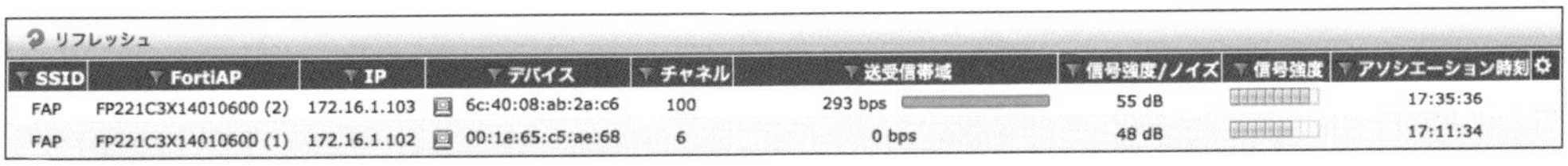

シーで利用できます。ただし、ローカルブリッジモードではSSIDはFortiGateのインターフェースにブリッジされているので、ファイアウォールポリシーを書いても機能しません。ブリッジされているインターフェースにポリシーを書く必要があります。

[WebUI]［ポリシー＆オブジェクト］→［ポリシー］→［IPv4］で［Create New］をクリックして、WiFiネットワークからインターネットへアクセスするためのポリシーを作成してみましょう（図8-10）。今回の例ではCAPWAPを有効にしているport1がSSIDインターフェースとブリッジされていることになるので送信元にport1インターフェースを選択します。あとは通常のファイアウォールポリシーの作成とまったく変わりません。もちろんUTMの設定も可能です。

8-3 接続／疎通の確認

PCやスマートフォンのWiFiを設定してSSID「FAP」に接続してみてください。172.16.1.xのIPアドレスが付与され、インターネットにアクセスできることを確認してください。

[WebUI]［WiFiコントローラー］→［モニタ］→［クライアントモニタ］でクライアントの接続状況を確認できます（図8-11）。

FortiAPのチャネルは[WebUI]［WiFiコントローラ］→［マネージドアクセスポイント］→［マネージドFortiAP］で確認できます（図8-12）。

FortiAPプロファイルで「スペクトラム分析」を有効にすれば右のグラフアイコンをクリックすると他のAPとの干渉状態を見ることができます。図8-13はさまざまなSSIDが見えて

Part2：多層防御を実現するFortiOS設定

○図8-12：FortiAPのチャネルの確認

○図8-13：スペクトラム分析

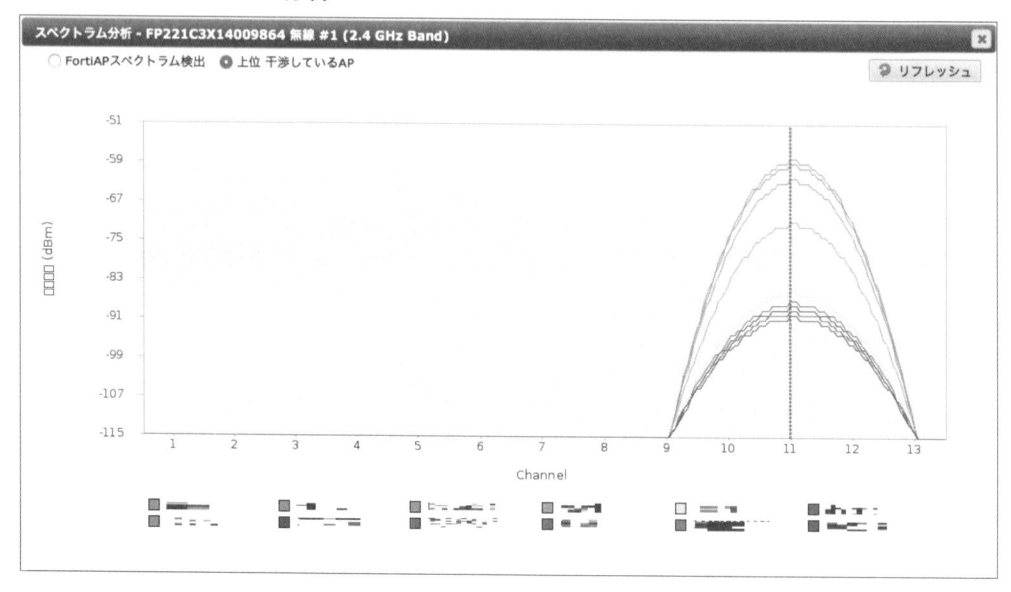

おり、このチャネル（11ch）はかなり混雑していることがわかります。

　また、WebUI ［WiFiコントローラー］→［モニタ］→［ワイヤレスヘルス］でさまざまな統計情報を確認できます（図8-14）。

第 8 章：セキュア無線 LAN

○図8-14：ワイヤレスヘルス

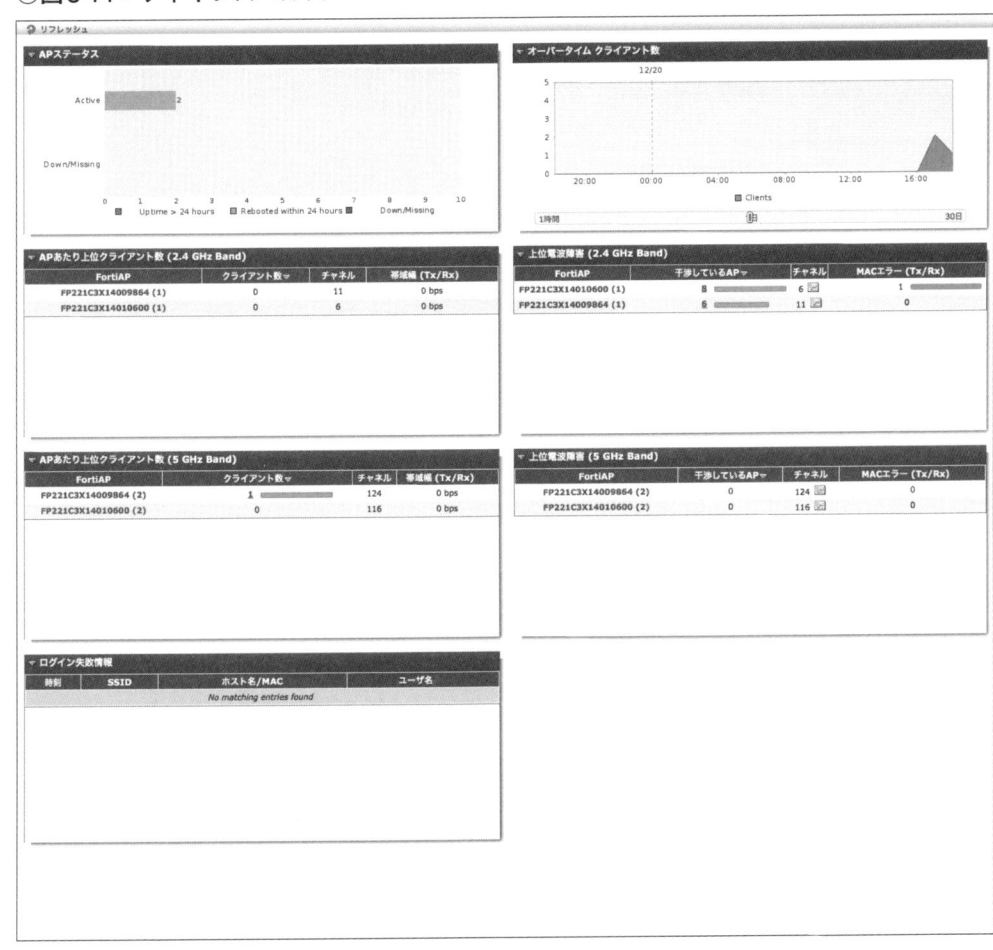

Part2：多層防御を実現するFortiOS設定

第9章 ロギング

ログはトラブルシューティングやセキュリティインシデントの解析など、さまざまな場面で必要になります。FortiGateはいろいろな方法でログを取得／閲覧できますが、用途に応じた利用方法を解説します。

9-1 ログの取得方法

FortiGateのログの取得方法は**表9-1**のとおりです。
ロギングオプションを選択する場合、次の点に注意してください。

- メモリへのロギングを実施するとメモリ使用量が増える
- ローカルロギングはディスクI/Oがシステムのパフォーマンスに影響を与える

○表9-1：FortiGateのログの取得方法

項目	説明
メモリ（RAM）	メモリ上にログを保存します。モデルによりサイズは異なりますがいずれにせよ多くは蓄積できません。また、FortiGateを再起動すると消えてしまいます。現行モデルかつFortiOS 5.2.2ではすべてのFortiGateがメモリロギング可能です。
ローカルストレージ（SSD）	現行の販売モデルにはハードディスクを搭載しているものはありません。ログ保存可能なストレージはSSDになります。FortiGate-90D以上のほとんどの機種ではSSDを搭載しており、モデルによりディスクサイズは異なります。現行販売モデルに搭載されているSSDはすべて内蔵型で、RAIDを構成できる機種は限られており、本体機器故障の場合はSSDも含めた交換となります。デスクトップモデルの多くはフラッシュメモリしか搭載しておらず、ローカルストレージへのログの保存はできません。ストレージの有無については次URLの製品機能一覧で確認できます。http://www.fortinet.co.jp/doc/fortinet-ProductMatrix.pdf
Syslog	外部のSyslogサーバを3台まで登録可能です。
FortiAnalyzer	ログレポーティング専用アプライアンス「FortiAnalyzer」へログを送ることができます。3台まで登録可能です。宛先ポートはTCP514番で通信内容は暗号化されます。
FortiCloud	ロギング／レポーティング／マネージメントの有償クラウドサービスFortiCloudにログを送信できます。宛先ポートはTCP514番で通信内容は暗号化されます。基本的にデスクトップモデル向けのサービスです。

- 複数のロギングオプションを選択するとそれだけシステムリソースを消費する
- ファイアウォールの許可トラフィックなどすべてのログを取得するとその分システムはリソースを消費しビジーになる

これらをふまえてFortiGateの負荷を見ながらログのチューニングを実施しましょう。いくつかポイントを列挙します。

- メモリへのロギングはトラブルシューティング時など一時的な使用にとどめるのがよい
- ディスクへのロギングはお勧めしない。FortiAnalyzerやSyslogなど外部への保存を推奨
- ログの取得は必要ない限りできるだけ少なく
- すべてのログを取得したいならロギング処理負荷が最も軽いSyslogがお勧め
- FortiASIC-NP配下のポートを利用するとSyslogやFortiAnalyzerなど外部へ相当量のログを送信する場合でも高パフォーマンスがのぞめる

■ファイアウォールポリシーのロギングオプション

　GUIでファイアウォールポリシーを作成する際、[ロギングオプション] という項目があります。ポリシーのアクションが「ACCEPT」の場合は [許可トラフィックをログ] のON/OFFと [セキュリティイベント] および [すべてのセッション] というオプションが選択できます（**図9-1**）。これらのオプションの意味は**表9-2**のようになります。

　UTMのログをとりたいときは各セキュリティプロファイルでログが有効になっていなければなりません。アンチウィルスはデフォルト有効になっており、CLIでなければ無効にできないので問題ないと思いますが、IPSはシグネチャによって、シグネチャそのものが無効になっている場合もあり、アクションが異なります。「すべてモニタ」や「すべてブロック」

○図9-1：アクションが「ACCEPT」の場合のロギングオプション

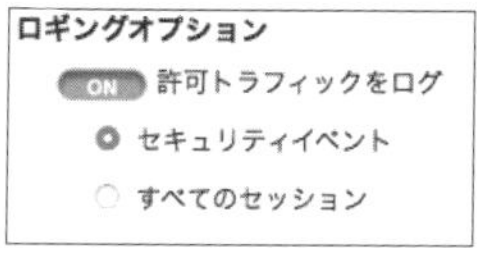

○表9-2：ロギングオプション

項目	説明
許可トラフィックをログ（ON/OFF）	OFFにするとファイアウォールポリシーで許可したログは記録されません。
セキュリティイベント	このファイアウォールポリシーで許可されたものの接続先がなかったり、UTMオプションなどで引っかかったものが記録されます。
すべてのセッション	このファイアウォールで許可されたものはすべて記録されます。もちろんUTMイベントも記録されます。しかし負荷を考慮するとあまりお勧めできないオプションです。

であればログに記録されます。

　Webフィルタはモニタやブロック、警告であればデフォルトでログが有効です。FortiGuardアンチスパムはデフォルト無効なのでCLIで有効にしなければログ表示されません。

　一方、ポリシーのアクションが「DENY」の場合は［違反トラフィックをログ］のON/OFFしかありません（図9-2）。

■ ロギングの有効／無効

　[WebUI]［ログ＆レポート］→［ログ設定］→［ログ設定］でディスク、FortiAnalyzer、FortiCloudのログの有効化などの設定ができます（図9-3）。

　いくつかチューニングしたほうがよい項目も含まれているので、どのような設定になっているかよく確認してください。

①ディスクのロギング設定

　FortiGate-300Dではデフォルトでチェックが入っていて有効になっています。SyslogやFortiAnalyzer、FortiCloudにログを送信するような環境であればチェックを外してください。また、［ローカルレポート有効］にチェックが入っていますが、外すことをお勧めします。SSDを搭載した機種はすべてデフォルトで有効になっているはずです。ローカルレポートはFortiGateがローカルディスクのログから毎日（デフォルト）レポートを生成する機能です。英語版のレポートしか生成できませんし、システムの負荷も高くなってしまうのでお勧めしていません。レポートの必要がある場合はFortiAnalyerをお勧めします。

○図9-2：アクションが「DENY」の場合のロギングオプション

○図9-3：ロギングの有効／無効

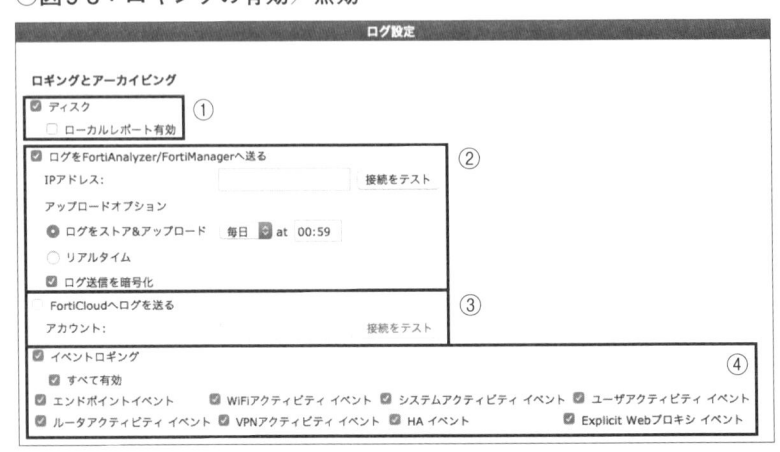

②FortiAnalyzerのロギング設定

　チェックを入れるとIPアドレスを入力する欄が現れるので、FortiAnalyzerのIPアドレスを入力します。アップロードオプションはスケジュールも可能ですし、リアルタイムに送信することも可能です。

③FortiCloudのロギング設定

　FortiCloudのサービスを購入していて、アカウントを持ち、[WebUI]［システム］→［ライセンス情報］でFortiCloudをアクティベートしていないと有効にできません。

④イベントロギング

　不要なものはチェックを外してかまいません。

　GUIではSyslogを有効にできません。また、2台目／3台目のFortiAnalyzerへの設定もできません。いずれもCLIであれば可能です。

●Syslogの場合

```
config log syslogd setting
    set status enable
    set server "172.16.1.1"
end
```

　上記のconfig log syslogd setting部分をconfig log syslogd2 setting、config log syslogd3 settingとすることで2台目、3台目を設定できます。

　FortiAanalyzerの2台目、3台目も同様に設定します。

```
config log fortianalyzer2 setting
    set status enable
    set server 172.16.1.1
    set upload-option realtime
end
```

■ 重要度に応じてログの記録をフィルタする

　メモリ、ディスク、Syslogは記録するログをフィルタすることができます。次はメモリロギングの設定ですが、memoryをdiskやsyslogdに置き換えるとそれぞれの設定ができます。

```
config log memory filter
    set severity information
end
```

例えば上記のset severityコマンドで情報の重要度に応じて記録する設定ができます。設定できるパラメータは次のようになっています。

```
emergency       Emergency level.
alert           Alert level.
critical        Critical level.
error           Error level.
warning         Warning level.
notification    Notification level.
information     Information level.
debug           Debug level.
```

上位のほうが重要度が高く、下位のほうははっきり言えば記録する必要がないログも含まれます。デフォルトはinformationなのでほとんどのログを記録する設定になっています。このフィルタを使い分けることで、例えばFortiAnalyzerへはすべてのログを送信し、メモリログはerror以上を記録するなど環境に応じてチューニングするとよいでしょう。

また、他にもフィルタできる項目はあります。例えばFortiGate自身に対するアクセスは記録しない場合は「set local-traffic disable」、マルチキャストのログを記録しない場合は「set multicast-traffic disable」と設定してください。

```
config log memory filter
    set severity information
    set forward-traffic enable
    set local-traffic enable
    set multicast-traffic enable
    set sniffer-traffic enable
    set anomaly enable
    set netscan-discovery enable
    set netscan-vulnerability enable
    set voip enable
end
```

○図9-4：GUIプリファレンス

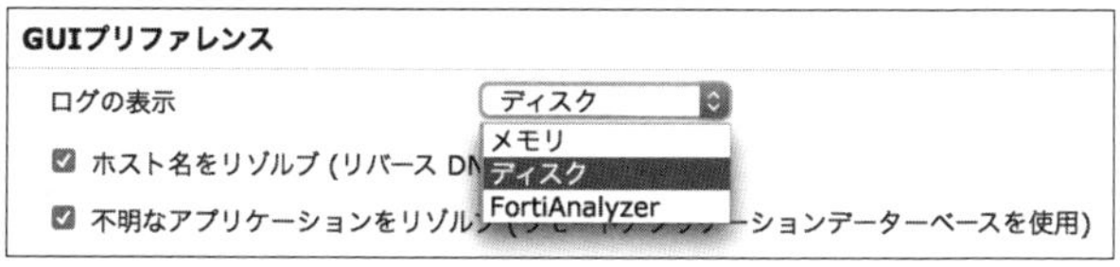

○図9-5：ログロケーション

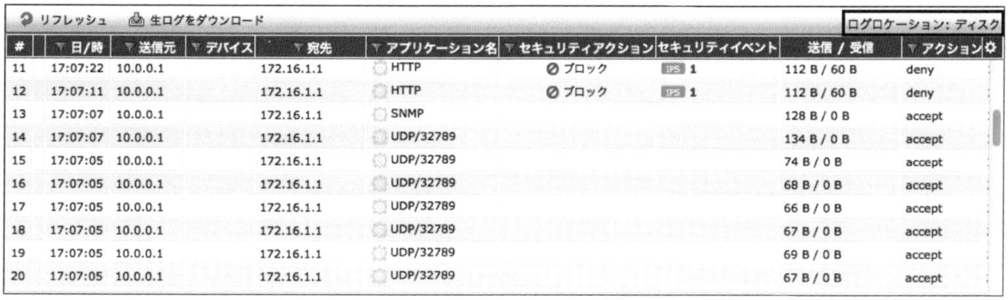

#	日/時	送信元	デバイス	宛先	アプリケーション名	セキュリティアクション	セキュリティイベント	送信 / 受信	アクション
11	17:07:22	10.0.0.1		172.16.1.1	HTTP	ブロック	IPS 1	112 B / 60 B	deny
12	17:07:11	10.0.0.1		172.16.1.1	HTTP	ブロック	IPS 1	112 B / 60 B	deny
13	17:07:07	10.0.0.1		172.16.1.1	SNMP			128 B / 0 B	accept
14	17:07:07	10.0.0.1		172.16.1.1	UDP/32789			134 B / 0 B	accept
15	17:07:05	10.0.0.1		172.16.1.1	UDP/32789			74 B / 0 B	accept
16	17:07:05	10.0.0.1		172.16.1.1	UDP/32789			68 B / 0 B	accept
17	17:07:05	10.0.0.1		172.16.1.1	UDP/32789			66 B / 0 B	accept
18	17:07:05	10.0.0.1		172.16.1.1	UDP/32789			67 B / 0 B	accept
19	17:07:05	10.0.0.1		172.16.1.1	UDP/32789			69 B / 0 B	accept
20	17:07:05	10.0.0.1		172.16.1.1	UDP/32789			67 B / 0 B	accept

9-2 ログの閲覧方法

■GUIでログを見るには

WebUI ［ログ＆レポート］→［ログ設定］→［ログ設定］の［GUIプリファレンス］でどこに保存してあるログを表示するか選択できます（**図9-4**。メモリ、ディスク、FortiAnalyzerの3つのオプションがあります。もちろんFortiAnalyzerオプションはFortiAnalyzerと連携していなければ選択しても表示されません。FortiGate-300Dのデフォルトではディスクが選択されています。

ログビューの右上の［ログロケーション］を見ると、現在GUIでどこに保存されているログを表示させているか確認できます（**図9-5**）。

■ディスクロギングの注意点

SSDのログはデフォルトでは7日間しか保存されず、それ以降は削除される設定になっています。削除しないようにも設定できますが、ディスク容量に気を付けてください。ディスク容量が75%、90%、95%のときには警告が表示されるようになっています。「`set upload enable`」とすると定期的にFTPサーバにバックアップできます。

ログファイルが100MBになるとロールする（別のファイルに切り替え）ようになっています。1～1024MBの間に設定変更できます。また、1日に一度深夜0時にロールするようになっています。これも設定変更可能です。

ディスクがいっぱいになったときは上書きしてロギングを続けます。上書きせずにログの書き込みをストップするように設定することも可能です。

次はデフォルト設定です。詳しい設定内容を知りたい場合は「CLIリファレンス」(http://docs.fortinet.com/uploaded/files/1981/fortigate-cli-52.pdf) をご覧ください。

```
config log disk setting
    set maximum-log-age 7              ←ログを7日間保存。「0」にするとログを削除しない
    set upload disable                 ←「enable」にするとFTPサーバへバックアップ可能
    set full-first-warning-threshold 75   ←ディスク容量75%で警告
    set full-second-warning-threshold 90  ←ディスク容量90%で警告
    set full-final-warning-threshold 95   ←ディスク容量95%で警告
    set max-log-file-size 100          ←ログファイルが100MBになったらロールする
    set roll-schedule daily            ←1日に一度ロールする
    set roll-time 00:00                ←深夜0時ちょうどにロール
    set diskfull overwrite             ←ディスクがいっぱいなったら上書きする
end
```

GUIでは最新のログファイルを見ることができますがロールした過去のファイルは表示できません。execute log listコマンドを実行するとロールしたファイルの存在を見ることができます。

```
# exe log list          ←いったんここでEnterキーを押すと選択可能なオプションが表示されます。
Available categories:
 0: traffic
 1: event
 2: utm-virus
 3: utm-webfilter
 4: utm-ips
 5: utm-spam
 6: contentlog
 7: anomaly
 8: voip
 9: utm-dlp
10: utm-app-ctrl
11: netscan
```

例えば次のように「0」を入力すると2つのトラフィックログがあることがわかります。

```
# execute log list 0
tlog.0              453781      Sun Dec 21 15:39:07 2014
tlog.65535           44220      Sun Dec 21 15:52:58 2014
2 tlog file(s) found.
```

execute backup disk logもしくはexecute backup disk alllogsコマ

○図9-6：ログGUI表示デフォルト

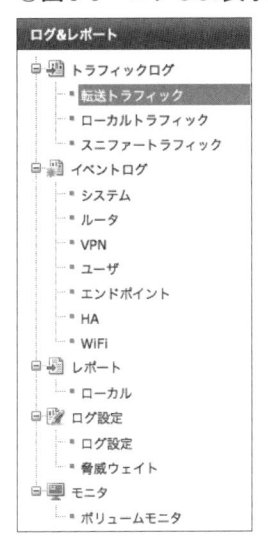

```
ログ&レポート
├─ トラフィックログ
│   ├─ 転送トラフィック
│   ├─ ローカルトラフィック
│   └─ スニファートラフィック
├─ イベントログ
│   ├─ システム
│   ├─ ルータ
│   ├─ VPN
│   ├─ ユーザ
│   ├─ エンドポイント
│   ├─ HA
│   └─ WiFi
├─ レポート
│   └─ ローカル
├─ ログ設定
│   ├─ ログ設定
│   └─ 脅威ウェイト
└─ モニタ
    └─ ボリュームモニタ
```

ンドでFTP、TFTP、USBメモリにこれらのログをバックアップできます。

■ GUI表示

　WebUIで［ログ&レポート］を表示させるとデフォルト状態では図9-6のようになっています。

　アンチウィルスやIPSなどUTMの項目がありません。これはログにない場合は表示されないようになっているからです。図9-7はテストウィルスであるeicarをブロックしたときのものです。左側ペインに［セキュリティログ］と［アンチウィルス］の項目が現れ、ログが閲覧可能になっています。これらの項目がなかなか現れない場合はいったんWebUIからログアウトして、再度ログインして確認してみてください。

　なお、トラフィックログでもUTMのログ情報は見ることができます（図9-8 〜 9-10）。トラフィックログの画面は2分割されており、上の画面で選んだログエントリの詳細が下の画面に現れるようになっています。下の画面に［アンチウィルス］というタブが表示され、詳細を確認できます。

Part2：多層防御を実現するFortiOS設定

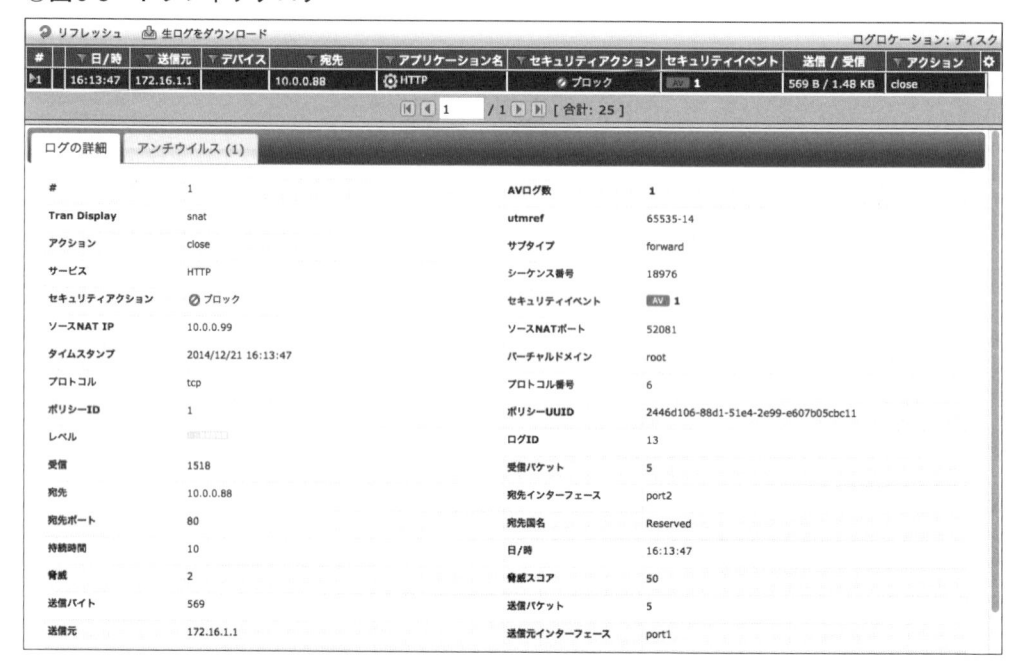

○図9-7：アンチウィルスログ表示

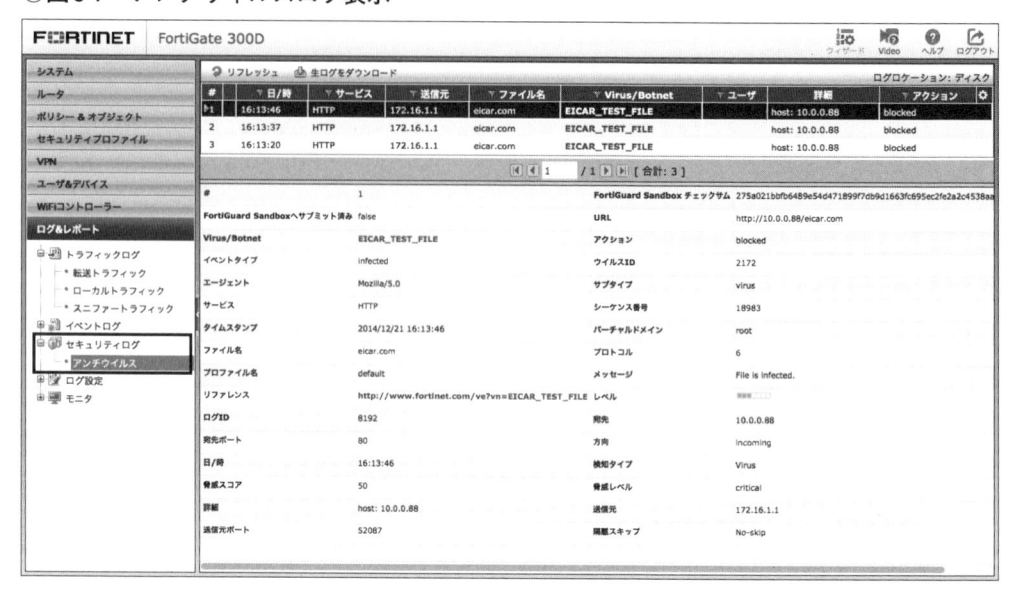

○図9-8：トラフィックログ

○図9-9：アンチウィルスタブ

#	日/時	サービス	送信元	ファイル名	Virus/Botnet	ユーザ	詳細	アクション
1	16:13:46	HTTP	172.16.1.1	eicar.com	EICAR_TEST_FILE		host: 10.0.0.88	blocked

○図9-10：ダブルクリックすると詳細表示

項目	値	項目	値
#	1	FortiGuard Sandbox チェックサム	275a021bbfb6489e54d471899f7db9d1663fc695ec2fe2a2c4538aabf651fd0f
FortiGuard Sandboxへサブミット済み	false	URL	http://10.0.0.88/eicar.com
Virus/Botnet	EICAR_TEST_FILE	アクション	blocked
イベントタイプ	infected	ウイルスID	2172
エージェント	Mozilla/5.0	サブタイプ	virus
サービス	HTTP	シーケンス番号	18983
タイムスタンプ	2014/12/21 16:13:46	バーチャルドメイン	root
ファイル名	eicar.com	プロトコル	6
プロファイル名	default	メッセージ	File is infected.
リファレンス	http://www.fortinet.com/ve?vn=EICAR_TEST_FILE	レベル	
ログID	8192	宛先	10.0.0.88
宛先ポート	80	方向	incoming
日/時	16:13:46	検知タイプ	Virus
脅威スコア	50	脅威レベル	critical
詳細	host: 10.0.0.88	送信元	172.16.1.1
送信元ポート	52087	隔離スキップ	No-skip

■ GUIのカラム表示

　WebUIのログビューには［日／時］や［送信元］などのカラムがデフォルトで表示されていますが、カスタマイズ可能です。

　右上の歯車のアイコンをクリックするとカラムの選択画面が出てきます（図9-11）。緑のチェックマークの入っているものが現在表示されているカラムです。これらはドラッグ＆ドロップで順番を変更できます。緑のチェックが入っていない項目をクリックするとチェックが入ります。表示させたいものすべてにチェックを入れたら下部の黒矢印にマウスオーバーして最下部まで表示させてください。［適用］というアイコンが出てくるのでクリックすると、設定が反映されます。

　なお、個人的には［ポリシーID］を表示させるのがお勧めです。これは何番のファイアウォールポリシーで処理されたかを示すものです。誤解されがちですが、この場合の番号はGUI上のファイアウォールポリシーの順番（ポリシーの項番#）ではありません。FortiGateはCLIでファイアウォールポリシーを作成する場合に一意の番号を付与します。この番号＝ポリシーIDです。CLIでデバッグを取得したりする場合に出てくるIDはすべてこの番号なのでログと突き合わせたりする際に表示させておくと便利です。

○図9-11：カラム表示選択

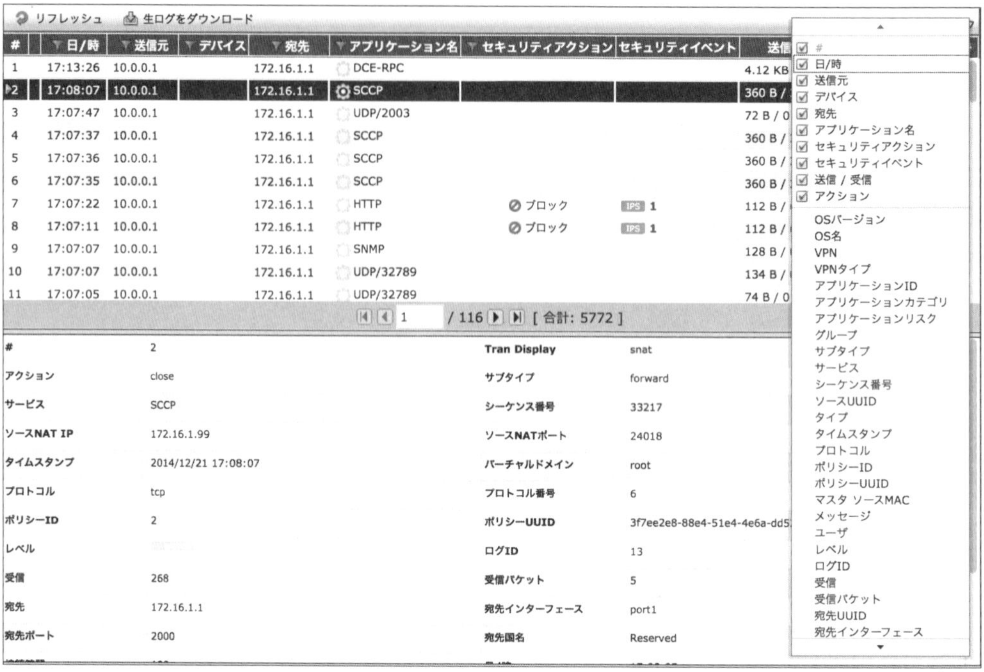

○図9-12：フィルタ

■フィルタ

各カラムの漏斗状のアイコン（▼）をクリックするとダイアログボックスが表示され、値を入力してフィルタをかけることができます（図9-12）。

■生ログ（RawLog）

トラブルシューティングやサポートへ問い合わせる際にGUIで表示されているログではなく、すべてのデータが入ったテキストベースのログが必要になることがあります。そのような場合には［生ログをダウンロード］というアイコンをクリックしてください。フィルタも有効なので、必要なものだけ選択的にダウンロード可能です。

■ テストログの送信

ディスクやメモリもそうですが、特にFortiAnalyzer、Syslog、FortiCloudのリモートサーバへのログ送信設定をした場合、すぐにログを生成してログが送信できるか確認したいでしょう。そのようなときには`diagnose log test`コマンドが便利です。

実行すると次のようにダミーのログを生成してくれます。

```
FGT-300D # diagnose log test
generating a system event message with level - warning
generating an infected virus message with level - warning
generating a blocked virus message with level - warning
generating a URL block message with level - warning
generating a DLP message with level - warning
generating an IPS log message
generating an anomaly log message
generating an application control IM message with level - information
generating an IPv6 application control IM message with level - information
generating deep application control logs with level - information
generating an antispam message with level - notification
generating an allowed traffic message with level - notice
generating a multicast traffic message with level - notice
generating a ipv6 traffic message with level - notice
generating a wanopt traffic log message with level - notification
generating a HA event message with level - warning
generating netscan log messages with level - notice
generating a VOIP event message with level - information
generating a DNS event message with level - information
generating authentication event messages
generating a Forticlient message with level - information
generating a NAC QUARANTINE message with level - notification
generating a URL block message with level - warning
```

Part3
運用上級者へのステップ

　実際に運用をする過程では、さまざまな課題やトラブルが発生するでしょう。このPartでは、知っておいて損はしないTipsからトラブルシューティングを解説し、各種情報の入手先を整理します。

第10章
知って得する小技集

第11章
トラブルシューティング

第12章
各種情報の入手

Part3：運用上級者へのステップ

第10章 知って得する小技集

この章ではFortiGateを設定／運用するうえで知っておくと便利な小技を紹介します。

10-1 パスワードリカバリ

FortiGateのパスワードを忘れてしまった場合は次の要領でシングルユーザモードに入って、パスワードを変更してください。

- FortiGateのシリアル番号をあらかじめ調べておく（本体、箱などにシリアル番号は記載されています）
- FortiGateを起動する（起動中の場合はいったん電源を落としてください。本来FortiGateはshutdownコマンドかGUIからのシャットダウン以外はサポートされないご注意ください。ロギングのためのディスクアクセスなどがない状態での電源断を心がけてください）
- シリアルコンソール接続する
- 起動し、ログインプロンプトが現れたら次のように入力する

```
login: maintainer
Password: bcpb<シリアル番号>
```

起動後30秒以内でなければログインに成功しないので注意してください。あらかじめメモ帳などに入力しておいて、コピー＆ペーストするとよいでしょう。シングルユーザモードでのログインに成功したら次のコマンドでパスワードを変更してください。

```
#config system admin
#edit admin
#set password <パスワード>
#end
```

変更が終わったら、exitでログオフしてください。

10-2 セカンダリパーティション

ほとんどのFortiGateはファームウェアであるFortiOSを2つ格納できます。「FortiOS 5.0.9」と「FortiOS 5.2.2」を例にして、どのように利用するのか説明します。

CLIを利用し、FortiOS 5.0.9で稼働しているFortiGateにFTP／TFTP／USBで新しいOSイメージをアップロードします。例えばTFTPの場合は次のようになります。

```
# execute upload image tftp <ファイル名> <コメント> <TFTPサーバのIPアドレス>
```

実行例は次のとおりです。

```
# execute upload image tftp FGT_300D-v5-build0642-FORTINET.out FOS5.0.2
172.16.1.1
Please wait...

Connect to tftp server 172.16.1.1 ...
#################################
Get file from tftp server OK.
```

WebUI ［システム］→［ダッシュボード］→［ステータス］→［システム情報］のファームウェアバージョンの［詳細］をクリックしてみてください（図10-1）。

図10-2のように先ほどアップロードしたファームウェアが格納されているのが見えるでしょう。

FGT3HD-5.03-build642にチェックを入れ、［アップグレード］アイコンをクリックすると図10-3のダイアログが表示されます。現在のOS（5.0.9）が格納されているパーティションがセカンダリパーティションとなり、FortiOS 5.2.2が格納されているパーティションが起動

○図10-1：ファームウェアバージョンの詳細

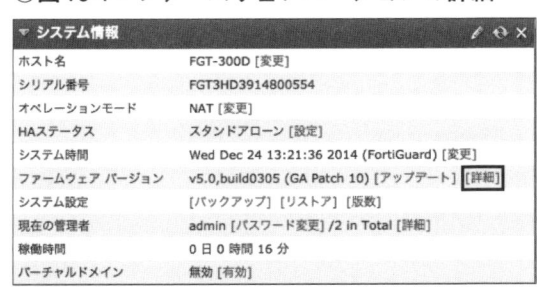

システム情報	
ホスト名	FGT-300D [変更]
シリアル番号	FGT3HD3914800554
オペレーションモード	NAT [変更]
HAステータス	スタンドアローン [設定]
システム時間	Wed Dec 24 13:21:36 2014 (FortiGuard) [変更]
ファームウェア バージョン	v5.0,build0305 (GA Patch 10) [アップデート] [詳細]
システム設定	[バックアップ] [リストア] [版数]
現在の管理者	admin [パスワード変更] /2 in Total [詳細]
稼働時間	0日 0 時間 16 分
バーチャルドメイン	無効 [有効]

○図10-2：格納されたファームウェア

○図10-3：再起動と起動パーティションの確認ダイアログ

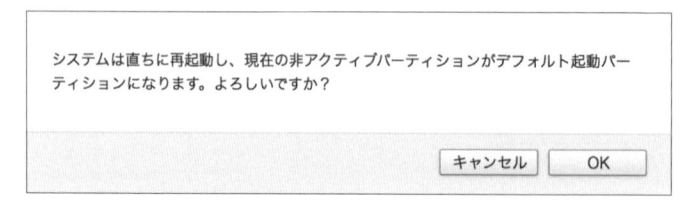

パーティションとなります。

［OK］を押すとアップグレードが開始され、再起動します。再起動後はFortiOS 5.2.2で稼働し、設定は5.0.9のものがコンバートされています。

以前のファームウェア＆設定で起動したい場合には起動時にCLIでBIOSに入り、次のように操作します。起動後は現在稼働しているOSの格納領域がプライマリパーティションとなります。

```
Please stand by while rebooting the system.     ←再起動の開始
Restarting system.
    ... 中略 ...
Boot up, boot device capacity: 15272MB.
Press any key to display configuration menu...  ←この表示が出たら何かキーを押します。
....
[G]:   Get firmware image from TFTP server.
[F]:   Format boot device.
[B]:   Boot with backup firmware and set as default.
[I]:   Configuration and information.
[Q]:   Quit menu and continue to boot with default firmware.
[H]:   Display this list of options.

Enter Selection [G]:B     ←「B」を入力してEnterキーを押します。

Enter G,F,B,I,Q,or H:
Loading backup firmware from boot device...

Reading boot image 1406642 bytes.
Initializing firewall...
System is starting...
Starting system maintenance...
Scanning /dev/sda2... (100%)
Scanning /dev/sda3... (100%)
Scanning /dev/sdb1... (100%)
```

10-3 パケットキャプチャのコンバートツール「fgt2eth」

　トラブルシュートの1つとしてFortiGate上でパケットキャプチャをとることが可能です。GUIでも行えますが、CLIで実施するほうが便利です（パケットキャプチャの実施要領は第11章で説明します）。ここで説明するのはキャプチャしたものをWiresharkで読み込めるようなpcap形式に変換する方法です。テキストで見るより、Wiresharkで見るほうがより解析しやすくなるでしょう。

　まず、`diag sniffer packet`コマンドでパケットキャプチャを実施します。Verboseレベル3もしくは6で取得してください。次にKnowledge BaseのWebページにアクセスしてページの最下段から「fgt2eth.pl」もしくは「fgt2eth.zip」をダウンロードしてください。

- Knowledge BaseのWebページ
  http://kb.fortinet.com/kb/microsites/search.do?cmd=displayKC&docType=kc&externalId=FD33124

　fgt2eth.plはPerlスクリプトです。Knowledge Baseの解説にもありますが、Perlの実行環境が必要です。

　もう1つのfgt2eth.zipは解凍すると「fgt2eth.exe」という実行形式のプログラムになっています。コマンドラインから次のように実行します。

```
fgt2eth.exe -in <FortiGateで取得したキャプチャファイル> -out <任意のファイル名.pcap>
```

　例えばFortiGate上でパケットをキャプチャしたファイル「sniffer_log.txt」を「sniffer_log.pcap」という名称でpcap形式に変換するには次のようになります。

```
c:\>fgt2eth.exe -in sniffer_log.txt -o sniffer_log.pcap
```

　変換するとWiresharkで閲覧可能です（**図10-4**）。

○図10-4：Wiresharkでの表示例

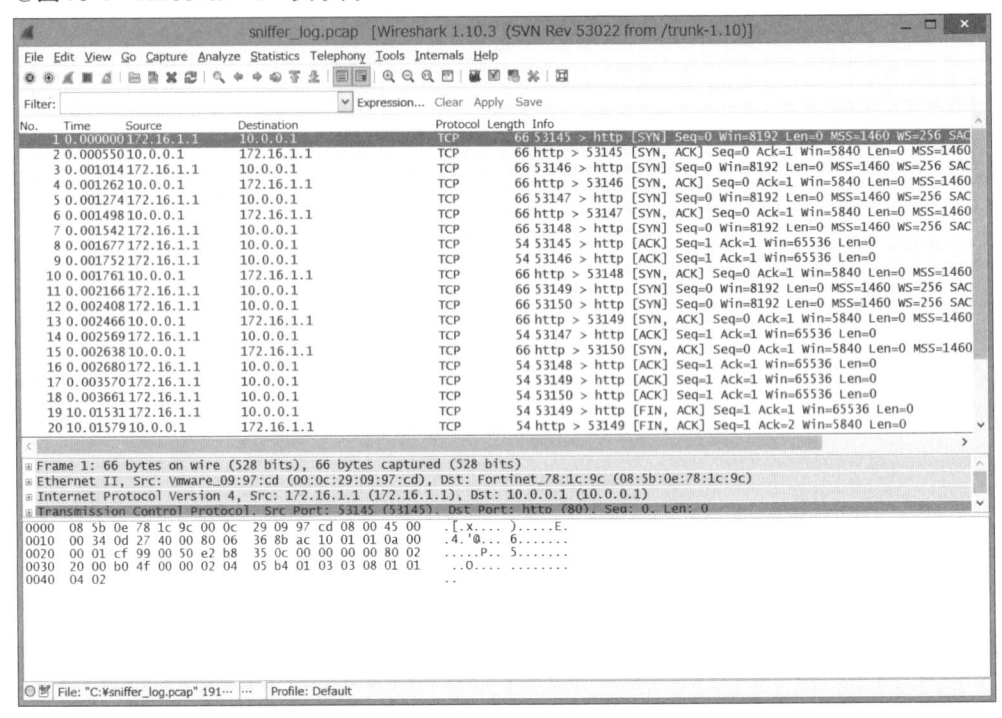

10-4 複数CPU（コア）の使用率の確認方法

　FortiGateは複数のCPUコアを持っているものがありますが、それぞれのコアの使用率を履歴表示するとトラブルシューティングに便利です。

　[WebUI]　[システム] → [ダッシュボード] → [ステータス] → [システムリソース] の編集ボタン（鉛筆マーク）をクリックしてください（図10-5）。

　[各コア] と [履歴] にチェックを入れてみてください（図10-6）。

　システムリソース表示が図10-7のように変わります。

○図10-5：システムリソース

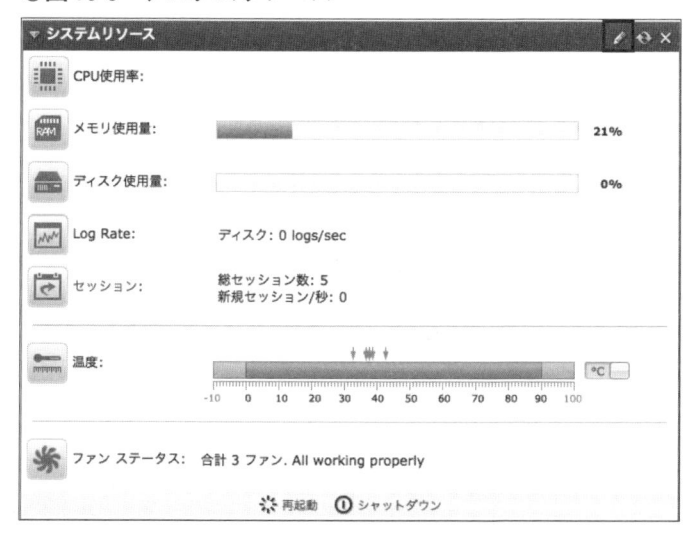

○図10-6：システムリソースのカスタム表示

○図10-7：システムリソース（履歴表示）

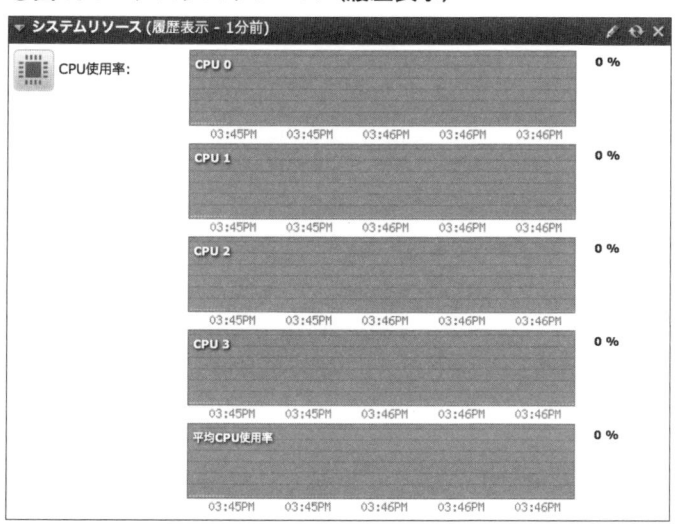

Part3：運用上級者へのステップ

10-5 GUIからの設定入力がCLIにどのように反映しているか確認する

　GUIでの設定は直観的でわかりやすいものですが、その反面、反復的な操作の場合は煩雑です。スクリプトで自動化して複数の設定を一括で行いたい場合や、CLIをより詳しく見て細かなチューニングをしたい場合に、GUIの設定がどのようなコマンドを投入しているのか知りたい場合も多いでしょう。
　その場合は次のように debug コマンドを設定してください。

```
#diagnose debug cli 7
```

　その後GUIで設定を変更すると次のようにどのような操作をしたのかCLI上にコマンドラインの羅列が表示されます。次の例はファイアウォールポリシーを投入した場合のものです。

```
0: config firewall policy
0: edit 0
0: set srcintf "port1"
0: set dstintf "port2"
0: set srcaddr "all"
0: set dstaddr "all"
0: set action accept
0: set schedule "always"
0: set service "ALL_ICMP"
0: unset groups
0: unset users
0: unset devices
0: unset custom-log-fields
0: unset tags
0: set nat enable
0: end
0: config firewall policy
0: edit 3
0: end
```

　出力を止める場合は「diagnose debug reset」と入力してください。

10-6 USB自動インストール

　FortiGateにはUSBポートが付いています。これを利用し、USBメモリにコンフィグやFortiOSを入れて起動時に読み込ませることができます。管理者不在の遠隔地でのOSアップグレードの際などに便利です。
　WebUI ［システム］→［設定］→［高度］の［USB自動インストール］の項目が設定箇所です（図10-8）。デフォルトでUSBメモリ内に「fgt_system.conf」という名称のコンフィグ

◯図10-8：USB自動インストール

```
USB自動インストール
☑ システムの再起動時に、USBディスクにデフォルト設定ファイルがあれば、自動的にFortiGateの設定ファイルを更新する。
   デフォルト設定ファイル名：    fgt_system.conf
☑ システムの再起動時に、USBディスクにデフォルトイメージ名があれば、自動的にFortiGateのファームウェアを更新する
   デフォルトイメージ名：       image.out
                              [ 適用 ]
```

および「image.out」という名称のOSイメージがあれば読み込んで起動します。

実際に「fgt_system.conf」と「image.out」（実際はFortiOS 5.2.2の名前を変更したもの）を格納したUSBメモリをFortiGate-300Dに挿入して再起動した際のコンソール出力は、次のようになります。

```
Please stand by while rebooting the system.
Restarting system.
    ... 中略 ...
Initializing firewall...
System is starting...
Get image from USB disk ...    OK.     ←USBにOSイメージがあることを認識
Check image...  OK.     ←OSイメージのチェック終了
Please wait for system to restart.
Firmware upgrade in progress ...    ←アップグレードの開始
Done.
The system is going down NOW !!
Please stand by while rebooting the system.   ←再起動
Restarting system.
    ... 中略 ...
Initializing firewall...
System is starting...
Get config file from USB disk OK.    ←USBにコンフィグがあることを認識
File check OK.   ←ファイルのチェック終了
The system is going down NOW !!
Please stand by while rebooting the system.   ←再起動
    ... 中略 ...
```

この例ではUSBメモリ内にOSとコンフィグが入っているので、まずOSをアップグレードして再起動、その後コンフィグを読み込んでまた再起動しています。もちろんOSとコンフィグのどちらか一方だけを格納しても問題ありません。

10-7 full-configurationオプション

CLIでshowコマンドを実行するとデフォルトの設定項目は表示されないようになっています。デフォルトの値も含めて表示させたい場合は各階層でshow full-configurationを実行してください。

10-8 オブジェクトがどこで使われているか確認する

FortiGateのコンフィグ上でオブジェクトを削除したいときに、エラーが出て実行できない場合があります。それはどこかでそのオブジェクトが利用されているからです。ところがGUIだとどこで利用されているのか探してもなかなかわかりづらい場合があります。そういう場合は次のような方法があります。

まずはパイプ（|）とgrepを利用して検索する方法です。-fオプションを付けるとその階層ごと表示し、検索語の箇所は<---で教えてくれます。以下は「port1」を検索したときの例です。

```
FGT-300D # show   | grep -f port1
config system interface
    edit "port1" <---
        set vdom "root"
        set ip 172.16.1.99 255.255.255.0
        set allowaccess ping https http telnet
        set type physical
        set snmp-index 3
    next
end
config firewall policy
    edit 1
        set uuid f6ff6df0-9002-51e4-09f5-05a275840c7c
        set srcintf "port1" <---
        set dstintf "port2"
        set srcaddr "all"
        set dstaddr "all"
        set action accept
        set schedule "always"
        set service "ALL"
        set nat enable
    next
end
```

他にはコンフィグのバックアップをとり、バックアップファイルを検索するという方法があります。コンフィグがテキストファイルなので簡単に検索できます。

10-9 各インターフェースのスピードおよびリンクアップ情報の一覧

GUI上でデフォルトではリンクステータス情報は表示されていません。各ポートにマウスオーバーすればポップアップで表示されますが、全体を俯瞰したい場合に不便です。

[WebUI]［ネットワーク］→［インターフェース］のカラムの右端に歯車のアイコンがあります。歯車アイコンをクリックし、［リンクステータス］にチェックを入れてください。［適用］を押すと図10-9のようにリンクステータス欄が表示されます。

○図10-9：リンクステータス

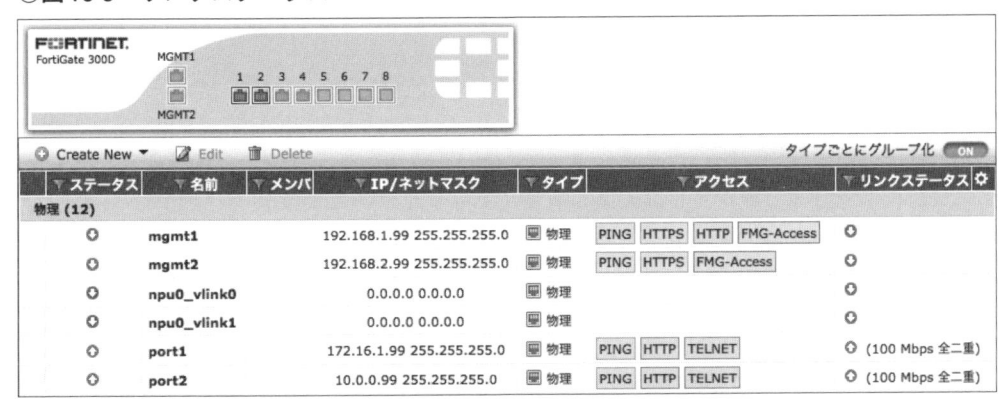

ステータス	名前	メンバ	IP/ネットマスク	タイプ	アクセス	リンクステータス
物理 (12)						
○	mgmt1		192.168.1.99 255.255.255.0	物理	PING HTTPS HTTP FMG-Access	○
○	mgmt2		192.168.2.99 255.255.255.0	物理	PING HTTPS FMG-Access	○
○	npu0_vlink0		0.0.0.0 0.0.0.0	物理		○
○	npu0_vlink1		0.0.0.0 0.0.0.0	物理		○
○	port1		172.16.1.99 255.255.255.0	物理	PING HTTP TELNET	○ (100 Mbps 全二重)
○	port2		10.0.0.99 255.255.255.0	物理	PING HTTP TELNET	○ (100 Mbps 全二重)

また、次のコマンドですべてのインターフェースのリンクアップ状況を見ることができます。

```
FGT-300D # get system interface physical
== [onboard]
    ... 中略 ...
    ==[port1]
            mode: static
            ip: 172.16.1.99 255.255.255.0
            ipv6: ::/0
            status: up
            speed: 100Mbps (Duplex: full)
    ==[port2]
            mode: static
            ip: 10.0.0.99 255.255.255.0
            ipv6: ::/0
            status: up
            speed: 100Mbps (Duplex: full)
    ... 中略 ...
```

10-10 管理者の排他ログイン

FortiGateの管理アクセス（HTTP／HTTPS／CLI／Telnet／SSHなど）はデフォルトでは同じ管理者が同時にログイン可能です。次のように設定することで同じ管理者が同時に複数ログインすることを禁止します。

```
config system global
    set admin-concurrent disable
end
```

`admin-concurrent`を`disable`にすると排他がかかるので、ある管理者がログインした後、同じ管理者で他からログインしようとすると認証に失敗します。

失敗した場合は次のようにログに出力されます（図10-10）。

```
Administrator <ユーザ名> login failed from <プロトコル> because admin
concurrent is disabled
```

○図10-10：認証失敗のログ

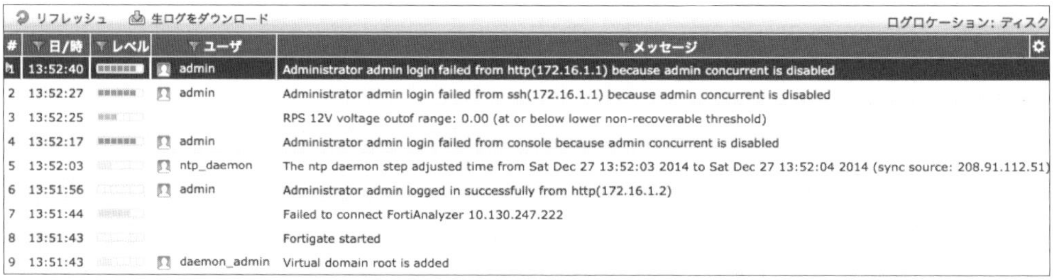

#	日/時	レベル	ユーザ	メッセージ
1	13:52:40	▬▬▬▬▬	admin	Administrator admin login failed from http(172.16.1.1) because admin concurrent is disabled
2	13:52:27	▬▬▬▬▬	admin	Administrator admin login failed from ssh(172.16.1.1) because admin concurrent is disabled
3	13:52:25	▬▬▬		RPS 12V voltage outof range: 0.00 (at or below lower non-recoverable threshold)
4	13:52:17	▬▬▬▬▬	admin	Administrator admin login failed from console because admin concurrent is disabled
5	13:52:03		ntp_daemon	The ntp daemon step adjusted time from Sat Dec 27 13:52:03 2014 to Sat Dec 27 13:52:04 2014 (sync source: 208.91.112.51)
6	13:51:56		admin	Administrator admin logged in successfully from http(172.16.1.2)
7	13:51:44			Failed to connect FortiAnalyzer 10.130.247.222
8	13:51:43			Fortigate started
9	13:51:43		daemon_admin	Virtual domain root is added

10-11　物理ポートとFortiASIC-NP

複数のFortiASIC-NPを搭載している機器では、それぞれのNPが担当する物理ポートが決まっています。別々のNPで管理される物理ポート同士でリンクアグリゲーションを構成したり、Redundantインターフェースを構成することはサポートされていません。

NP6搭載機の場合は次のコマンドでポートのアサイン状況を確認してください。FortiGate-300DはNP6が1基なのでnp6_0に対しport1～port8がアサインされています。

```
# diagnose npu np6 port-list
Chip    XAUI  Ports   Max    Cross-chip
                      Speed  offloading
------  ----  ------  -----  ----------
np6_0   0
        1     port1   1G     Yes
        1     port2   1G     Yes
        1     port3   1G     Yes
        1     port4   1G     Yes
        1     port5   1G     Yes
        1     port6   1G     Yes
        1     port7   1G     Yes
        1     port8   1G     Yes
        2
        3
------  ----  ------  -----  ----------
```

10-12 FortiOSのアップグレード

まずアップグレードパスを確認してください。そのFortiOSに直接アップグレード可能な下位のFortiOSはリリースノートに記載があります。また、アップグレードパスを記したドキュメントもあるので両方を確認してください。詳しくは第12章のリリースノートの項を参照してください。

アップグレードの前には必ずバックアップを実施してください。ディスクロギングしていて、今までのログを残しておく必要がある場合はFTPなどでバックアップしておいてください（第9章参照）。

10-13 プロキシサーバ経由でのFortiGuardアップデート

FortiGuardにプロキシサーバ経由でアクセスしなければならない環境では次のように設定します。「ポート番号」「ユーザ名」「パスワード」は必須項目ではありません。

```
config system autoupdate tunneling
    set status enable
    set address  <IPアドレス>
    set port     <ポート番号>
    set username <ユーザ名>
    set password <パスワード>
end
```

○図10-11：コンフィグのリビジョン

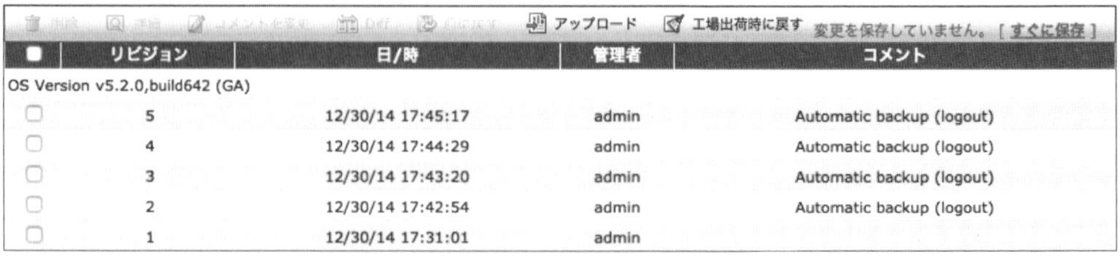

	リビジョン	日/時	管理者	コメント
OS Version v5.2.0,build642 (GA)				
	5	12/30/14 17:45:17	admin	Automatic backup (logout)
	4	12/30/14 17:44:29	admin	Automatic backup (logout)
	3	12/30/14 17:43:20	admin	Automatic backup (logout)
	2	12/30/14 17:42:54	admin	Automatic backup (logout)
	1	12/30/14 17:31:01	admin	

10-14 コンフィグのリビジョン

FortiGateには過去の設定をリビジョンとして保持する機能があります。

何か設定変更を行った後、WebUI [システム] → [ダッシュボード] → [ステータス] → [システム情報] → [システム設定] の [リビジョン] をクリックしてみてください（図10-11）。赤字で「変更を保存していません。[すぐに保存]」という表示が見えるでしょう。[すぐに保存] をクリックするとリビジョンコンフィグが保存されます。それぞれのリビジョンをチェックすると [前に戻す] アイコンを選択でき、以前の設定に戻すことができます。

なお、CLIで次の設定を行うとGUIやCLIでログアウトした際に（タイムアウトも含む）自動的にリビジョンが作成されます。

```
config system global
    set revision-backup-on-logout enable
end
```

第11章 トラブルシューティング

ここではトラブルシューティングに役立つコマンドや問い合わせの際にどんな情報があると解決までの時間を短縮できるかなどを紹介します。

複数の機器を結ぶネットワークにはさまざまな問題が起こります。これは日々ネットワークを運用している方々が痛感されていることでしょう。トラブルの際はことにFortiGateのようなゲートウェイ機器は何かと疑いの目を向けられがちですが、OSI参照モデルの低レイヤーから1つひとつ確認して、問題がどこにあるのか探る姿勢が大事です。さんざん設定を見直したあげくに、原因はケーブルが抜けていたり、電源ケーブルがきちんとささっていなかったりということはよくあります。

> ⚠ この章で紹介するコマンドはシステムに負荷をかける場合もあるので、リソースの空き状況を考慮し、十分注意のうえ実行してください。

11-1 FortiGateの情報取得する（get sys statusコマンド）

FortiGateの情報を端的に表すコマンドです。実行例は次のとおりです。

```
Version: FortiGate-300D v5.2.2,build0642,141118 (GA)   ←FortiOSのバージョン
Virus-DB: 23.00457(2014-12-24 06:10)
Extended DB: 23.00457(2014-12-24 06:09)    ←アンチウィルスのDBバージョン
Extreme DB: 1.00000(2012-10-17 15:47)
IPS-DB: 5.00589(2014-12-23 02:22)
IPS-ETDB: 0.00000(2001-01-01 00:00)        ←IPSのDBバージョン
Serial-Number: FGT3HD3914800554     ←シリアル番号
Botnet DB: 1.00977(2014-12-23 20:30)   ←ボットネットDBバージョン
BIOS version: 04000002     ←BIOSバージョン
System Part-Number: P14814-02
Log hard disk: Available   ←ローカルストレージの状態（hard diskとなっているが実際はSSD）
Hostname: FGT-300D    ←ホスト名
Operation Mode: NAT   ←オペレーションモード
Current virtual domain: root
Max number of virtual domains: 10    ←最大VDOM数
Virtual domains status: 1 in NAT mode, 0 in TP mode
                       ↑NAT／ルートとトランスペアレントモードで動いているVDOM数
```

```
Virtual domain configuration: disable    ←VDOMを有効にしているかどうか
FIPS-CC mode: disable
Current HA mode: standalone    ←HAの設定状態
Branch point: 642
Release Version Information: GA
FortiOS x86-64: Yes
System time: Thu Dec 25 11:08:02 2014
```

11-2 他の機器との疎通確認する（execute pingコマンド）

pingコマンドです。FortiGateから他のネットワークノードに疎通が取れているか確認する際に利用します。

実行例は次のとおりです。デフォルトでは5回実行します。FQDNを指定すれば名前解決したうえで実行します（FortiGateが名前解決可能な状態でなければなりません）。

```
execute ping 10.0.0.1
PING 10.0.0.1 (10.0.0.1): 56 data bytes
64 bytes from 10.0.0.1: icmp_seq=0 ttl=255 time=0.4 ms
64 bytes from 10.0.0.1: icmp_seq=1 ttl=255 time=0.2 ms
64 bytes from 10.0.0.1: icmp_seq=2 ttl=255 time=0.2 ms
64 bytes from 10.0.0.1: icmp_seq=3 ttl=255 time=0.2 ms
64 bytes from 10.0.0.1: icmp_seq=4 ttl=255 time=0.2 ms

--- 10.0.0.1 ping statistics ---
5 packets transmitted, 5 packets received, 0% packet loss
round-trip min/avg/max = 0.2/0.2/0.4 ms
```

オプションを指定することでさまざまなpingを実行できます。あらかじめexecute ping-optionsを設定してexecute pingを実行します。いくつかよく利用するものを挙げます。

```
execute ping-options data-size <bytes>
    ↑pingのデータサイズを変更する場合。デフォルトは56バイト
execute ping-options df-bit {yes | no}
    ↑フラグメント不可を指定するdf-bitを付与するかどうか。デフォルトは"no"
execute ping-options repeat-count <repeats>    ←回数
execute ping-options source {auto | <source-intf_ip>}    ←送信元IP
execute ping-options timeout <seconds>    ←タイムアウトの秒数
execute ping-options ttl <hops>    ←最大ホップ数。デフォルト64
execute ping-options view-settings    ←現在の設定を表示します。
```

11-3 FortiASIC-NPによるファストパス（オフロード）をオフにする

　FortiASIC-NPを搭載している機器はファイアウォールのトラフィック処理の際にファストパスと呼ばれる高速転送処理を行います。ファストパスは極めて高速なパケット処理を実現しますが、ファストパス処理されたものはパケットをキャプチャできないのでトラブルシューティングの際に不便です。パケットキャプチャを完全にするためにはFortiASIC-NPの処理を一時的にオフにしなければなりません。

　これには2つ方法があります。

　まずは対象となるトラフィックが処理されるファイアウォールポリシーで「set auto-asic-offload disable」とすることです。

```
config firewall policy
    edit 1
        set auto-asic-offload disable
end
```

　コマンドはすぐに反映されますが、すでにセッションテーブルが作成されているトラフィックの場合はキャプチャできないのでセッションテーブルをクリアする必要があります（セッションテーブルのクリア方法は後述します）。

　ファイアウォールポリシーで設定する方法だと1つひとつ設定変更しなければならないので面倒だという場合はFortiASIC-NPごとに設定できます。ただし、すべてのファイアウォール処理がオフロードされなくなるので気を付けてください。

　設定の前に次のコマンドでFortiASIC-NPのIDを確認します。

```
# diagnose npu np6 register
The following NP6 IDs are available:[0-0]
```

　出力結果を見ると「[0-0]」となっています。FortiGate-300DはNP6を一基搭載しているのでIDは常に「0」だけです。複数のNPを搭載している機種だと「0, 1, 2……」という番号がそれぞれのNPに振られています。

　ファストパスをNP6全体で無効にするには次のように設定します。

```
# diagnose npu np6 fastpath disable 0
NP6 fast-path disabled. Please clear session to clear existing path.
```

　最後の「0」はNPのIDです。

Part3：運用上級者へのステップ

> ⚠ ファストパスを無効にするといずれの方法でもファイアウォール処理がCPUで実施されます。スループットの低下やCPU使用率の上昇を招くので理解したうえで実施してください。

11-4　FortiGateのインターフェースに到達したパケットをキャプチャする

　FortiGateはパケットのキャプチャ機能を持っています。`diagnose sniffer`コマンドです。CLIで次のように実施します。

```
diagnose sniffer packet <インターフェース名> <フィルタ> <verbose><カウント><1>
```

　[インターフェース名]にはVLANインターフェースなどの仮想インターフェースも指定できます。「any」も使用できます。[フィルタ]部分以降は指定しなくてもかまいません。[フィルタ]の書式はUDP1812番でforti1とforti2もしくはforti3との通信をキャプチャしたい場合は次のようになります（「forti1」「forti2」「forti3」はホスト名です）。

```
'udp and port 1812 and host forti1 and ¥( forti2 or forti3 ¥)'
```

　andでつないでorは( )で囲ってください。¥はエスケープ文字です。フィルタは'(コーテーションマーク）で囲ってください。より詳しくフィルタに関して知りたい場合は次のドキュメントが役に立ちます。

　http://kb.fortinet.com/kb/microsites/search.do?cmd=displayKC&docType=kc&externalId=FD33124

　なお、ここには記載がないですが、次のように指定することでセグメント単位でフィルタをかけることができます。

```
# diagnose sniffer packet <port> 'net <netaddr> mask <mask>'
```

　実行例は次のようになります。

```
# diagnose sniffer packet port1 'net 10.0.0.0 mask 255.255.255.0'
interfaces=[port1]
filters=[net 10.0.0.0 mask 255.255.255.0]
5.627827 172.16.1.1 -> 10.0.0.1: icmp: echo request
5.628342 10.0.0.1 -> 172.16.1.1: icmp: echo reply
13.214665 172.16.1.1 -> 10.0.0.88: icmp: echo request
13.223842 10.0.0.88 -> 172.16.1.1: icmp: echo reply
```

verboseはキャプチャする際の詳細レベルです。次の1～6で選択します。指定しない場合は最も簡易的な表示である「1」が選択されます。詳しい内容が必要な場合は3か6を指定します。問い合わせの場合には「6」を指定したものを取得し送付するとよいでしょう。

○選択可能な verbose レベル

```
1: print header of packets
2: print header and data from ip of packets
3: print header and data from ethernet of packets (if available)
4: print header of packets with interface name
5: print header and data from ip of packets with interface name
6: print header and data from ethernet of packets (if available)
   with intf name
```

フィルタをかけたくないがverboseレベルをデフォルトの1から変えたい場合、フィルタ部分を「""」と指定してください。

カウントはキャプチャするパケットの数です。指定しない場合は取得し続けます。Ctrlキー＋Cキーと入力するとキャプチャを終了できます。

最後の「1」を指定するとタイムスタンプ（ローカルタイム）を合わせて出力します。

＜"l"指定なしの取得例＞

```
6.875763 172.16.1.1 -> 10.0.0.1: icmp: echo request
6.876417 10.0.0.1 -> 172.16.1.1: icmp: echo reply
```

＜"l"指定ありの取得例＞

```
2014-12-27 01:55:35.560529 172.16.1.1 -> 10.0.0.1: icmp: echo request
2014-12-27 01:55:35.560865 10.0.0.1 -> 172.16.1.1: icmp: echo reply
```

■ 出力サンプル

FortiGate上を通るすべてのパケットをverboseレベル6で取得するには次のようにコマン

ドを実行します。

```
diagnose sniffer packet any "" 6
```

出力のサンプルです。

```
interfaces=[any]
filters=[host 10.0.0.88]
11.665299 port1 in 172.16.1.1.50187 -> 10.0.0.88.80: syn 1902830675
0x0000   0000 0000 0001 000c 2909 97cd 0800 4500        .........)....E.
0x0010   0034 5c35 4000 8006 e725 ac10 0101 0a00        .4\5@....%......
0x0020   0058 c40b 0050 716a e453 0000 0000 8002        .X...Pqj.S......
0x0030   2000 7d8d 0000 0204 05b4 0103 0308 0101        ..}.............
0x0040   0402                                           ..

11.665375 port1 out 10.0.0.88.80 -> 172.16.1.1.50187: syn 780757973
                                                       ack 1902830676
0x0000   0000 0000 0000 085b 0e78 1c9c 0800 4500        .......[.x....E.
0x0010   0034 ac2e 4000 4006 d72c 0a00 0058 ac10        .4..@.@......X..
0x0020   0101 0050 c40b 2e89 6bd5 716a e454 8012        ...P....k.qj.T..
0x0030   16d0 ec55 0000 0204 05b4 0101 0402 0103        ...U............
0x0040   0300                                           ..
```

Port1を通過するIPアドレス10.0.0.1のICMPを取得するには次のように指定します。

```
diagnose sniffer packet port1 'host 10.0.0.1'
```

出力のサンプルは次のとおりです。

```
interfaces=[port1]
10.625890 172.16.1.1 -> 10.0.0.1: icmp: echo request
10.626438 10.0.0.1 -> 172.16.1.1: icmp: echo reply
```

verbose3もしくは6で取得したキャプチャはfgt2ethというツールを使用し、Wiresharkなどで読み込めるpcap形式に変換可能です（詳しくは第10章（P.227）をご覧ください）。

なお、GUIからも簡易的なパケットキャプチャは可能です。[WebUI]［システム］→［ネットワーク］→［パケットキャプチャ］です（図11-1）。

◯図11-1：GUIでのパケットキャプチャ

パケットキャプチャ フィルタの作成

- インターフェース： mgmt1
- 保存する最大パケット数： 4000
- ☑ フィルタを有効
  - ホスト：
  - ポート：
  - VLAN(s)：
  - プロトコル：
- ☐ IPv6 パケットを含む
- ☐ IPパケット以外も含む

11-5 セッションテーブルを表示／削除する

トラフィックがファイアウォール処理されるとセッションテーブルが作成されます。セッションテーブルは次のコマンドで表示できます。

```
#diagnose sys session list
session info: proto=6 proto_state=11 duration=3 expire=3596 timeout=3600
flags=00000000 sockflag=00000000 sockport=80 av_idx=1 use=4
origin-shaper=
reply-shaper=
per_ip_shaper=
ha_id=0 policy_dir=0 tunnel=/
state=redir local may_dirty none app_ntf
statistic(bytes/packets/allow_err): org=112/2/1 reply=52/1/1 tuples=3
orgin->sink: org pre->post, reply pre->post dev=5->6/6->5
gwy=10.0.0.88/172.16.1.1
hook=post dir=org act=snat 172.16.1.1:50797-
>10.0.0.88:80(10.0.0.99:50797)
hook=pre dir=reply act=dnat 10.0.0.88:80-
>10.0.0.99:50797(172.16.1.1:50797)
hook=post dir=reply act=noop 10.0.0.88:80->172.16.1.1:50797(0.0.0.0:0)
pos/(before,after) 0/(0,0), 0/(0,0)
misc=0 policy_id=1 auth_info=0 chk_client_info=0 vd=0
serial=000116cd tos=ff/ff ips_view=1 app_list=0 app=0
dd_type=0 dd_mode=0
npu_state=00000000

session info: proto=6 proto_state=11 duration=3 expire=3596 timeout=3600
flags=00000000 sockflag=00000000 sockport=80 av_idx=1 use=4
origin-shaper=
reply-shaper=
per_ip_shaper=
ha_id=0 policy_dir=0 tunnel=/
state=redir local may_dirty none app_ntf
statistic(bytes/packets/allow_err): org=112/2/1 reply=52/1/1 tuples=3
orgin->sink: org pre->post, reply pre->post dev=5->6/6->5
gwy=10.0.0.88/172.16.1.1
hook=post dir=org act=snat 172.16.1.1:50798-
```

```
>10.0.0.88:80(10.0.0.99:50798)
hook=pre dir=reply act=dnat 10.0.0.88:80-
>10.0.0.99:50798(172.16.1.1:50798)
hook=post dir=reply act=noop 10.0.0.88:80->172.16.1.1:50798(0.0.0.0:0)
pos/(before,after) 0/(0,0), 0/(0,0)
misc=0 policy_id=1 auth_info=0 chk_client_info=0 vd=0
serial=000116ce tos=ff/ff ips_view=1 app_list=0 app=0
dd_type=0 dd_mode=0
npu_state=00000000
total session 2
```

ただし、上記コマンドはすべてのセッションテーブルを表示しようとするので、テーブルのエントリ数によって最後まで出力するのにかなり時間がかかる場合があります。表示を途中で止めたい場合は[Ctrl]キー+[C]キーを入力してください。

特定のセッションテーブルのみ表示させたい場合はフィルタをかけます。あらかじめ`diagnose sys session filter`コマンドでフィルタを指定しておくのです。`diagnose sys session filter`コマンドには次のようなオプションがあります。

```
vd              Index of virtual domain. -1 matches all.
sintf           Source interface.
dintf           Destination interface.
src             Source IP address.
nsrc            NAT'd source ip address
dst             Destination IP address.
proto           Protocol number.
sport           Source port.
nport           NAT'd source port
dport           Destination port.
policy          Policy ID.
expire          expire
duration        duration
proto-state     Protocol state.
clear           Clear session filter.
negate          Inverse filter.
```

例えば宛先が10.0.0.88で、宛先ポートが80番の場合は次のようなフィルタを指定します。

```
# diagnose sys session filter dst 10.0.0.88
# diagnose sys session filter dport 80
# diagnose sys session filter       ←現在のフィルタ設定を見る場合
session filter:
      vd: any
      sintf: any
      dintf: any
```

```
            proto: any
            proto-state: any
            source ip: any
            NAT'd source ip: any
            dest ip: 10.0.0.88-10.0.0.88
            source port: any
            NAT'd source port: any
            dest port: 80-80
            policy id: any
            expire: any
            duration: any
```

フィルタをすべてクリアするにはdiagnose session filter clearと指定してください。

セッションテーブルのエントリを削除するには次のコマンドを実施します。

```
#diagnose sys session clear
```

ただし、すべてのセッションテーブルを削除してしまうので、前述の方法でフィルタをかけて選択的に削除するほうがよいでしょう。FortiGateを再起動した場合もセッションテーブルはすべて削除されます。

COLUMN

FortiASIC-NPの動作確認

　この章でここまで説明したことを利用してFortiASIC-NPの動作を確認してみましょう。想定するネットワークは図11-Aのとおりです。
　FortiGateのport1でパケットキャプチャを実施します。

○図11-A：想定するネットワーク

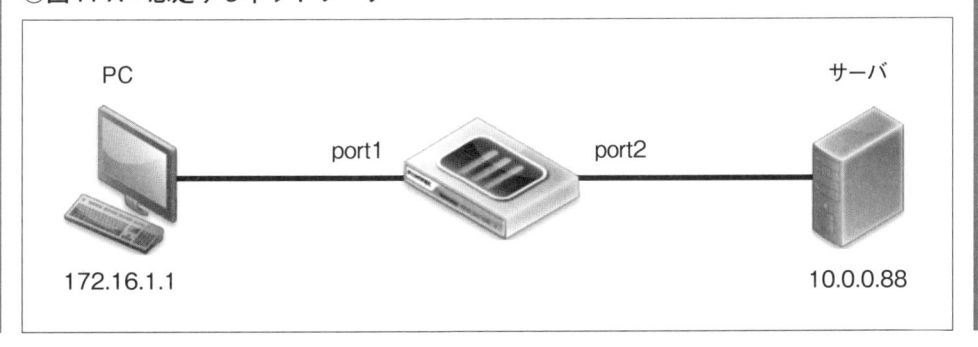

PC　　　　　　　　　　　　　　　　　　　　　　　　サーバ

port1　　　　port2

172.16.1.1　　　　　　　　　　　　　　　　　　　　10.0.0.88

宛先は10.0.0.88、プロトコルはICMPとします。PCから10.0.0.88宛に-tオプションを付けて`ping`を実施します。-tオプションは中断しない限り、`ping`を送信し続けるオプションです。

実行してみるとわかりますが、PCの`ping`は実行を続け、`reply`も返ってくるのにFortiGateのパケットキャプチャの出力は数行で止まってしまいます。

```
# diagnose sniffer packet port1 'icmp and host 10.0.0.88'
interfaces=[port1]
filters=[icmp and host 10.0.0.88]
12.979876 172.16.1.1 -> 10.0.0.88: icmp: echo request
12.996345 10.0.0.88 -> 172.16.1.1: icmp: echo reply
14.006516 172.16.1.1 -> 10.0.0.88: icmp: echo request
14.006708 10.0.0.88 -> 172.16.1.1: icmp: echo reply   ←これ以降出力されない
```

これはセッションテーブルが作成され、FortiASIC-NPにコピーされると、以降はファストパスとなりキャプチャできないからです（もし1行もキャプチャできなかった場合はすでにテーブルが作成されファストパス処理されていた可能性があります。セッションテーブルをクリアしてみてください）。

そのままPCから`ping`の送信を続けてください。

次にファイアウォールポリシーの設定を変更して、ファストパスを無効にします。172.16.1.1→10.0.0.88宛の`ping`にマッチするファイアウォールポリシーで「`set auto-asic-offload disable`」としてみてください。

パケットキャプチャを実施しているCLIとは別にSSHやTELNET、GUI上のコンソールなどで次のように実施します。

```
config firewall policy
    edit <ポリシーID>
        set auto-asic-offload disable
end
```

キャプチャはできるようになったでしょうか？

実はまだこれだけではキャプチャできません。なぜならセッションテーブルがNP上に残っていて処理を続けているのです。明示的にセッションテーブルを消去すればパケットキャプチャできるようになるはずです。

セッションテーブルを選択的に消すためにまずフィルタを作成します。

```
# diagnose sys session filter dst 10.0.0.88     ←宛先が10.0.0.88
# diagnose sys session filter proto 1           ←プロトコル番号が1(＝ICMP)
```

上記の条件でセッションテーブルをクリアします。

```
# diagnose sys session clear
```

いかがでしょうか。パケットがキャプチャできるようになりましたか？

11-6 パケットがFortiGateでどのように処理されているか確認する

`diagnose debug flow`コマンドを利用するとパケットの処理の流れを見ることができます。さまざまな機能のトラブルシュートに併用すると非常に役に立つコマンドです。

まずはコンソール出力するためのコマンドを実行します。

```
# diagnose debug flow show console enable
```

次にフィルタをかけます。かけなくてもかまいませんが、出力が多いと見分けるのが大変です。`diagnose debug flow filter`で指定します。フィルタオプションには次のようなものがあります。

```
clear     Clear filter.
vd        Index of virtual domain.
proto     Protocol number.
addr      IP address.
saddr     Source IP address.
daddr     Destination IP address.
port      port
sport     Source port.
dport     Destination port.
negate    Inverse filter.
```

例えば出力をICMPのみに絞りたい場合にはプロトコル番号「1」を指定してください（余談ですが、IPヘッダでのプロトコル番号はTCPの場合は「6」、UDPの場合は「17」です）。

```
# diagnose debug flow filter proto 1
```

次にトレースをスタートします。最後の数字は出力される項目数です。あまり大きくするとなかなかトレースが終わりません。

```
# diagnose debug flow trace start 10
```

出力例は次のとおりです。各項目は「trace_id=」の番号でわかります。

```
id=20085 trace_id=88 func=print_pkt_detail line=4373 msg="vd-root
received a packet(proto=1, 172.16.1.1:1->10.0.0.88:8) from port1. code=8,
type=0, id=1, seq=1."
```

※送信元172.16.1.1、宛先10.0.0.88、icmp type0 code8（エコーリクエスト）がport1から入ってきている

```
id=20085 trace_id=88 func=init_ip_session_common line=4522 msg="allocate
a new session-00020063"
```

※セッションテーブルになかったので新規セッションとして処理

```
id=20085 trace_id=88 func=vf_ip4_route_input line=1596 msg="find a route:
flags=00000000 gw-10.0.0.88 via port2"
```

※ルートが見つかり、10.0.0.88に向けてport2から送信する

```
id=20085 trace_id=88 func=fw_forward_handler line=670 msg="Allowed by
Policy-1: SNAT"
```

※ファイアウォールポリシーID1で許可し、送信元NATする

```
id=20085 trace_id=88 func=__ip_session_run_tuple line=2520 msg="SNAT
172.16.1.1->10.0.0.99:62464"
```

※172.16.1.1を10.0.0.99に送信元NATする

なお、diagnose debug flow traceの出力を途中で止めるには、diagnose

debug flow trace stopコマンドを入力しなければなりませんので、出力項目数はあまり大きくしないほうがよいでしょう。

11-7 CPU使用率、メモリ使用率を確認する

GUIからCPU使用率やメモリ使用率を見ることができますが、どのプロセスがCPUやメモリを圧迫しているかを見ることができません。CLIではdiagnose sys topコマンドを利用することにより、定期的に各プロセスによるCPU／メモリ使用率を見ることができます。

```
# diagnose sys top
Run Time:  0 days, 0 hours and 22 minutes
 ①    ②   ③   ④      ⑤      ⑥
0U, 0N, 0S, 100I; 7963T, 5603F, 339KF
        ⑦             ⑧      ⑨     ⑩     ⑪
            updated     89     S        0.4    0.1
           ipsengine   109     S  <     0.0    1.6
           ipsengine   110     S  <     0.0    1.6
           ipsengine   111     S  <     0.0    1.6
          proxyworker   91     S        0.0    0.8
          proxyworker   92     S        0.0    0.8
             pyfcgid  141     S        0.0    0.3
             pyfcgid  142     S        0.0    0.3
             pyfcgid  143     S        0.0    0.3
             pyfcgid  139     S        0.0    0.3
             cmdbsvr   48     S        0.0    0.3
             miglogd   69     S        0.0    0.3
           ipshelper   80     S  <     0.0    0.2
              httpsd  118     S        0.0    0.2
              httpsd  122     S        0.0    0.2
              httpsd   72     S        0.0    0.2
              httpsd  117     S        0.0    0.2
             miglogd  120     S        0.0    0.2
             miglogd  119     S        0.0    0.2
              newcli  144     R  <     0.0    0.1
```

①「U」はユーザスペースで実行されているプロセスが使用しているCPU使用率（％）
②「S」はシステムプロセス（あるいはカーネルプロセス）が使用しているCPU使用率（％）
③「I」はCPUのアイドル率（％）
④「T」はFortiOSのトータルメモリサイズ（MB）
⑤「F」はメモリの空き容量（MB）
⑥「KF」はShared Memoryのトータル使用量（MB）
⑦プロセス名
⑧PID（プロセスID）
⑨プロセスの現在のステート（状態）。次のようなステートがある
　R：Running（動作中）
　S：Sleep（停止中）
　Z：Zombie（ゾンビ状態）
　D：Disk Sleep（割り込み不可能なディスクスリープの待機状態）
　＜：優先度が高いもの
⑩CPU使用率（％）
⑪メモリ使用率（％）

実行するとわかりますが、diagonose sys topコマンドの表示は5秒ごとに自動的にリフレッシュされます。この秒数を変更するには次のようにコマンドを実行します。

```
diagonose sys top <秒数>
```

また、デフォルトでは20行しか表示しませんが、より多くのプロセスを表示したい場合などは最後に行数を指定できます。

```
diagonose sys top <秒数> <行数>
```

CPU使用率で並べ替えたい場合は実行中に[C]キーを入力します。メモリ使用率で並べ替えたい場合は実行中に[M]キーを入力します。終了したい場合は[Q]キーを入力します。

11-8 プロセスを終了させる

何らかの不具合が起きているときにプロセスの再起動を試したい場合があるかもしれません。その場合はあらかじめdiagnose sys topコマンドで再起動したいプロセスのプロセスID（PID）を調べておいてください。

プロセス終了コマンドは次のとおりです。

```
#diagnose sys kill <シグナル> <PID>
```

[シグナル]はプロセスに送るシグナルを指定します。プロセスを終了させるときには通常「11」を指定します。この場合にはcrashlogを出力するので、トラブルシューティングの際によく使用されます。

FortiOS上で常に動作する必要があるデーモンプロセスは、終了されても自動的に再起動されます（その場合はPIDが変わります）。

11-9 各コアのCPU使用率を表示させる

第10章でGUIで各コアのCPU使用率の履歴を表示させる方法を紹介しましたが、CLIで表示させるにはget sys performance statusコマンドが有効です。diagnose sys topと異なり、自動的にリフレッシュしません。

```
# get sys performance status
CPU states: 0% user 0% system 0% nice 100% idle
CPU0 states: 0% user 0% system 0% nice 100% idle
CPU1 states: 0% user 0% system 0% nice 100% idle
CPU2 states: 0% user 0% system 0% nice 100% idle
CPU3 states: 0% user 0% system 0% nice 100% idle
Memory states: 30% used
Average network usage: 21 kbps in 1 minute, 20 kbps in 10 minutes,
                     104 kbps in 30 minutes
Average sessions: 37 sessions in 1 minute, 35 sessions in 10 minutes,
                  55 sessions in 30 minutes
Average session setup rate: 4 sessions per second in last 1 minute,
                            3 sessions per second in last 10 minutes,
                            3 sessions per second in last 30 minutes
Virus caught: 0 total in 1 minute
IPS attacks blocked: 0 total in 1 minute
Uptime: 0 days, 1 hours, 26 minutes
```

　FortiGate-300Dは4コア搭載しており、CPU0～3が各コアを意味します。1行目のCPUはすべてのコアの平均を意味します。

11-10 arpテーブルを確認する

　`get sys arp`コマンドで確認します。FortiGateが認識しているIPアドレスとMACアドレスの対照表が表示されます。

```
# get sys arp
Address           Age(min)    Hardware Addr        Interface
10.0.0.1          0           00:09:0f:8f:5f:c6    port2
172.16.1.1        0           00:0c:29:09:97:cd    port1
172.16.1.2        0           0c:4d:e9:ce:96:7b    port1
```

11-11 arpキャッシュをクリアする

　すべてのarpテーブルをクリアする場合は、次のように実行します。

```
# execute clear system arp table
```

　特定のarpテーブルだけ消去したい場合は、次のように実行します。

```
# diagnose ip arp delete <インターフェース名> <該当エントリのIPアドレス>
```

11-12 FortiGateのMACアドレスを確認する

get hardware nic <ポート番号>で確認します。

```
# get hardware nic port1
Description      :FortiASIC NP6 Adapter
Driver Name      :FortiASIC Unified NPU Driver
Name             :np6_0
    ... 中略 ...
Current_HWaddr   :08:5b:0e:78:1c:9c
Permanent_HWaddr :08:5b:0e:78:1c:9c
phy name         :port1
    ... 中略 ...
```

11-13 ルーティングテーブルを確認する

[WebUI] ［ルータ］ → ［モニタ］ → ［ルーティングモニタ］でも見ることができます（図11-2）。

CLIで見る場合はget router info routing-table allコマンドを利用します。

```
#get router info routing-table all
Codes: K - kernel, C - connected, S - static, R - RIP, B - BGP
       O - OSPF, IA - OSPF inter area
       N1 - OSPF NSSA external type 1, N2 - OSPF NSSA external type 2
       E1 - OSPF external type 1, E2 - OSPF external type 2
       i - IS-IS, L1 - IS-IS level-1, L2 - IS-IS level-2, ia - IS-IS inter area
       * - candidate default

S*      0.0.0.0/0 [10/0] via 10.0.0.1, port2
C       10.0.0.0/24 is directly connected, port2
C       172.16.1.0/24 is directly connected, port1
```

○図11-2：ルーティングモニタ

タイプ	サブタイプ	ネットワーク	ゲートウェイ	インターフェース	稼働時間
スタティック		0.0.0.0/0	10.0.0.1	port2	
接続		10.0.0.0/24	0.0.0.0	port2	
接続		172.16.1.0/24	0.0.0.0	port1	

COLUMN

ターミナルソフトの利用

　トラブルシューティングの際にはこの章で解説したようにコマンドラインインターフェース（CLI）を利用することが多くなります。

　CLIを利用する際にはシリアルコンソールケーブルでFortiGateに接続する方法あるいはTelnet／SSHで接続する方法が一般的です（そのほかGUIのCLIコンソールやFortiExplorerという場合もあります）。

　筆者の場合はターミナルエミュレータソフトの定番である「Tera Term」を利用し、シリアルコンソールやTelnet/SSH接続を行っています。Tera Termはコンソール上の出力をログとしてテキストファイルに吐き出すことはもちろん、Tera Termマクロを作成すれば特定のコマンド（例えばget sys performance status）を定期的に実行したり、数多くのオブジェクトを自動的に作成したりできます。Tera Termに限らず他のもの（例えばPuTTY）でもよいのですが、とにかくこのような機能のあるターミナルエミュレータを利用すると便利です。

　また、シリアルコンソールでの表示は遅いので大量の出力を伴うコマンドを実行する際にはTelnet／SSHのほうが便利です。

Part3：運用上級者へのステップ

第12章 各種情報の入手

　この章ではFortiGateの新規導入や他の機器からのリプレースの際にサイジングや機能の確認のためにどのような資料が入手可能か解説します。また、アップグレードの場合の確認事項や設定のの手引き、トラブルの解決方法など公開された情報を紹介します。

12-1　サイジングや機能確認

■製品機能一覧／プロダクトマトリックス（図12-1）

　現在販売されているFortiGateのスペックが一覧で掲載されています。スループットや新規セッション数／秒やインターフェース数などが出ており、FortiGateのさまざまなモデルのパフォーマンスを横断的に見る場合に便利です。

○図12-1：製品機能一覧（http://www.fortinet.co.jp/doc/fortinet-ProductMatrix.pdf）

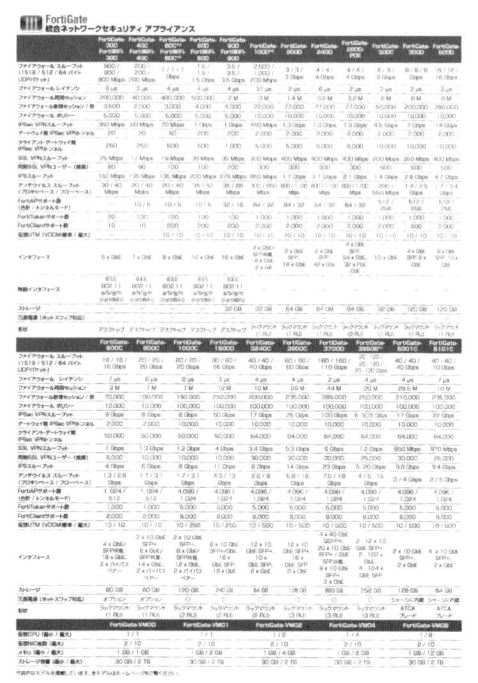

■データシート（図12-2）

　各モデルのデータシートは図12-2のWebページからダウンロードできます。最後のページの「技術仕様」の部分に詳細なスペックが載っています。

○図12-2：データシート（http://www.fortinet.co.jp/resource_center/）

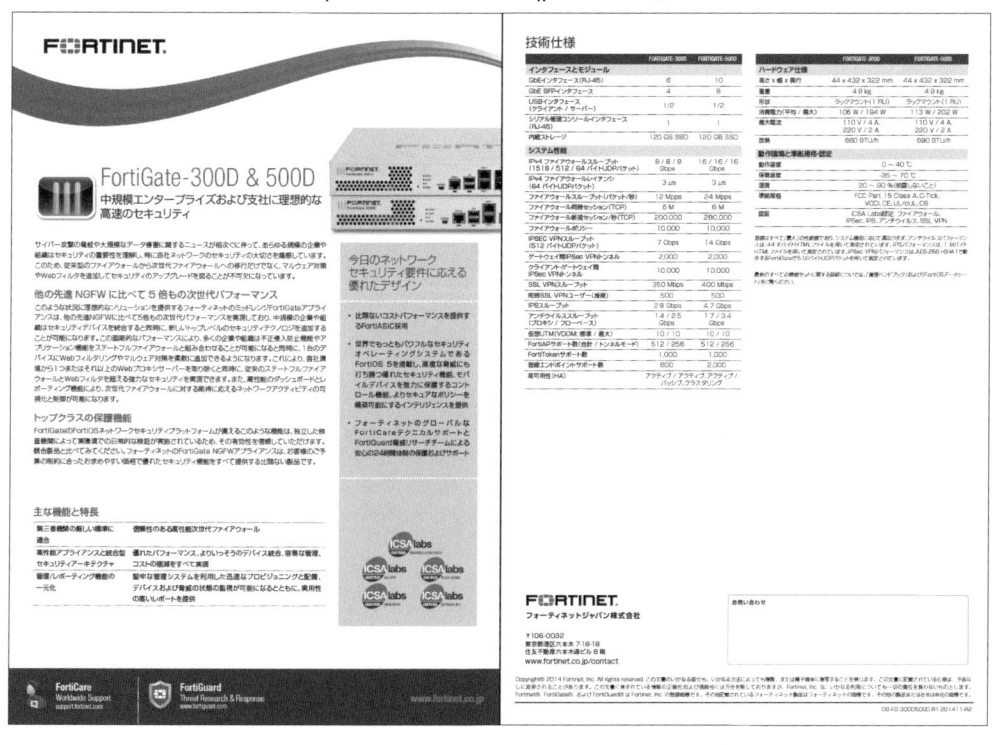

■Feature ／ Platform Matrix（図12-3）

一般にフィーチャーマトリックスと呼んでいます。モデルごとの機能差を確認する際に有用な資料です。

◯図12-3：フィーチャーマトリックス
(http://docs.fortinet.com/uploaded/files/2204/fortios-feature-platform-matrix-522.pdf)

FortiGate
FortiOS V5.2.2 Feature / Platform Matrix

	FG/FWF-20C Series	FG/FWF-30D/40C Series	FG/FWF-60C Series	FG/FWF-60D Series	FG-70D	FG/FWF-80C Series	FG-80D	FG/FWF-90D Series	FG-110C FG-111C	FG-100D Series	FG-200B Series	FG-200D Series	FG-310B FG-311B	FG-300C	FG-300D FG-500D
Systems															
VDOM Support			•	•	•	•	•	•	•	•	•	•	•	•	•
High Availability (HA)		CLI	•	•	•	•	•	•	•	•	•	•	•	•	•
FortiCarrier License Upgrade															
Networking															
Link Aggregation/Redundant Ports for HA										•	•	•	•	•	•
VLAN	CLI	CLI	•	•	•	•	•	•	•	•	•	•	•	•	•
VLAN Switch Mode										•		•			
DNS Server			•	•	•	•	•	•	•	•	•	•	•	•	•
WAN Optimization, Web Caching			CLI	CLI		#, CLI	•	•	FG-111C	• or CLI	#, CLI	•	#	• or CLI	•
Explicit Proxy		CLI	•	•	•	•	•	•	•	•	•	•	•	•	•
Dynamic Routing/ Policy Routing		CLI	•	•	•	•	•	•	•	•	•	•	•	•	•
Switch Controller								&		•		•			
Wireless Controller		•	•	•	•	•	•	•	•	•	•	•	•	•	•
Firewall															
Traffic Shaping		CLI	•	•	•	•	•	•	•	•	•	•	•	•	•
Server Load Balancing			•	•	•	•	•	•	•	•	•	•	•	•	•
SSL Content Inspection	CLI	CLI	•	•	•	•	•	•	•	•	•	•	•	•	•
SSL Offloading						•	•		•	•	•	•	•	•	•
SSH Proxy										•	•	•		•	•
User/Device based Policies	CLI	•	•	•	•	•	•	•	•	•	•	•	•	•	•
FSSO/ Remote Authentication Services		•	•	•	•	•	•	•	•	•	•	•	•	•	•
UTM															
AV Quarantine			CLI	CLI	CLI		CLI	CLI	CLI	CLI	CLI	CLI	CLI	CLI	CLI
IPS Extended DB		FG/FWF-30D		•	•		•	•	•	•	•	•	•	•	•
DoS Protection	CLI	CLI	CLI	CLI	CLI	CLI	CLI	CLI	•	•	•	•	•	•	•
DLP Fingerprinting			•	•			•	•	FG-111C	•	#	•	#	•	•
Vulnerability Scan			•	•	•	•	•	•	•	•	•	•	•	•	•
Threat Scoring	•	•	•	•	•	•	•	•	•	•	•	•	•	•	•
Endpoint Control		•	•	•	•	•	•	•	•	•	•	•	•	•	•
VPN															
L2TP client	CLI	CLI	CLI	CLI	CLI	CLI	CLI	CLI							
SSL VPN	•	•	•	•	•	•	•	•	•	•	•	•	•	•	•
ARIA-SEED IPsec support						•	•		•	•	•	•	•	•	•
Log & Reporting															
Memory Logging	CLI	CLI	CLI	CLI	CLI	CLI	CLI	CLI	CLI	CLI	CLI	CLI	CLI	CLI	CLI
Disk Logging							•	•	FG-111C, CLI	• or Nil	#	•		• or Nil	•
Local Reporting							•	•	FG-111C	•	#	•	#	•	•

Requires local storage
& Excluding FG-94D/98D-POE

www.fortinet.com

■ Maximum Values（図12-4）

　ソフトウェア上の最大値をまとめたものが「Maximum Values」です。必要な機種に絞って表示することができるオンライン版と、すべての機種の情報を載せているPDF版があります。執筆時点（2014年12月）ではPDF版の最新は「FortiOS 5.2.1」のものです。オンライン版は「FortiOS 5.2.2」になっています。

　Maximum ValuesにはVDOM上の最大値とシステム上の最大値があります。詳しくは第7章（P.192）をご覧ください。

図12-4：PDF版のMaxmum Values
　　　　（http://docs.fortinet.com/uploaded/files/2200/max-values.pdf）

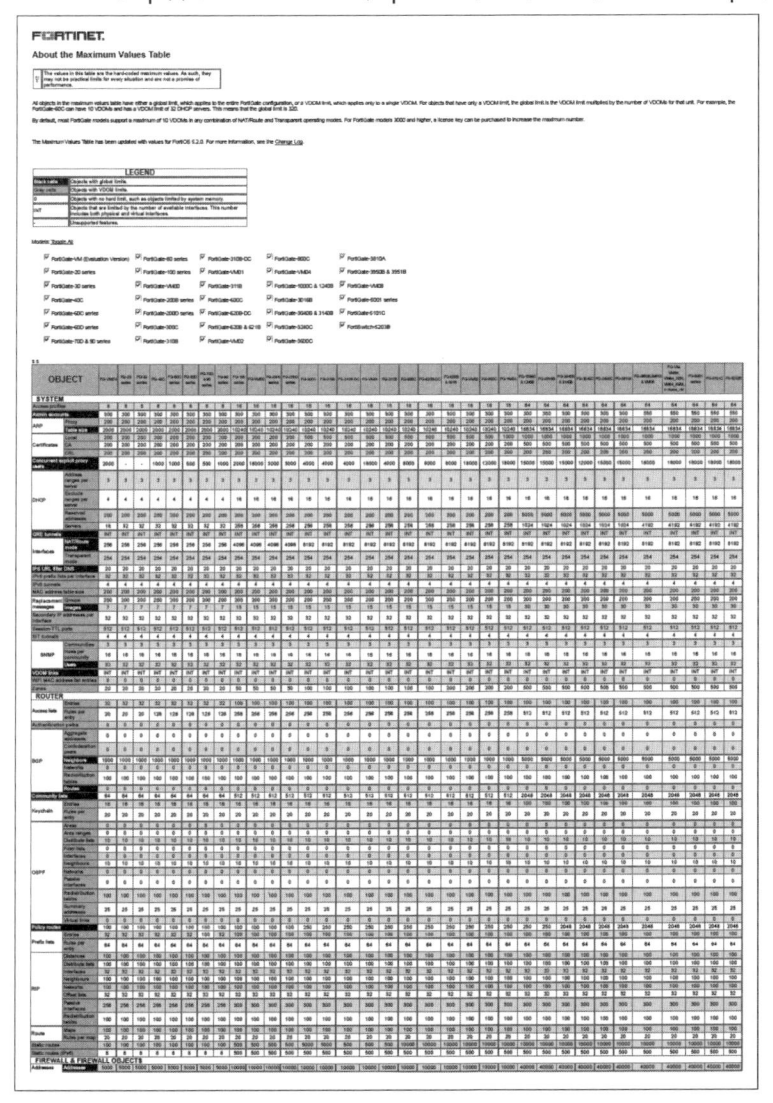

■Supported RFC（図12-5）

FortiGateでサポートしているRFCの一覧です。入札要件を満たしているかなど確認したい場合にこの資料を見るとわかります。

FortiGate以外のフォーティネット製品のRFC準拠情報も記載されています。

○図12-5：Supported RFC
(http://docs.fortinet.com/uploaded/files/1955/SupportedRFCs_FULL.pdf)

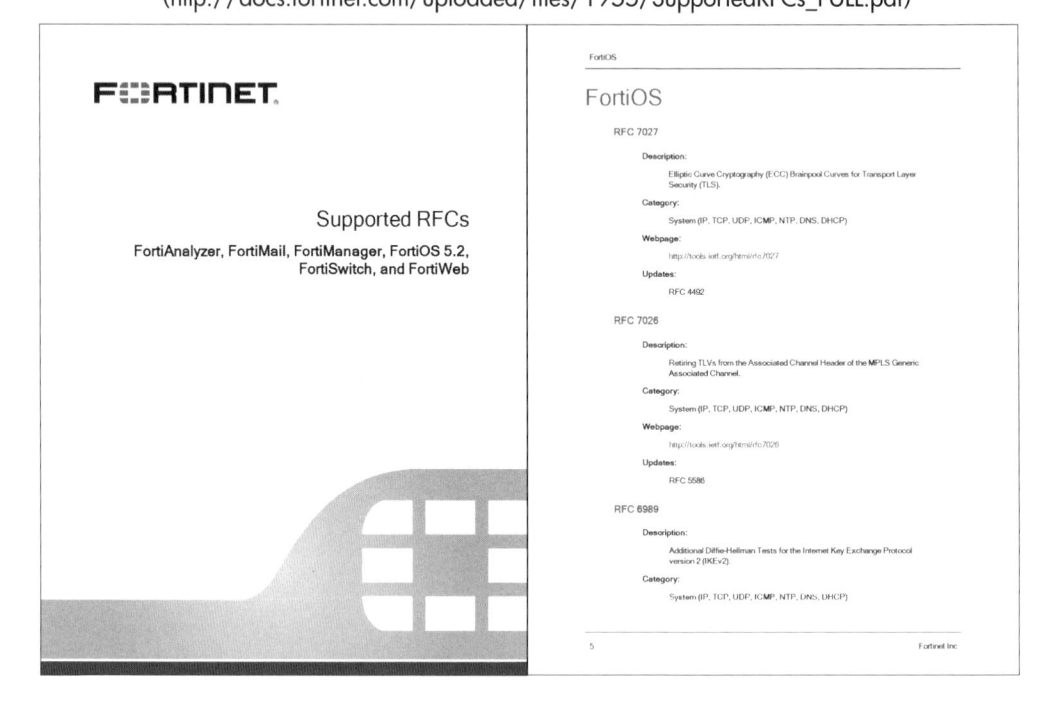

12-2 設置や設定に役立つ資料

■クイックスタートガイド（図12-6）

　クイックスタートガイドにはラックマウント方法や初期設定の方法、同梱物（日本の場合は代理店により同梱物が異なる場合があります）などが記載されています。
　各モデルのクイックスタートガイドを次のURLからダウンロードできます。

http://docs.fortinet.com/fortigate/hardware

○図12-6：クイックスタートガイド（FortiGate-300D）

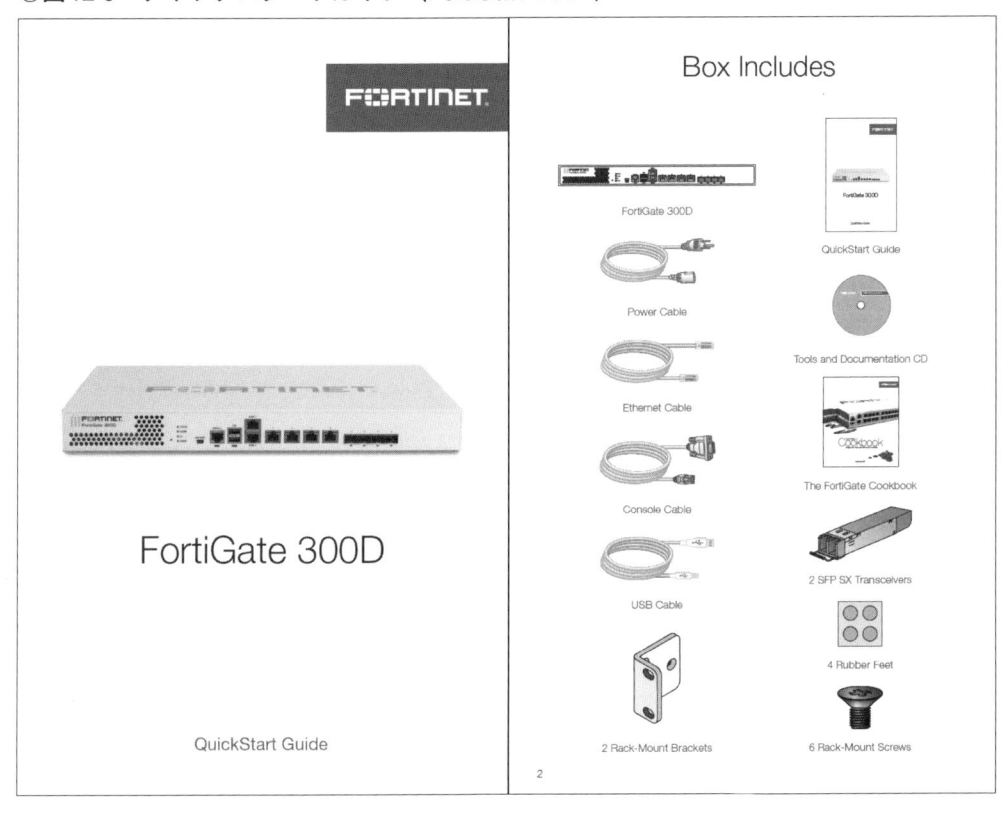

■クックブック（図12-7）

特定の機能を設定する具体的な方法を示した簡易マニュアルです。

- PDF版
  http://docs.fortinet.com/uploaded/files/2021/fortigate-cookbook-52.pdf
- オンライン版
  http://cookbook.fortinet.com/

目次は次のようになっています。
- Getting Started
- Security Features
- Wireless Networking
- Authentication
- IPsec VPN
- SSL VPN
- Fortinet Product Integration
- Advanced Configurations

このPDFやオンライン版にまとめられていないものも多くあります。次のURLの下方に「Individual Recipes」として掲載されています。

http://docs.fortinet.com/fortigate/cookbook

○図12-7：クックブック（PDF版）

■ビデオライブラリ（図12-8）

個々の機能の設定方法をGUIで解説します（実体はYouTubeビデオです）。実機の操作を見られるので非常に便利です。YouTubeは字幕機能（図12-9）があるので英語に抵抗がある方は一助になるかもしれません（自動翻訳なので精度はよくありませんが）。

○図12-8：ビデオライブラリWebサイト（http://video.fortinet.com/）

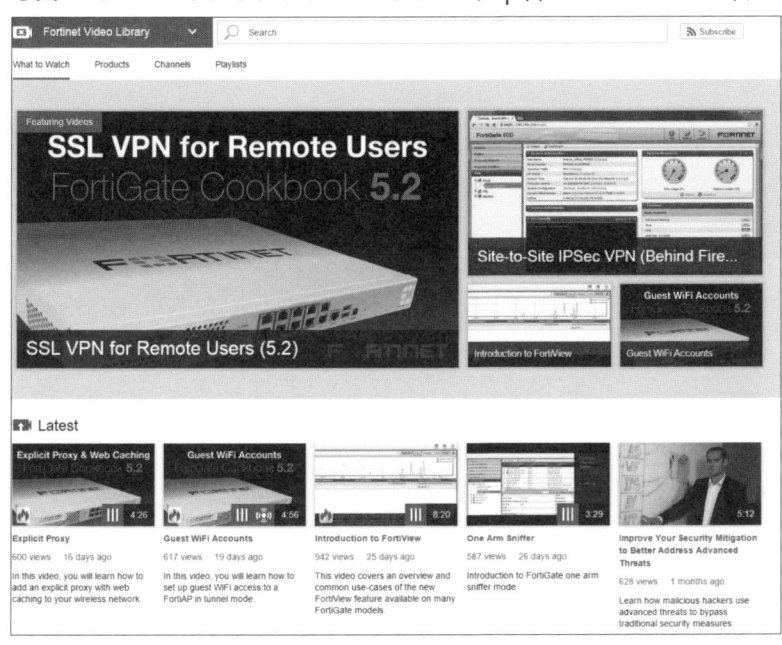

○図12-9：ビデオ字幕表示

Part3：運用上級者へのステップ

■FortiOS Handbook／マニュアル（図12-10、12-11）

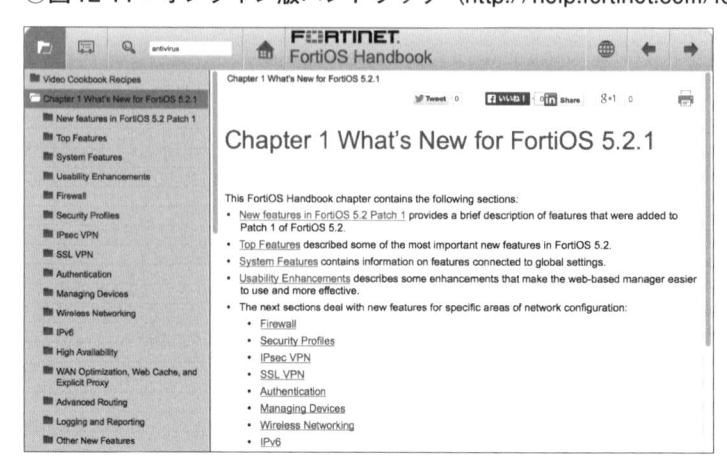

FortiOS Handbookがいわゆるマニュアルになります。表12-1のものがあります。

○図12-10：FortiOS Handbook（http://docs.fortinet.com/fortigate/admin-guides）

○図12-11：オンライン版ハンドブック（http://help.fortinet.com/fos50hlp/52data/index.htm）

○表12-1：FortiOS Handbook 一覧

No.	名称	説明
1	FortiOS Handbook - The Complete Guide to FortiOS 5.2	すべてのHandbookを1つのPDFファイルにまとめたものです。内容は基本的にNo.3〜26をまとめたものです。ファイルサイズが70MB近くあります。最新のものが反映されていない場合があるので各章のPDFをダウンロードするほうがよいでしょう。
2	FortiOS Handbook (Online version) - The Complete Guide to FortiOS 5.2	すべてのHandbookをオンライン化したものです。Webブラウザで閲覧し、検索も簡単にできます。
3	Whats New for FortiOS 5.2.2	Whtat's newです。新しく追加されたものや変更されたものをまとめています。
4	Video:Whats New for FortiOS 5.2.2	WhatUs newをビデオ化したものです。
5	Getting Started	モデルごとの違いや管理アクセスの方法など基本的な内容です。
6	Advanced Routing	スタティックルーティング、ダイナミックルーティングの解説です。
7	Atuthentication	認証に関する解説です。
8	Carrier	一部のハイエンドモデルで動作するキャリア向けFortiOS（FortiOS Carrier）の解説です。
9	Deploying Wireless Networks	無線LAN（FortiAPやFortiWiFi）の解説です。
10	Firewall	ステートフルインスペクションファイアウォールの解説です。
11	Hardware Acceleration	FortiASIC-NPやFortiASIC-CPなどのオフロードに関する解説です。
12	High Availability	冗長化、HAに関する解説です。
13	IPsec VPN	サイト間VPN、リモートアクセスVPNなどIPsecの解説です。
14	IPv6	IPv6関連の解説です。IPv4とは別のファイアウォールポリシーを作成します。
15	Load Balancing	FortiGateが持っている簡易的なサーバロードバランス機能の解説です。
16	Logging and Reporting	ログとレポートに関する解説です。
17	Managing Devices	デバイスの識別やエンドポイントプロテクション、脆弱性スキャンの解説です。
18	Security Profiles	アンチウィルス、IPS、次世代ファイアウォール（アプリケーションコントロール）、Webフィルタ、アンチスパム、データ漏えい防止（DLP）など解説しています。
19	SSL VPN	リモートアクセスVPNであるSSL-VPNの解説です。
20	System Administration	CLIの使い方、インターフェース、FortiManagerによる集中管理、モニタの方法、VLAN、セッションヘルパーなどの解説です。
21	Managing Devices	デバイスの識別やエンドポイントプロテクション、脆弱性スキャンの解説です。
22	Troubleshooting	トラブルシューティングの解説です。
23	Virtual Domains	VDOMの解説です。
24	FortiGate VM Installation guide	仮想インフラ上で動作するソフトウェア製品、FortiGate-VMの解説です。
25	VoIP Solution:SIP	Voice over IP、SIPをFortiGateで扱う際の解説です。
26	Wan Optimization,Web Cache,Explicit Proxy,and WCCP	WAN最適化やExplicit Proxy（Webプロキシ）の解説です。
27	FortiGate-AWS Deployment	このHandboookはNo.1と2に含まれていません。Amazon Web Service（AWS）版のFortiGateの解説です。

■ リリースノート（図12-12）

　リリースノートはWebサイトからダウンロードできますが、各代理店によってサポートするFortiOSのバージョンが異なる場合があるので、購入した代理店から入手したほうがよいでしょう。

　導入するFortiOSが決まったら必ず目を通しましょう。各リリースノートには次のような項目が含まれています。

- サポートされるFortiGateのモデル
- What's New
- アップグレードの際の注意点
- アップグレードパス
- サポートするフォーティネット製品（FortiAPやFortiSandboxのバージョンなど）
- サポートするブラウザ（管理GUI、SSL-VPN）
- 修正済みの不具合（すべてが記載されるわけではありません）
- 既知の問題／制限事項

　特にアップグレードの際はアップグレードパスを確認してください。FortiOS 5.2.2に直接アップグレードできる下位のFortiOSはFortiOS 5.0.8以上です。FortiOS 5.0.7以前のOSは

〇図12-12：リリースノート（http://docs.fortinet.com/fortigate/release-information）

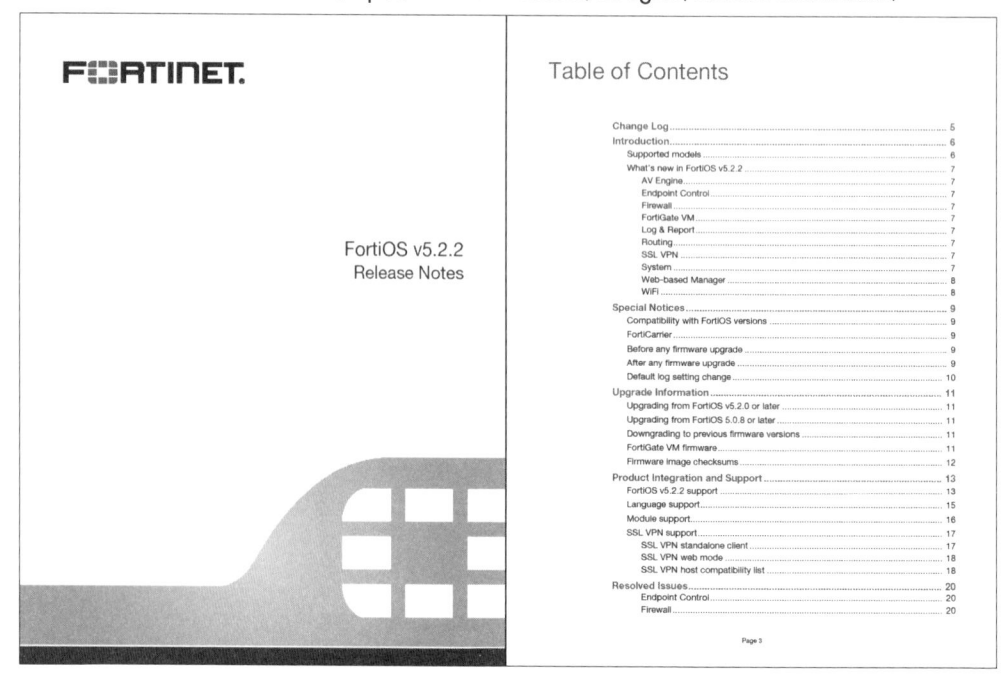

いったんFortiOS 5.0.8にアップグレードする必要があります。しかし現状動作しているOSがFortiOS 5.0.8に直接アップグレードできないかもしれません。FortiOS 5.0.8のリリースノートも確認する必要があります。

リリースノートのダウンロードページの下方にアップグレードパスに特化した資料（図12-13）もあります。

http://docs.fortinet.com/uploaded/files/1965/Supported%20Upgrade%20Paths%20for%20FortiOS%E2%84%A2%20Firmware%205.2.pdf

どういうステップでアップグレードすればよいのか一目瞭然です。ただし、経由するFortiOSのリリースノートも確認しておいたほうがよいでしょう。

○図12-13：アップグレードパス

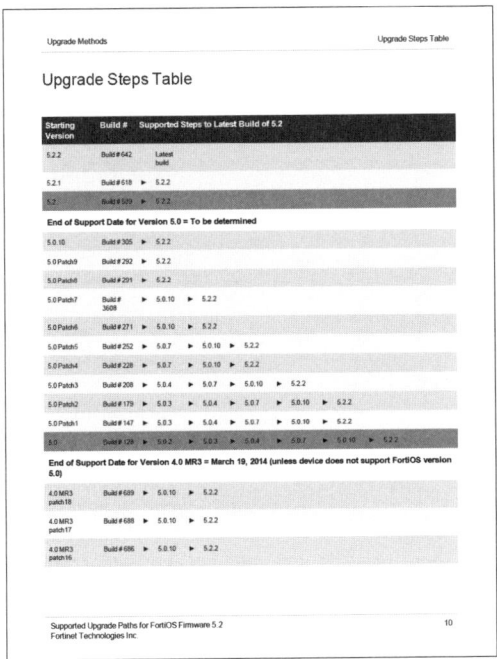

Part3：運用上級者へのステップ

■CLIリファレンス（図12-14）

　FortiGateのコマンドを解説した資料です。これを見ればFortiGateのすべてがわかるといっても過言ではありません。FortiGateを使いこなすには非常に有用な資料です。なお、オンライン版は次のURLです。

・オンライン版
http://help.fortinet.com/fgt/handbook/cli52_html/index.html

○図12-14：PDF版のCLIリファレンス
　　　　　（http://docs.fortinet.com/uploaded/files/1981/fortigate-cli-52.pdf）

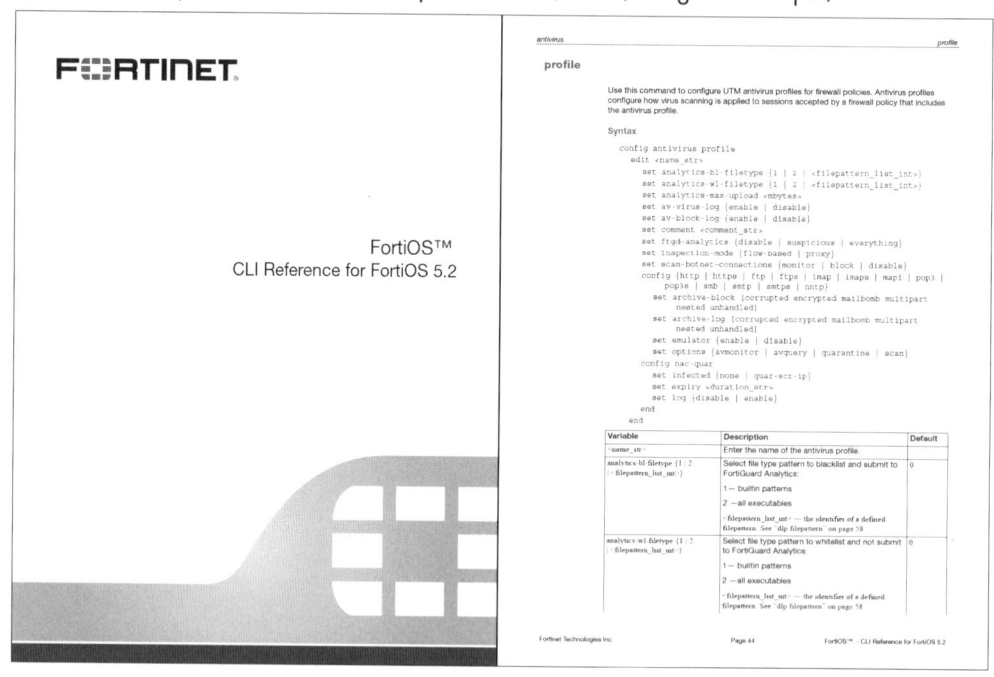

■フォーティネットジャパンWebサイト-ダウンロードセンター（図12-15）

日本語の資料があります。矢印のマークがついているものは「フォーティネット倶楽部」の会員登録が必要です。

○図12-15：ダウンロードセンター（http://www.fortinet.co.jp/resource_center/）

12-3 設定がうまくいかない時、トラブルシューティング資料

■Knowledge Base（図12-16）

FortiGateに限らずさまざまな技術情報が掲載されているナレッジデータベースです。

○図12-16：Knowledge Base（http://kb.fortinet.com/kb/）

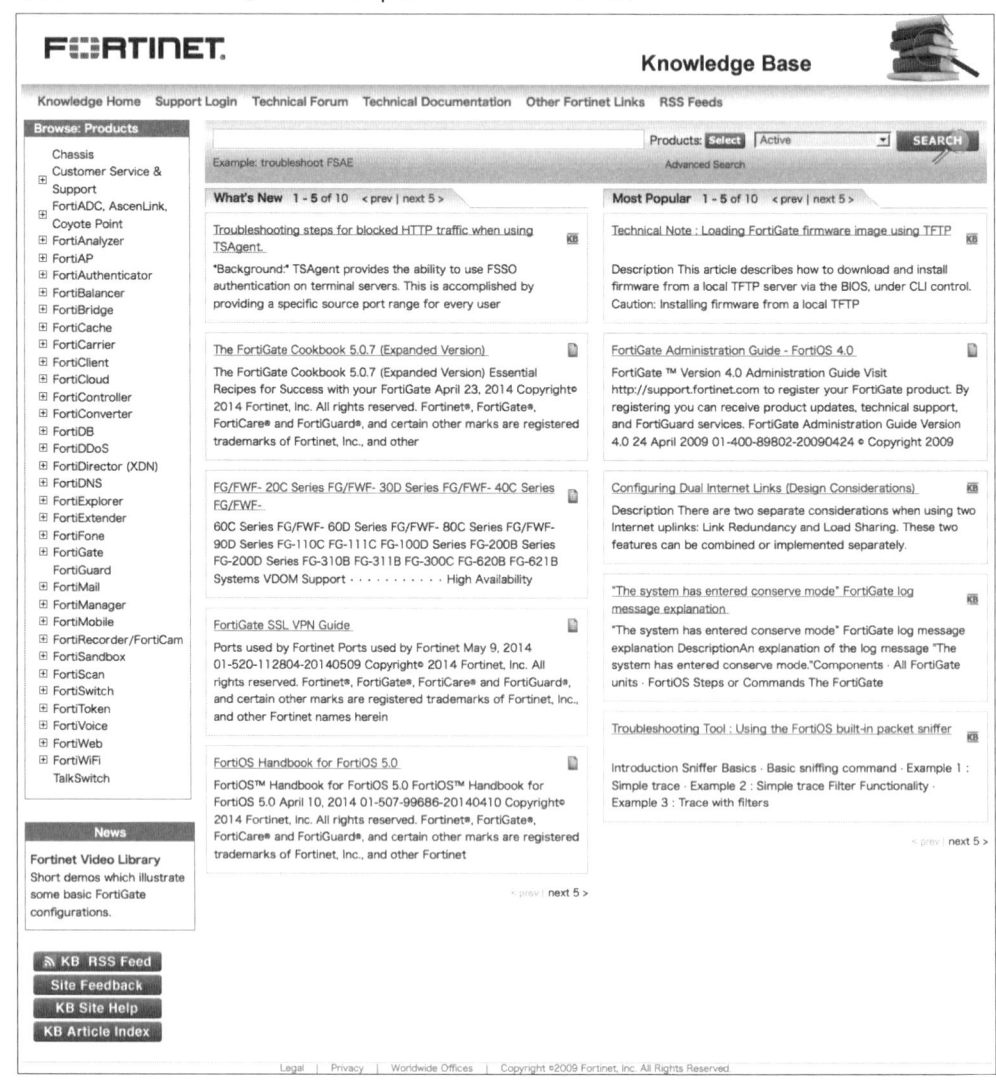

■Diagnose Wiki

diagnoseコマンドのリファレンスページです。ログインにはアカウントの作成が必要です。

○図12-17：diagnose command tree
　　　　　（http://wiki.diagnose.fortinet.com/index.php/diagnose_command_tree)

> ⚠ この章で紹介している資料は頻繁にアップデートされます。常に最新の情報を入手するようにしてください。

索引

A
arp キャッシュ ·································· 251
arp テーブル ···································· 251
ASIC ·· 8

C
CLI ·· 27, 230
CLI コンソール ································· 28
CLI リファレンス ···························· 266
CPU 使用率 ······························ 249, 250

D
DHCP ··· 44
DHCP サーバ ······························ 45, 54
Diagnose Wiki ································ 269
DLP ·· 4
DNS サーバ ······································ 54
DoS 防御 ···································· 3, 140

E
Email フィルタ ······························· 150

F
FGCP（FortiGate Cluster Protocol）······ 159
　〜による機器冗長化 ····················· 164
　〜による冗長化 ··························· 160
　〜を利用した構成 ······················· 162
FGSP（FortiGate Session Life Support Protocol） ·· 159
fgt2eth ·· 227
FortiAnalyzer ································· 210
FortiAP ·· 199
FortiASIC-CP ····································· 9
FortiASIC-NP ······························ 9, 234
　〜の動作確認 ······························ 245
FortiASIC-SP ····································· 9

(右列)
FortiClient ライセンス ························ 6
FortiCloud ······································ 210
FortiCloud ライセンス ························ 7
FortiExplorer ··································· 28
FortiGate ·· 2
　〜の MAC アドレス ···················· 252
　〜の情報取得 ······························ 237
　〜のハードウェアサポート期間 ····· 23
FortiGuard ······································ 13
　〜アップデート ···················· 124, 235
　〜スパムフィルタリング ············ 151
　〜のカテゴリ ······························ 149
FortiMail ································· 20, 150
FortiOS ··· 12
　〜アップグレード ······················· 235
　〜のライフサイクル ······················ 23
FortiOS Handbook ·························· 262
FortiToken Mobile ライセンス ············· 7
FortiSandbox ·································· 20
FortiWiFi ······································· 199
FRUP（FortiGate Redundant UTM protocol）·· 160
FSSO（Fortinet Single Sign-on）········ 83
full-configuration オプション ·········· 231

G
Geo-IP ·· 124
GUI ··· 26, 230
　〜の日本語化 ································ 40

H
HA ··· 159, 177

I
IDS ··· 3
Inter-VDOM リンク ························ 193

I

IPS	3, 135
IPS／アプリケーション制御	124
IPsec VPN	2, 86
IPsec トラブルシューティング	111
IPS カスタムシグネチャ	138
IP プールNAT	70
IP マスカレード	69

K

Knowledge Base	268

L

LAG	47
LDAP	80

M

Maximum Values	257

N

NAPT	69
NAT	66
NAT／ルートモード	21
NTP サーバ	54

P

Pre-Shared-Key	88

R

Redundant インターフェース	48

S

SoC	9
SSL-VPN	2, 112
SSL-VPN only	113
SSL インスペクション	152
Supported RFC	258
Syslog	210

T

Telnet／SSHで接続する	28

U

USB 自動インストール	230
UTM	3

V

VDOM	22, 181
〜間リンク	193
〜の運用	191
〜のバックアップ／リストア	193
〜の有効化	182
〜の利用方法	182
〜ライセンス	6
VIP	66
VLAN	46
VPN	86
VRRP	159

W

WAN リンク	49
WAN 最適化	4
Web フィルタ	3, 124, 145
Web フィルタオーバーライド	80
Web プロキシ	4
WiFi SSID	49

ア行

アーキテクチャ	8
アクティブ／アクティブ	160
アクティブ／スタンバイ	160
アクティブ／パッシブ	160
アタックシグネチャ	135
アドレス	72
アドレッシングモード	44
アプリケーションコントロール	2, 142
アプリケーションのカスタムシグネチャ	145
アンチウィルス	3, 124, 128
アンチスパム	3, 124, 150
暗黙の Deny	57
入口対策	16
インターフェースのスピード	232

インターフェースのリンクアップ情報 …… 232	
ウォーターマーク機能 ……………………… 4	
オブジェクト ……………………… 72, 232	
オフロード ………………………… 10, 239	

カ行

仮想MAC ……………………………… 177	
仮想システム ……………………… 22, 181	
感染拡大対策 ………………………… 19	
管理アクセス ………………………… 44	
管理者の排他ログイン ……………… 233	
管理者パスワードの変更 …………… 40	
管理ステータス ……………………… 46	
クイックスタートガイド …………… 259	
クックブック ………………………… 260	
クライアントレピュテーション …… 4	
クラスタの管理 ……………………… 163	
グローバルビュー …………………… 64	
高可用性 ……………………………… 159	
高度なセキュリティ ………………… 124	
コンフィグ同期 ……………………… 163	
コンフィグのリビジョン …………… 236	

サ行

サーバロードバランス ……………… 4	
サービス ……………………………… 74	
サイジング …………………………… 22	
サブスクリプション ………………… 5	
シグネチャ …………………………… 124	
時刻の設定 …………………………… 42	
次世代ファイアウォール ………… 2, 142	
事前共有鍵 …………………………… 88	
事前準備 ……………………………… 23	
シックAP ……………………………… 199	
自動接続の設定 ……………………… 110	
冗長方式 ……………………………… 159	
情報漏えい防止 ……………………… 4	
シンAP ………………………………… 199	
シングルサインオン ………………… 83	
侵入検知 ……………………………… 3	

侵入防御 ……………………………… 3	
スイッチポート ……………………… 36	
ステートフルインスペクション …… 2, 56	
スレーブ機の監視 …………………… 179	
スレットウェイト …………………… 4	
スローパス …………………………… 10	
脆弱性スキャン …………………… 4, 124	
製品機能一覧 ………………………… 254	
セカンダリパーティション ………… 225	
セキュア無線LAN …………………… 199	
セキュリティモード ………………… 45	
セクションビュー …………………… 64	
セッションテーブル ………………… 243	
セッションフェイルオーバー ……… 160	
セントラルNAT ……………………… 70	
潜伏期間／感染拡大対策 …………… 19	
ゾーン ………………………………… 48	
疎通確認 ……………………………… 238	
その他の設定項目 …………………… 44	
ソフトウェアスイッチ ……………… 48	

タ行

ターミナルソフト …………………… 253	
定義ファイル ………………………… 124	
ディスクの確認とフォーマット …… 40	
ディスクロギングの注意点 ………… 215	
データシート ………………………… 255	
出口対策 ……………………………… 19	
デバイス管理 ………………………… 45	
デバイス識別 ………………………… 124	
デバイスベースポリシー …………… 75	
統合脅威管理 ………………………… 3	
導入前の考慮事項 …………………… 21	
登録（Registration）の確認 ……… 50	
トランスペアレントモード ………… 21	

ナ行

ネットワーク設定 …………………… 43	
年間購読ライセンス ………………… 5	

ハ行

- バーチャルIP ……………………………………… 66
- バーチャルクラスタ ……………………………… 163
- バーチャルドメイン ………………………… 22, 181
- ハードウェア ………………………………………… 7
- パケットキャプチャ ………………… 68, 227, 240
- パスワードリカバリ …………………………… 224
- ハブ＆スポーク …………………………………… 97
- 非対称ルーティング ……………………………… 56
- ビデオライブラリ ……………………………… 261
- 標的型攻撃対策 …………………………………… 16
- ファイアウォール ………………………………… 56
  - 〜高速化 ………………………………………… 85
  - 〜認証 …………………………………………… 79
  - 〜ポリシー ……………………………………… 58
- ファストパス …………………………………… 10, 239
- フィーチャーマトリックス …………………… 256
- フォーティネットジャパン …………………… 267
- 複数CPUの使用率 ……………………………… 228
- 物理ポート ……………………………………… 234
- ブラックリスト ………………………………… 152
- フルメッシュ ……………………………………… 97
- フルメッシュ HA ……………………………… 163
- フローベース …………………………………… 128
- プロキシオプション …………………………… 131
- プロキシベース ………………………………… 128
- プロセス終了 …………………………………… 250
- プロダクトマトリックス ……………………… 254
- ポート割り当て ………………………………… 34
- ホスト名の設定 ………………………………… 42
- ホスト名の変更 ………………………………… 33
- ポリシーベース ………………………………… 96
- ホワイトリスト ………………………………… 152

マ行

- マネージメントVDOM ………………………… 181
- 無線LANコントローラ …………………………… 3
- 命名規則 …………………………………………… 7
- メモリ使用率 …………………………………… 249

ヤ行

- ユーザ認証 ………………………………………… 76

ラ行

- ライセンス ………………………………………… 4
- リリースノート ………………………………… 264
- リンクアグリゲーション ………………………… 47
- ルーティング …………………………………… 42
- ルーティングテーブル ………………………… 252
- ルートベース …………………………………… 96
- レートベースシグネチャ ……………………… 141
- ロギング …………………………………… 23, 210
- ログの閲覧方法 ………………………………… 215

ワ行

- ワイヤレスネットワークの構成 ……………… 200

■著者プロフィール
椎屋 淳伸（しいや あつのぶ）
フォーティネットジャパン　シニア・ネットワークセキュリティ・アーキテクト。ネットワークセキュリティに従事して15年。FortiGateをはじめさまざまなセキュリティ製品の経験を持つ。日立製作所、ソフトバンクBB（現ソフトバンクコマース＆サービス）を経て2009年より現職。CISSP。

◆ 装丁　　　　　　　　ごぼうデザイン事務所
◆ 本文デザイン／レイアウト　朝日メディアインターナショナル㈱
◆ 編集　　　　　　　　取口敏憲
◆ 本書サポートページ
　　http://gihyo.jp/book/2015/978-4-7741-7266-8
　　本書記載の情報の修正／訂正／補足については、当該Webページで行います。

■お問い合わせについて
　本書に関するご質問については、本書に記載されている内容に関するもののみとさせていただきます。本書の内容と関係のないご質問につきましては、一切お答えできませんので、あらかじめご了承ください。また、電話でのご質問は受け付けておりませんので、FAXか書面にて下記までお送りください。

＜問い合わせ先＞
〒162-0846　東京都新宿区市谷左内町21-13
株式会社技術評論社　雑誌編集部
「FortiGate 完全攻略」係
FAX：03-3513-6173

なお、ご質問の際には、書名と該当ページ、返信先を明記してくださいますよう、お願いいたします。
お送りいただいたご質問には、できる限り迅速にお答えできるよう努力いたしておりますが、場合によってはお答えするまでに時間がかかることがあります。また、回答の期日をご指定なさっても、ご希望にお応えできるとは限りません。あらかじめご了承くださいますよう、お願いいたします。

FortiGate 完全攻略
（フォーティゲート　かんぜんこうりゃく）

2015年4月20日　初　版　第1刷発行
2021年5月15日　初　版　第8刷発行

著　者　　椎屋淳伸（しいや あつのぶ）

発行者　　片岡　巌
発行所　　株式会社技術評論社
　　　　　東京都新宿区市谷左内町21-13
　　　　　　TEL：03-3513-6150（販売促進部）
　　　　　　TEL：03-3513-6170（雑誌編集部）

印刷／製本　図書印刷株式会社

定価はカバーに表示してあります。

本書の一部あるいは全部を著作権法の定める範囲を超え、無断で複写、複製、転載あるいはファイルを落とすことを禁じます。

©2015　Fortinet Singapore Private Limited

造本には細心の注意を払っておりますが、万一、乱丁（ページの乱れ）や落丁（ページの抜け）がございましたら、小社販売促進部までお送りください。送料小社負担にてお取り替えいたします。

ISBN978-4-7741-7266-8　C3055
Printed in Japan